Analysis of Korean
Disaster Management System

한국의 재난관리시스템 분석

도서출판 윤성사 236

한국의 재난관리시스템 분석

제1판 제1쇄   2024년 3월 4일

지 은 이   채 진
펴 낸 이   정재훈
꾸 민 이   안미숙

펴 낸 곳   도서출판 윤성사
주   소   서울특별시 용산구 효창원로 64길 10 백오빌딩 지하 1층
전   화   대표번호_02)313-3814 / 영업부_02)313-3813 / 팩스_02)313-3812
전자우편   yspublish@daum.net
등   록   2017. 1. 23

ISBN 979-11-93058-39-8 (93530)
값 22,000원

ⓒ 채 진, 2024

지은이와의 협의에 따라 인지를 생략합니다.

이 책의 전부 또는 일부 내용을 재사용하려면 반드시 사전에 저작권자와
도서출판 윤성사의 동의를 받아야 합니다.

잘못 만들어진 책은 구입하신 서점에서 교환 가능합니다.

Disaster Management

Analysis of Korean Disaster Management System

한국의 재난관리 시스템 분석

채 진

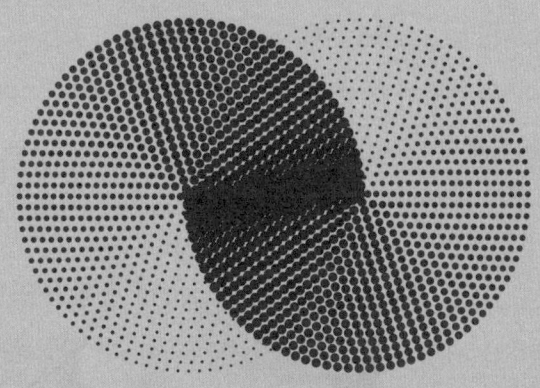

머리말

　2022년 이태원 참사로 인해 159명이 목숨을 잃었으며, 2023년 충청북도 오송 지하차도 참사로 인해 14명이 목숨을 잃었다. 이 재난은 많은 사회적·정치적 파장을 불러일으켰다. 반복되는 재난으로 소중한 국민의 생명과 안전이 위협받고 있다. 더 이상 재난으로 인한 국민의 생명을 잃는 일은 없어야 한다. 우리나라는 경제적으로는 많은 성장을 이루었지만 아직도 낮은 수준의 안전문화를 가지고 있다. 재난을 예방하기 위해서는 안전에 대한 가치와 믿음으로 구성된 안전문화가 확립되어야 한다. 최근 재난의 특징은 재난현장에서 재난관리시스템이 작동되지 않았다는 것이다. 곳곳에서 허점이 드러났으며, 이 재난관리의 허점으로 인해 무고한 생명이 희생을 당했다.

　이 책은 재난관리시스템은 무엇이며, 재난관리를 위한 정책은 무엇인지 자세하게 설명하고 있다. 제1장 재난관리 효과성의 영향 요인 분석(위기관리 이론과 실천)은 재난관리 효과성을 높이기 위해 재난관리의 조직관리 요인을 살펴보았다. 제2장 재난관리 거버넌스의 효과성 영향 요인 분석(한국화재소방학회논문지)은 재난관리 거버넌스의 이론적 탐색과 시민의 참여를 통한 재난관리 거버넌스 시스템을 살펴보았다. 제3장 재난관리 정보시스템의 활용 방안에 관한 연구(한국화재소방학회논문지)는 재난관리 정보시스템을 평가하고 문제점을 도출해 재난관리 정보시스템의 활용 방안을 제시했다. 제4장 다조직의 재난관리 협력 체계 분석(한국행정학보)은 구제역 방역활동 사례를 분석해 향후 재난관리 참여기관들의 협력 체계 구축을 위한 개선 방안을 제시했다. 제5장 유비쿼터스 정보기술이 재난관리 효과성에 영향을 미치는 요인 분석(Crisisonomy)은 유비쿼터스 정보기술(UIT) 등의 개념을 살펴보고, 재난관리 효과성의 영향 요인을 실증적으로 분석했다. 제6장 재난관리를 위한 유비쿼터스 정보기술 활성화 방안(한국화재소방학회논문지)은 유비쿼터스(Ubiquitous) 정보기술 활성화 방안을 재난 단계별로 제시해 안전한 국민의 삶을 실현하고자 했다. 제7장 유해화학물질 사고의 재난 대응 체계 개선 방안(한국행정학보)은 재난 대응 체계 사례분석과 위험물질 사고의 효과적인 재난 대응 체계의 개선 방안을 실증적으로 분석했다. 제8장 재난안전 사무의 민간위탁 실태와 정

한국의 재난관리시스템 분석
Analysis of Korean Disaster Management System

책 방향(국가위기관리학회보)은 해양재난 대응 과정에서 드러난 행정사무의 민간위탁 실태분석을 바탕으로 문제점을 살펴본 후 개선 방안을 제시했다. 제9장 재난 현장 소방공무원의 회복실에 관한 연구(한국화재소방학회논문지)는 재난 현장 소방공무원의 안전과 회복 탄력을 위한 회복실 설치 모델을 제공했다. 제10장 재난관리 교육훈련의 전이 효과에 영향을 미치는 요인 분석(한국화재소방학회논문지)은 소방공무원들의 인식을 토대로 재난관리 교육훈련의 전이 영향 요인을 실증적으로 규명했다. 제11장 세월호 침몰 재난 이후 한국의 안전문화에 관한 연구(Crisisonomy)는 안전문화에 대한 실증적 분석을 통해 우리나라의 안전문화 정착을 위한 정책적 제언을 제시했다. 제12장 긴급구조통제단 운영 개선 방안(한국화재소방학회논문지)은 대형재난이 발생할 때 효과적인 재난 대응을 위해 긴급구조통제단의 운영 개선 방안을 제시했다. 제13장 화재 통계분석을 통한 화재안전지수 개선 방안(지식과 교양)은 화재 발생 통계분석을 바탕으로 화재안전지수 개선 방안을 제시했다.

재난 현장에 입직한지 어느덧 30년의 세월이 흘렀으며, 재난을 주제로 연구한지 20년의 세월이 흘렀다. 눈을 감으면 주마등처럼 지나간 세월이 아련히 생각이 난다. 청년기에 수많은 좌절을 맛봐야 했고, 그럴 때마다 마음을 다잡아 결심하고 또 결심했던 지난날, 난 포기하지 않았다. 포기하지 않은 마음이 오늘날 나를 완성했다. 강물은 바다를 포기하지 않는다. 바다를 포기하지 않는 강물처럼.

재난을 학문의 세계로 이끌어주신 서울시립대학교 김현성 교수님, 재난을 좀 더 깊이 있는 연구의 세계로 이끌어주신 충북대학교 이재은 교수님께 감사의 말씀을 드린다. 끝으로 이 책이 출간될 수 있도록 도와주신 도서출판 윤성사 정재훈 대표님께 진심으로 감사드린다.

2024년 2월
채 진

목차

머리말 • 4

제1장　재난관리 효과성의 영향 요인 분석 • 11

   Ⅰ. 서론 · 12
   Ⅱ. 이론적 배경과 선행연구 검토 · 12
   Ⅲ. 연구의 설계와 분석 틀 · 17
   Ⅳ. 재난관리 효과성의 실증적 분석 · 19
   Ⅴ. 결론 · 30

제2장　재난관리 거버넌스의 효과성 영향 요인 분석 • 32

   Ⅰ. 서론 · 33
   Ⅱ. 재난관리 거버넌스의 이론적 배경 · · · · · · · · · · · · · · · · · · · 33
   Ⅲ. 연구의 설계와 분석 틀 · 41
   Ⅳ. 재난관리 거버넌스의 효과성 분석 · · · · · · · · · · · · · · · · · · · 44
   Ⅴ. 결론 · 53

제3장　재난관리 정보시스템의 활용 방안에 관한 연구 • 55

   Ⅰ. 서론 · 56
   Ⅱ. 재난관리 정보시스템의 이론적 배경 · · · · · · · · · · · · · · · · · · 57
   Ⅲ. 재난관리 정보시스템의 실태 분석 · · · · · · · · · · · · · · · · · · · 60
   Ⅳ. 연구의 설계 및 결과 분석 · 62
   Ⅴ. 결론 · 80

제4장　다조직의 재난관리 협력 체계 분석 • 83

   Ⅰ. 서론 · 84

Ⅱ. 이론적 논의 · 85
　　Ⅲ. 정책의 개요 및 분석 틀 · 91
　　Ⅳ. 분석 결과 · 97
　　Ⅴ. 결론 · 105

제5장　유비쿼터스 정보기술이 재난관리 효과성에 영향을 미치는 요인 분석 · 108

　　Ⅰ. 서론 · 109
　　Ⅱ. 이론적 배경 · 110
　　Ⅲ. 연구의 설계와 분석 틀 · 121
　　Ⅳ. 재난관리 효과성의 실증분석 · 123
　　Ⅴ. 결론 · 132

제6장　재난관리를 위한 유비쿼터스 정보기술 활성화 방안 · 134

　　Ⅰ. 서론 · 135
　　Ⅱ. 재난정보 시스템 실태분석 및 연구의 분석 틀 · · · · · · · 136
　　Ⅲ. 유비쿼터스 정보기술 활성화 방안 · · · · · · · · · · · · · · · · · 140
　　Ⅳ. 결론 · 149

제7장　유해화학물질 사고의 재난 대응 체계 개선 방안 · 150

　　Ⅰ. 서론 · 151
　　Ⅱ. 재난 대응의 이론적 배경 · 153
　　Ⅲ. 연구의 설계 · 166
　　Ⅳ. 화학물질 사고의 재난 대응 체계 실증분석 · · · · · · · · · · 170
　　Ⅴ. 화학물질 사고의 재난 대응 체계 개선 방안 · · · · · · · · · 175
　　Ⅵ. 결론 · 179

제8장 재난안전 사무의 민간위탁 실태와 정책 방향 · 183

- Ⅰ. 서론 · 184
- Ⅱ. 재난관리와 민간위탁의 이론적 탐색 · 185
- Ⅲ. 재난안전 분야의 민간위탁 실태분석 · 190
- Ⅳ. 재난안전의 민간위탁 개선 방안 · 194
- Ⅴ. 결론 · 196

제9장 재난 현장 소방공무원의 회복실에 관한 연구 · 197

- Ⅰ. 서론 · 198
- Ⅱ. 이론적 배경 · 199
- Ⅲ. 회복실에 대한 설문조사 · 202
- Ⅳ. 결과 분석 · 204
- Ⅴ. 결론 · 213

제10장 재난관리 교육훈련의 전이 효과에 영향을 미치는 요인 분석 · 215

- Ⅰ. 서론 · 216
- Ⅱ. 이론적 탐색 · 217
- Ⅲ. 연구의 설계 · 220
- Ⅳ. 재난관리 교육훈련 전이 효과의 실증분석 · 222
- Ⅴ. 결론 · 226

제11장 세월호 침몰 재난 이후 한국의 안전문화에 관한 연구 · 229

- Ⅰ. 서론 · 230
- Ⅱ. 안전문화에 관한 이론적 배경 · 231
- Ⅲ. 연구의 설계 · 239
- Ⅳ. 연구의 결과분석 · 242
- Ⅴ. 결론 · 249

한국의 재난관리시스템 분석
Analysis of Korean Disaster Management System

제12장　**긴급구조통제단 운영 개선 방안 · 251**

　　Ⅰ. 서론 · 252
　　Ⅱ. 연구의 설계 · 253
　　Ⅲ. 연구의 결과분석 · 257
　　Ⅳ. 효과적인 긴급구조통제단 운영 방안 · · · · · · · · · · · · · · · · · 263
　　Ⅴ. 결론 · 268

제13장　**화재 통계분석을 통한 화재안전지수 개선 방안 · 270**

　　Ⅰ. 서론 · 271
　　Ⅱ. 이론적 배경 · 272
　　Ⅲ. 화재 통계분석 · 277
　　Ⅳ. 화재안전지수 개선 방안 · 283
　　Ⅴ. 결론 · 289

참고 문헌 · 292
찾아보기 · 303

제1장

재난관리 효과성의 영향 요인 분석

- 소방행정 조직관리 요인을 중심으로 -

개요

정부는 효과적인 재난관리를 위해 2003년 2월 대구지하철 화재사고를 계기로 재난관리 시스템에 문제가 있다는 사회적 지적에 따라 13개 부처에서 개별적으로 담당해 오던 재난관리 업무를 종합적으로 관리하고자 2004년 6월 1일 소방방재청을 출범시켰다. 그러나 정부의 다양한 노력에도 불구하고 대형 재난이 다른 형태로 끊임없이 발생하고 있으며, 재난으로 인한 피해가 지속적으로 증가하고 있다. 따라서 여기에서는 재난관리 대응조직인 소방조직 등의 개념을 탐색적으로 살펴보고, 재난관리 효과성의 영향 요인을 실증적으로 분석하는 데 목적을 두고 있다. 이 연구에서 사용된 변수는 선행연구의 내용에서 주로 논의된 지표를 변수로 선정하고 이를 근거로 분석의 틀을 구성했다. 연구 목적을 달성하기 위한 변수는 재난관리 효과성, 최고관리자의 관심과 지지, 교육훈련, 의사소통, 예산, 법적 제도 등을 선정했다. 연구 결과 재난관리 효과성에 대한 인식에 영향을 미치는 정도의 유의 수준 5%에서 유의미한 변수는 법적 제도, 교육훈련, 최고관리자의 관심과 지지, 의사소통 순으로 상대적인 영향력을 가지는 것으로 나타났다. 이는 재난관리의 효과성을 높이기 위해 법적 제도가 잘 장비돼 있어야 하고, 교육은 현장 위주의 실습 중심 교육이 이뤄져야 하며, 재난 대비 훈련이 시민과 유관기관 등과 함께 실질적으로 이뤄져야 할 것이다. 또한 의사소통이 신속하고 민주적으로 이뤄질 때 재난관리의 효과성은 제고될 것이다.

Ⅰ. 서론

1994년 성수대교 붕괴, 1995년 삼풍백화점 붕괴, 1999년 화성 씨랜드 화재, 2002년 태풍 루사, 2003년 태풍 매미, 2003년 대구지하철 화재 등에서 볼 수 있듯이 재난으로 인한 피해가 과거와 달리 더욱 대형화되고, 복잡해지고 있으며, 피해복구는 이제 정부의 예산만으로는 커다란 부담으로 작용하고 있다. 또한 재난의 발생 추이가 지속적으로 증가하고 있어 이에 대한 체계적인 재난관리 방안을 마련하는 것이 시급한 과제다(한국전산원, 2006: 22).

정부는 효과적인 재난관리를 위해 2003년 2월 대구지하철 사고를 계기로 재난관리시스템에 문제가 있다는 사회적 지적에 따라 13개 부처에서 개별적으로 담당해오던 재난관리 업무를 종합적으로 관리하고자 2004년 6월 1일 소방방재청을 출범시켰다. 또한 각종 재난으로부터 국민의 생명·신체 및 재산을 보호하기 위해 재난 및 재해 등으로 다원화돼 있던 재난 관련 법령을 통합해「재난 및 안전관리 기본법」을 제정했다. 그러나 정부의 다양한 노력에도 불구하고 대형 재난이 하루하루 다른 형태로 끊임없이 발생하고 있으며, 재난으로 인한 피해가 지속적으로 증가하고 있다.

재난관리 효과성에 영향을 미치는 요인은 조직관리, 거버넌스, 정보기술 등 다양할 것이다. 다양한 요인 중 조직·관리 요인, 즉 재난 현장에서 활동을 하는 소방행정 조직을 중심으로 살펴볼 필요성이 있다. 따라서 이 연구는 재난관리 대응조직인 소방조직 등의 개념을 탐색적으로 살펴보고, 재난관리 효과성의 영향 요인을 실증적으로 분석하는 데 목적을 두고 있다. 이 연구 결과는 향후 재난의 조직·관리적 차원에서 효과적인 재난관리를 위한 방향을 제공할 수 있을 것으로 기대된다.

Ⅱ. 이론적 배경과 선행연구 검토

1. 소방행정의 의의

소방행정은 새로운 소방 수요에 능동적으로 대응하고, 국민의 기대와 신뢰에 부응하는 고도의 서비스를 제공해야 한다. 즉, 소방서비스 수요의 급격한 변화는 소방행정의 민주적이며 능률적인 발전을 촉구하게 됐고, 이러한 요구에 부응하고자 발단된 것이 소방행정이다(우성천, 2007: 60).

소방행정의 목적은 각종 재난으로부터 국민의 생명과 재산을 보호하는 것이다. 이러한 목적을 수행하기 위해 소방행정은 화재를 예방·경계하거나 진압하고 화재, 재난·재해 그 밖의 위급한 상황에서의 구조·구급활동 등을 통해 국민의 생명·신체 및 재산을 보호함으로써 공공의 안녕 질서 유지와 복리증진에 이바지함을 목적으로 하고 있다(소방기본법 제1조).

소방행정의 특징은 위험성, 돌발성, 긴급성, 결과성, 가외성, 전문성, 대응성, 규제성 등의 특징을 지니고 있다.

첫째, 위험성은 각종 재난 현장에서 활동하는 소방대원은 현장에 내재한 위험을 감수하고 화재, 구조, 구급 등 재난 현장에서 위험에 노출돼 있어 위험에 대비하면서 재난에 대응해야 한다.

둘째, 돌발성은 재난 현장은 예기치 못한 사태가 돌발적으로 발생해서 상황판단이 어려운 경우가 많다. 따라서 소방대원은 돌발적인 상황에 신속하게 대처할 수 있는 상황판단이 가능하지 않으면 안 된다.

셋째, 긴급성은 화재 등 재난이 발생할 경우 신속하게 수습하지 못하고 지연될 경우 대형사고로 이어질 가능성이 높기 때문에 신속하게 출동하여 재난에 대응해야 하는 긴급성을 지니고 있다.

넷째, 결과성은 대형재난으로 인명과 재산 피해가 커지면 그 책임을 면하기 어렵고, 처벌되는 경우가 종종 있다. 따라서 소방행정은 위기 상황에서는 규칙이나 절차에 따라 행동하는 것보다 결과를 강조하는 특수성이 있다.

다섯째, 가외성은 미래 불확실한 재난에 대비하는 조직의 특성을 지니고 있기 때문에 가외성의 논리에 따라 예비의 인력과 장비가 항상 갖춰져 있어야 한다.

여섯째, 전문성은 화학, 건축, 전기, 가스 등 다양한 지식을 필요로 하는 전문 분야이며, 화재 등 다양한 재난 현장에서 신속하게 화재진압, 인명구조, 응급의료 등을 위해 전문성을 요구한다.

일곱째, 대응성은 재난은 예고 없이 발생하기 때문에 신속하게 대응해 생명과 재산 피해를 최소화하기 위해 충분한 현장 인력과 장비를 보유하고 상시 출동 태세를 유지해야 한다.

여덟째, 규제성은 소방업무는 구조·구급 등 각종 서비스를 제공할 뿐만 아니라 화재가 발생할 때 안전을 확보하기 위해 인가·허가 업무처리 등 규제의 기능도 수행한다.

2. 소방행정의 체계

소방행정 조직은 중앙정부의 소방방재청과 지방정부의 시·도 소방본부, 소방학교, 소방서, 119안전센터, 119구조대, 소방항공대, 소방정대 등으로 나뉜다.

1) 중앙정부의 소방조직

소방방재청은 2004년 6월 1일 개청되어 소방방재청의 업무 특성상 재난 대비 적시성과 현장 기동성이 요구됨을 감안할 때 신속과 효율 중심으로 조직됐다. 재난환경 변화 추세에 맞춰 좀 더 실효성 있는 국가 재난관리의 중추적 역할을 할 수 있도록 모든 재난관리에 대한 조정·점검·평가에 관한 기능을 포괄적으로 수행하고 있다.

소방방재청의 내부조직은 운영지원과, 예방안전국, 소방정책국, 방재관리국이 있고, 청장 소속으로 대변인실과 재난종합상황실장, 차장 소속으로 기획조정관을 두고 있다(소방방재청과 그 소속기관직제 제4조). 또한 소방방재청 소속기관으로 중앙소방학교, 중앙119구조대, 국립방재교육연구원이 있다(소방방재청과 그 소속기관직제 제2조). 소방방재청장은 시·도 소방본부 및 소방서를 지휘·감독하는 권한을 갖고 있다.

2) 지방정부의 소방조직

(1) 소방본부

전국적으로 소방본부는 16개 시·도별로 설치돼 총 17개의 조직으로 구성돼 있다. 소방본부는 소방서 및 지방소방학교를 지휘·감독하는 조직 체계로서 소방기본법에서 사용하고 있는 '소방본부'의 의미와 동일하다.

소방본부의 조직은 시·도 특수성에 따라 내부 부서는 다소 차이가 있지만 대동소이하다. 경기도의 경우 소방재난본부에 소방행정과, 방호예방과 및 재난대응과를 두고 있다. 소방행정과에는 소방행정담당, 소방기획조직담당, 소방감찰담당, 소방경리담당, 방호예방과에는 방호담당, 예방담당, 장비관리담당, 화재조사담당, 소방홍보담당, 재난대응과에는 구조담당, 구급담당, 정보통신담당, 재난안전담당, 시설점검당담, 민방위경보통제담당, 상황담당, 항공담당 등을 두고 있다.

(2) 소방서

시·도는 그 관할구역 안의 소방 업무를 담당하게 하기 위해 소방방재청장의 승인을 얻어 당해 시·도의 조례로 소방서를 설치한다(지방소방기관 설치에 관한 규정 제5조). 소방서에는 서장 1명을 두며 서장은 상급 행정기관장의 감독을 받아 소관사무를 처리하며, 소속 공무원을 지휘·감독한다. 소방서는 업무를 분장하기 위해 과 및 팀을 둔다. 소방서장의 소속하에 119안전센터·구조대 및 소방정대를 둘 수 있다.

소방서장은 해당 소방서의 인력 및 장비 등을 고려해 119지역대를 설치·운영할 수 있다. 경기도의 경우, 소방서에는 소방행정과·예방과 및 방호구조과를 두거나 소방행정과·예방과 및 대응과를 두어 탄력적으로 운영하고 있다.

소방장비나 인력 등을 동원해 소방업무를 수행하는 소방서 이하 단위의 조직을 '소방관서'라고 부른다. 즉, 소방서·119안전센터·구조대·소방항공대·소방정대·119지역대를 말한다(소방력 기준에 관한 규칙 제2조 제1호). 현장 소방활동은 주로 소방관서 체계로 운영된다. 소방서의 평상시 근무 체계는 일근을 원칙으로 한다. 소방서장은 119안전센터와 119특별구조대 등을 지휘·감독하는 체계에 있다.

(3) 119안전센터·119구조대·소방정대

소방서장의 소관사무를 분장하게 하기 위해 당해 시·도의 규칙으로 소방서장 소속하에 119안전센터·119구조대 및 소방정대를 둘 수 있다(지방소방기관 설치에 관한 규정 제8조). 소방서 산하에 설치된 119안전센터, 119구조대, 소방정대는 소방서장의 직접적인 지휘·감독을 받아 소방서의 분장 사무를 처리한다. 근무체계는 대체로 격일제 또는 3부제로 운영된다(소방공무원복무규정 제4조).

119구조대는 일반구조대, 특수구조대, 항공구조대로 구분되며 특수구조대는 다시 화학구조대, 수난구조대, 고속국도구조대, 산악구조대가 있다(소방기본법시행령 제9조). 소방정대는 소방정을 갖춘 소방대로서 항만법 제2조 제1호의 규정에 의한 항만을 관할하는 소방서에 설치돼 선박 및 선거(船渠)의 화재진압과 인명구조 등의 업무를 맡아서 하고 있다.

3. 재난관리 효과성에 대한 선행연구 검토

우리나라에서 재난관리에 관한 연구가 이뤄지기 시작한 것은 1990년대이며, 초기에는 이론적

〈표 1-1〉 객관적 지표에 의한 재난관리 효과성

연구자	측정지표
박광국(1997)	◆ 법령 및 제도, 기구 간의 수직·수평적 관계, 담당조직 내의 관료 형태, 시민의 지지
주효진(1999)	◆ 법 제도, 행태, 조직구조, 지방정부, 중앙정부, 언론과 시민단체의 역할, 재난과 사회문화적 환경
이재은(2002)	◆ 안전기준, 재난 요인 제거, 위험 노출 감소, 사전훈련 실시, 유관기관의 업무 협력, 자원 확보, 대응기관의 협력과 조정, 피해자 보호와 관리, 재난 현장의 수습 및 관리, 복구 상황 점검 및 관리, 피해 파악 및 긴급 지원, 재난 원인 분석 및 평가
권건주(2003)	◆ 관련 법률의 일원화 및 연계, 전담조직의 단체장 직속화, 통합상황실 운영, 심의·수습 조직의 통합 및 상설화, 인력의 확충 및 전문화, 사전 예방 위주의 예산 편성, 재난 관련 기금의 통합, 사전 안전점검 기능 강화, 홍보활동의 전략성, 현장체험 위주의 교육훈련, 체험훈련장 신설, 재난연구 기능, 첨단장비 확충, 통합지휘 체계 확립, 현장응급의료 체계 확립, 단일 통신망 구축, 자원봉사관리센터 신설, 복구비 지원 기준의 법제화, 재난보험제도 강화
김상돈(2003)	◆ 조직학습 부재, 업무의 비체계성, 관소 규제로 집행 격차, 관리자의 무사안일한 태도, 돌발사고, 의사소통 실패, 공조 체계 조직화 실패, 기술의 부적합성
도시방재연구소(2005)	◆ 분산 대응, 의사소통 체계 미흡, 재난 현장 정보 공유 체계 미구축, 다수기관 조직문화의 상이성, 불명확한 임무의 경계, 조직 간 주요 인원의 중복, 상이한 대응계획, 지원 기능 부재, 지원 체계 및 정보 공유 과정에 복잡성 가중
최용호(2005)	◆ 외부 기관의 지시와 간섭, 규제 및 통제, 정치적 리더십, 시민의 요구 수준, 최고관리층의 리더십, 담당공무원의 전문성, 관리 체계 수준, 관리 체계 간의 협력
김종환(2005)	◆ 의사소통의 일원화, 명령·통솔의 체계화, 재난관리조직의 일원화, 안전성의 확보, 사고 피해의 최소화, 재난관리 효과성의 우선, 체계적인 재난관리 학습, 표준운영절차 마련, 전문성 향상을 위한 프로그램 마련, 리더십 훈련
김석곤(2006)	◆ 기관장의 관심, 재난담당 부서의 위상, 유관 기관의 협력, 자원보유, 재난관리 단계별 중요성 인식, 재난 종류별 중요성 인식
이영철(2007)	◆ 중앙행정기관과 지방정부의 연계 강화, 효과적인 리더십과 의사결정 구조의 확립, 재원의 확보, 전문인력과 장비의 확보, 법체계의 일원화
정준금·이채순(2007)	◆ 안전의식의 강화, 초기대응 역량, 전문인력 양성, 첨단장비의 확보 배치, 참여기관의 조정·통제, 통합지휘 체계의 운영, 민간단체 협력, 정기적 훈련, 현장 대응 기능 위주의 체계

접근이 중심이 됐으나 점차 사례 중심, 실증적 연구가 본격적으로 이뤄진 것은 2000년대다. 주요 선행연구의 내용을 재난관리 효과성의 객관적 지표로 정리하면 〈표 1-1〉과 같다.

지금까지 살펴본 선행연구는 재난관리의 영향 요인을 도출하는 데 유용한 기초자료가 될 것이다. 그러나 기존의 연구들은 다음과 같은 연구의 한계점을 가진다.

첫째, 재난관리에 대한 인과관계를 분석한 연구가 부족하다. 안혜원 외(2007: 185-186)는 1991~2005년의 등재 후보 이상의 5개 학회지와 『한국위기관리논집』에 실린 재난관리 분야 논문을 대상으로 연구 경향을 분석한 결과, 연구 방법으로 분류했을 때 사례연구가 47.7%, 문헌분석이 22.7%, 실증분석이 20.5%인 것으로 나타나 사례연구(주효진, 1999, 김종환, 2005, 이영철, 2007, 이채순, 2007)가 압도적으로 많았다. 따라서 앞으로 재난관리의 효과성에 대한 연구에서 이론적 일반화를 위해서는 통계분석을 통해 주요 영향 요인이 무엇인지 연구할 필요가 있다.

둘째, 선행연구의 통계분석에서는 연구 대상이 일반시민, 일반직 공무원이 대부분을 차지하고 있다(최용호, 2005; 강용석, 2007; 이영철, 2007). 재난관리는 고도의 전문성이 요구되는 분야이며, 재난관리 역시 훈련과 학습이 돼 있는 전문조직이 담당해야 한다. 따라서 재난 현장에서 직접 활동하고, 재난관리를 기획하는 전문성이 높은 소방공무원을 대상으로 연구가 진행될 필요가 있다.

따라서 이 연구는 재난 현장에서 활동하는 소방공무원의 인식에 대한 연구와 선행연구에서 많이 논의됐던 재난관리 조직·관리에 대한 내용을 통계분석을 통해 재난관리의 효과성에 영향 요인을 도출한다는 점에서 의의를 가진다고 할 수 있다.

III. 연구의 설계와 분석 틀

이 장에서는 재난관리 효과성에 대한 이론적 논의, 소방행정 조직·관리 요인과 선행연구 등에 근거해 연구 분석 모형을 설정했다. 이 연구에서 사용된 변수는 선행연구의 내용에서 주로 논의된 지표를 변수로 선정하고 이를 근거로 분석 틀을 구성했다. 연구 목적을 달성하기 위한 변수는 재난관리 효과성, 최고관리자의 관심과 지지, 교육훈련, 의사소통, 예산, 법적 제도 등을 선정했다.

1. 연구의 설계

이 연구에서 재난관리 효과성에 영향을 미치는 조직·관리 요인을 도출했다. 선행연구에서 논의했던 주요 요인을 종합하면 조직·관리 요인의 주요 변수는 최고관리자의 관심과 지지, 교육훈련, 의사소통, 예산, 법적 제도 등을 독립변수로 도출했다. 위에서 논의한 내용을 토대로 세부적으로 측정지표를 정리하면 아래 〈표 1-2〉와 같다.

〈표 1-2〉 설문지 구성 및 측정지표

평가 영역	측정지표	세부 측정지표
조직·관리 요인	최고관리자 관심과 지지	재난 현장을 기관장이 직접 지휘
		부서의 장이 재난 예방에 높은 관심
	교육훈련	긴급구조종합훈련 충실히 수행
		소방학교의 교육훈련 충실히 수행
	의사소통	재난 현장에서 공식적인 회의 빈도
		재난 현장 의사결정 과정에서 의견의 반영 정도
	예산	재난 현장 활동을 위한 장비 구입 예산의 충분
	법적 제도	재난 관련 법령의 상호 연계
		소방, 민방위, 건설교통 등 재난관리부서의 상호 조정
개인적 특성		성별, 나이, 재직 기간, 계급, 근무 형태, 근무지역
재난관리 효과성		재난관리 업무의 집행 정도

2. 연구의 분석 틀

이 연구는 재난관리 조직·관리 요인과 재난관리의 효과성에 근거해 연구모형을 설정했다. 선행연구에서 사용된 연구모형에서 주로 논의 되는 영향 요인을 중심으로 이 연구의 모형을 설정하는 데 토대로 삼았다.

이러한 주요 요소들을 종합해서 변수를 선정하고 분석 틀을 구성했다. 이 연구는 재난관리 조직·관리 요인이 재난관리 효과성에 어떤 영향을 주는지 확인하려는 목적을 가지고 있다. 연구 목적을 달성하기 위한 조직·관리의 변수는 최고관리자의 관심과 지지, 교육훈련, 의사소통, 예산, 법적 제도 등으로 선정했다. 이를 알기 쉽게 나타내면 [그림 1-1]과 같다.

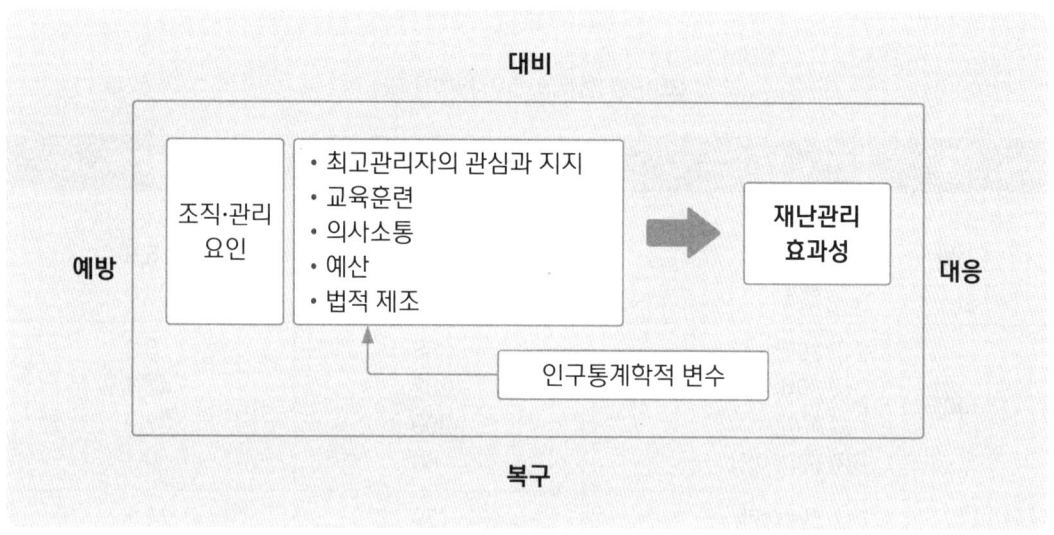

[그림 1-1] 연구의 분석 틀

Ⅳ. 재난관리 효과성의 실증적 분석

1. 인구사회학적 배경

분석 결과를 해석하기에 앞서 응답자의 개인적 특성을 먼저 검토하고 분석 결과를 해석하고자 한다. 그 이유는 응답자의 개인적 특성을 파악함으로써 설문지의 응답이 어떤 영향을 끼쳤는지를 유추할 수 있기 때문이다.

먼저 성별로 살펴보면, 남자 소방공무원 621명(94.1%)으로 여자 소방공무원 39명(5.9%)보다 압도적으로 많았고, 연령별로는 30대가 282명(42.7%)으로 가장 많이 나타났다. 한편, 재직 기간은 10~15년이 188명(28.5%)으로 가장 많은 응답 분포를 보였으며, 계급별로는 소방교가 226명(34.2%)으로 가장 많았으며, 그다음으로는 소방장이 196명(29.7%), 소방사가 170명(25.8%), 소방위가 41명(6.2%), 소방경이 25명(3.8%), 소방령 이상이 2명(0.3%) 순으로 나타났다. 이는 소방조직이 하위직은 많고 상위직은 극히 적은 분포를 나타내는 이른바 에펠탑 조직 형태를 보여 준 것으로 여겨진다. 근무 형태는 소방(화재진압)이 256명(38.8%)으로 가장 많았고, 지역별 응답 분포

〈표 1-3〉 응답자의 인구사회학적 배경

내용	분류	응답자 수(명)	비율(%)
성별	① 남자	621	94.1
	② 여자	39	5.9
	합계	660	100.0
나이	① 20대	68	0.3
	② 30대	282	42.7
	③ 40대	250	37.9
	④ 50대 이상	60	9.1
재직 기간	① 5년 미만	159	24.1
	② 5~10년 미만	144	21.8
	③ 10~15년 미만	188	28.5
	④ 15~20년 미만	95	14.4
	⑤ 20년 이상	74	11.2
계급	① 소방사	170	25.8
	② 소방교	226	34.2
	③ 소방장	196	29.7
	④ 소방위	41	6.2
	⑤ 소방경	25	3.8
	⑥ 소방령 이상	2	.3
근무 형태	① 소방(화재진압)	256	38.8
	② 운전	193	29.2
	③ 구급	56	8.5
	④ 구조	40	6.1
	⑤ 행정	115	17.4
근무지역	① 서울	181	27.4
	② 경기	164	24.8
	③ 부산	189	28.6
	④ 강원	126	19.1

는 부산이 189명(28.6%)으로 가장 많았으며, 서울이 181명(27.4%), 경기가 164명(24.8%), 강원이 126명(19.1%) 순으로 나타났다(〈표 1-3〉 참조).

2. 재난관리 응답 분포 분석

1) 최고관리자의 관심과 지지에 대한 인식

최고관리자의 관심과 지지에 대한 평가로 재난 현장에서 기관장이 직접 지휘에 대한 질문에서 분석 결과를 살펴보면 보통이다가 260명(39.4%)으로 가장 많았으며, 그렇다가 217명(32.9%), 그렇지 않다가 133명(20.2%)으로 나타나 최고관리자의 관심과 지지는 대체로 긍정적인 것으로 조사됐다. 그러나 부정적인 인식도 152명(23.1%)이나 돼 사후 인터뷰한 결과 작업지시형 최고관리자보다 관리형 최고관리자를 선호한 것으로 나타났다. 즉, 재난 현장에서 임무 내용을 세부적으로 지시하는 관리자보다 전체적인 과업관리형 관리자를 선호한 것으로 파악된다(〈표 1-4〉 참조).

〈표 1-4〉 최고관리자 현장지휘

변수	분류	빈도	비율(%)	평균	표준편차
최고관리자 현장 지휘	① 전혀 그렇지 않다	19	2.9	3.16	.899
	② 그렇지 않다	133	20.2		
	③ 보통이다	260	39.4		
	④ 그렇다	217	32.9		
	⑤ 매우 그렇다	31	4.7		

최고관리자의 관심과 지지에 대한 평가로 부서의 장이 평소에 재난 예방의 관심에 대한 질문에서 분석 결과를 살펴보면 그렇다가 338명(51.2%)으로 가장 많았으며, 보통이다가 186명(28.2%), 매우 그렇다가 74명(11.2%)으로 나타나 최고관리자의 재난 예방 관심은 높은 것으로 조사됐다. 최고관리자는 재난정책을 추진하고 제약 요인을 제거할 수 있는 권한과 조직 내 가치 체계와 행태 변화의 중추적인 역할을 한다. 따라서 최고관리자의 재난 예방에 대한 관심은 조직 전체의 재난 예방으로 전파될 수 있는 것으로 파악된다(〈표 1-5〉 참조).

<표 1-5> 최고관리자 재난 예방 관심

변수	분류	빈도	비율(%)	평균	표준편차
최고관리자 재난예방 관심	① 전혀 그렇지 않다	6	0.9	3.63	.826
	② 그렇지 않다	56	8.5		
	③ 보통이다	186	28.2		
	④ 그렇다	338	51.2		
	⑤ 매우 그렇다	74	11.2		

2) 교육훈련에 대한 인식

교육훈련에 대한 평가로 긴급구조 종합훈련이 충실히 수행되고 있는지에 대한 질문에서 분석 결과를 살펴보면 보통이다가 279명(42.3%)으로 가장 많았으며, 그렇다가 264명(40.0%), 그렇지 않다가 63명(9.5%)으로 나타나 훈련에 대해 대체로 긍정적인 인식을 하고 있는 것으로 조사됐다. 그러나 좀 더 효과적인 긴급구조훈련이 되려면 사전 시나리오대로 행동하는 훈련 방식보다 현장에서 임무 부여를 통한 실질적인 훈련이 이뤄져야 할 것이고, 사전 역할에 대한 교육은 전문교육기관에 의해 실시할 필요가 있다(<표 1-6> 참조).

<표 1-6> 긴급구조 종합훈련

변수	분류	빈도	비율(%)	평균	표준편차
긴급구조 종합훈련	① 전혀 그렇지 않다	15	2.3	3.38	.825
	② 그렇지 않다	63	9.5		
	③ 보통이다	279	42.3		
	④ 그렇다	264	40.0		
	⑤ 매우 그렇다	39	5.9		

교육훈련에 대한 평가로 소방학교에서 실시하는 교육이 충실하게 수행되고 있는지에 대한 분석 결과를 살펴보면 그렇다가 273명(41.4%)으로 가장 많았으며, 보통이다가 271명(41.1%)으로 나타나 교육은 대체로 긍정적인 것으로 조사됐다. 소방학교가 좀 더 전문적인 교육기관으로 성장하려면 자격증과 학위소지자 위주의 교수요원을 확보하고, 외부 전문가를 채용해 교육을 실시한다면 좀 더 효과적인 교육훈련이 될 것으로 여겨진다(<표 1-7> 참조).

<표 1-7> 소방학교 교육

변수	분류	빈도	비율(%)	평균	표준편차
소방학교 교육	① 전혀 그렇지 않다	11	1.7	3.38	.809
	② 그렇지 않다	71	10.8		
	③ 보통이다	271	41.1		
	④ 그렇다	273	41.4		
	⑤ 매우 그렇다	34	5.2		

3) 의사소통에 대한 인식

의사소통에 대한 평가로 재난 현장에서 공식적 회의를 자주 개최하고 있는지에 대한 질문에서 분석 결과를 살펴보면 보통이다가 368명(55.8%)으로 가장 많았으며, 그렇지 않다가 191명(28.9%)으로 나타나 재난 현장에서 공식적 회의에 대한 인식은 대체로 의사소통에 대해 부정적인 것으로 조사됐다. 이러한 결과는 재난 현장의 신속한 의사결정의 특성과 공식적인 회의를 통해 의사를 결정하는 것이 아니라 지휘관의 결정을 지시하는 소방공무원의 계급사회를 반영한 결과 공식적 회의를 자주 개최하지 않는 것으로 파악된다(<표 1-8> 참조).

<표 1-8> 재난 현장의 공식적 회의

변수	분류	빈도	비율(%)	평균	표준편차
재난 현장의 공식적 회의	① 전혀 그렇지 않다	23	3.5	2.77	.736
	② 그렇지 않다	191	28.9		
	③ 보통이다	368	55.8		
	④ 그렇다	68	10.3		
	⑤ 매우 그렇다	10	1.5		

의사소통에 대한 평가로 재난 현장의 의사결정 과정에서 의견 반영 정도에 대한 질문에서 분석 결과를 살펴보면 보통이다가 356명(53.9%)으로 가장 많았으며, 그렇지 않다가 224명(33.9%)으로 나타나 재난 현장의 의사결정 과정에서 의견 반영에 대한 인식은 대체로 부정적인 것으로 조사됐다. 잘못된 의사결정은 신속하게 수정돼야 하지만, 소방공무원 사회는 계급적 특성과 권위적인 조직 특성 때문에 다수의 의견을 반영해 쉽게 수정되지 못하는 것으로 판단된다

(〈표 1-9〉 참조).

〈표 1-9〉 의사결정 과정의 의견 반영

변수	분류	빈도	비율(%)	평균	표준편차
의사결정 과정의 의견 반영	① 전혀 그렇지 않다	36	5.5	2.63	.720
	② 그렇지 않다	224	33.9		
	③ 보통이다	356	53.9		
	④ 그렇다	37	5.6		
	⑤ 매우 그렇다	7	1.1		

4) 예산에 대한 인식

예산에 대한 평가로 재난 대응을 위한 장비 구입에 필요한 예산이 적절한지에 대한 질문의 응답 분포를 살펴보면 그렇지 않다가 301명(45.6%)으로 가장 많았으며, 보통이다가 196명(29.7%)으로 나타났고, 평균은 2.17로 재난 현장 활동을 위한 장비구입에 필요한 예산에 대한 인식은 대체로 부정적인 것으로 조사됐다. 노후한 소방장비의 다수 보유와 24시간 맞교대라는 열악한 근무환경에서 활동하고 있는 소방공무원의 의견을 반영한 것으로 판단된다(〈표 1-10〉 참조).

〈표 1-10〉 예산

변수	분류	빈도	비율(%)	평균	표준편차
예산	① 전혀 그렇지 않다	137	20.8	2.17	.810
	② 그렇지 않다	301	45.6		
	③ 보통이다	196	29.7		
	④ 그렇다	23	3.5		
	⑤ 매우 그렇다	3	.5		

5) 법적 제도에 대한 인식

법적 제도에 대한 평가로 재난 관련 법령(소방관련법, 재난 및 안전관리 기본법) 등의 연계에 대한 질문에서 응답 분포를 살펴보면 보통이다가 320명(48.5%)으로 가장 많았으며, 그렇지 않다가 223명(33.8%)으로 나타났고, 평균은 2.69로 재난관련 법령 등의 연계에 대한 인식은 대체로 부정적인 것으로 조사됐다. 이는 현행 재난관리 법령 체계가 개별법에 혼재돼 있어 여러 부서에서 재난관리 업무가 중복되거나 분산돼 있는 것으로 파악된다(〈표 1-11〉 참조).

〈표 1-11〉 재난 관련 법령의 연계

변수	분류	빈도	비율(%)	평균	표준편차
관련 법령 연계	① 전혀 그렇지 않다	34	5.2	2.69	.763
	② 그렇지 않다	223	33.8		
	③ 보통이다	320	48.5		
	④ 그렇다	81	12.3		
	⑤ 매우 그렇다	2	.3		

법적 제도에 대한 평가로 재난관리 관련 부서들의 상호 조정에 대한 질문에서 응답 분포를 살펴보면 보통이다가 276명(41.8%)으로 가장 많았으며, 그렇지 않다가 243명(36.8%)으로 나타났고, 평균은 2.50으로 재난관리 관련 부서들의 상호 조정에 대한 인식은 대체로 부정적인 것으로 조사됐다. 재난 발생 초기에는 재난 현장에서 활동하는 공무원은 소방공무원밖에 없다고 해도 과언이 아니다. 재난 발생 후기(복구 단계)에는 너무 많은 재난관리 부서가 현장에 활동하고 있지만 실제 다양한 기관의 조정이 잘되지 않고 있는 것이 현실이다. 따라서 많은 기관을 상호 조정할 수 있는 강행규정으로 개정하는 것도 좋은 방안이라 생각된다(〈표 1-12〉 참조).

〈표 1-12〉 재난관리 관련 부서 상호조정

변수	분류	빈도	비율(%)	평균	표준편차
관련 부서 상호 조정	① 전혀 그렇지 않다	79	12.0	2.50	.845
	② 그렇지 않다	243	36.8		
	③ 보통이다	276	41.8		
	④ 그렇다	56	8.5		
	⑤ 매우 그렇다	6	.9		

6) 재난관리 효과성에 대한 인식

재난관리 효과성에 대한 질문의 응답 분포를 살펴보면, 보통이다가 382명(57.9%)으로 가장 많앗으며, 다음으로는 그렇지 않다가 151명(22.9%)으로 나타났고, 평균은 2.85로 재난관리 효과성에 대해 부정적으로 인식하고 있는 것으로 조사됐다. 이는 재난 현장 초기 대응 과정에 다양한 조직이 필요하지만 현장에는 소방기관밖에 없는 것이 현실이다. 재난관리는 다조직의 협력으로 대응해야 효과적이지만 유관기관의 협력이 원활하게 이뤄지지 않고 있다. 유관기관의 역할은 재난 초기의 재난 대응 과정에서 중요한데 역할이 잘 수행되지 못한 경향이 있다. 또한 전문성이 떨어진 민간단체가 섣불리 재난 대응에 참여했을 경우 또 다른 위험에 직면할 수 있다. 소방조직 자체 내 고위직 역시 현장의 동향 보고나 받으려고 하거나 상급기관의 눈치 보기에 급급하고 지나친 보고 위주의 업무 처리가 오히려 재난 대응에 걸림돌이 되고 있는 것으로 파악할 수 있다(〈표 1-13〉 참조).

〈표 1-13〉 재난관리 효과성에 대한 인식

변수	분류	빈도	비율(%)	평균	표준편차
재난관리 효과성	① 전혀 그렇지 않다	25	3.8	2.85	.720
	② 그렇지 않다	151	22.9		
	③ 보통이다	382	57.9		
	④ 그렇다	101	15.3		
	⑤ 매우 그렇다	1	.2		

3. 재난관리 효과성의 인식차이 분석

응답자의 유형에 따라 응답자의 계급별로 본 연구에서 선정한 주요 변수에 대한 인식의 차이를 통계적으로 유의성이 있는지 분석하고자 한다. 분산분석(ANOVA)은 평균치는 최저치는 1로서 부정적인 인식을 의미하고, 최고치는 5로 긍정적인 인식을 의미한다.

1) 재난관리 효과성에 대한 인식 차이

이 연구에서 종속변수는 재난관리 효과성으로, 소방공무원의 계급에 따라 종속변수인 재난관리 효과성에 대해 어떻게 인식하는지 알아보기 위해 일원배치 분산분석을 실시했다.

재난관리 효과성에 대해 계급별 인식 차이를 분석한 결과 F값이 2.186, 유의 확률 0.054로 유의 수준 5% 내에서 계급별 차이가 존재하는 것으로 나타났다. 평균을 살펴보면 소방령이 3.00으로 가장 높은 평균을 나타내고 있으나 표본 수가 2로 분석 결과에 큰 영향을 줄 것으로 볼 수는 없다. 다음으로 높은 평균은 소방사가 2.92, 소방교가 2.91로 대체로 계급이 낮을수록 재난관리가 잘 되고 있다고 인식한 것으로 나타났다(〈표 1-14〉 참조).

〈표 1-14〉 계급별 재난관리 효과성에 대한 인식 차이

변수	계급	표본수	평균	표준편차	F	유의 확률
재난관리 효과성	소방사	170	2.92	.754	2.186	.054
	소방교	226	2.91	.663		
	소방장	196	2.71	.778		
	소방위	41	2.93	.565		
	소방경	25	2.80	.645		
	소방령 이상	2	3.00	.000		

2) 조직·관리적 요인 인식 차이 분석

조직·관리적 요인의 인식 차이는 최고관리자의 관심과 지지가 유의미한 인식 차이를 보이고 있고, 교육훈련, 의사소통, 예산, 법적 제도는 유의미한 차이가 없는 것으로 나타났다.

최고관리자의 관심과 지지의 전체 평균이 3.16으로 모든 계급에서 긍정적인 인식을 하고 있는 것으로 조사됐으며, 소방령 이상이 평균 4.50으로 가장 높은 비율을 나타냈고, 소방경이 3.88로

〈표 1-15〉 조직·관리 요인 인식차이

변수	계급	표본수	평균	표준편차	F	유의 확률
최고 관리자 관심과 지지	소방사	170	3.66	.770	2.956	.012
	소방교	226	3.59	.733		
	소방장	196	3.45	.830		
	소방위	41	3.71	.929		
	소방경	25	3.88	.600		
	소방령 이상	2	4.50	.707		

계급이 높을수록 최고관리자의 관심과 지지는 높은 것으로 인식하고 있음을 알 수 있다(〈표 1-15〉 참조).

4. 변수 간의 상관관계분석

상관관계분석(correlation analysis)에서 상관관계가 지나치게 높으면 다중공선성(multicollinearity)의 문제를 가질 수 있다. 대부분의 상관관계가 0.8 이상으로 넘어서게 되면 회귀계수의 분산이 증가하기 시작하며, 0.9 이상을 넘어서게 되면 회귀계수의 분산이 급속히 커지고 다중공선성의 문제가 발생할 수 있기 때문에 회귀분석을 실시하지 않는 것이 좋다(남궁근, 1999: 457-458). 〈표 1-16〉의 상관관계에서 0.8 이하의 상관관계를 보여 주고 있어 회귀분석을 실시해도 무방하다고 판단된다.

〈표 1-16〉 재난관리 효과성에 대한 변수 간의 상관관계분석

변수	X(1)	X(2)	X(3)	X(4)	X(5)
최고관리자X(1)	1				
교육훈련X(2)	513**	1			
의사소통X(3)	.349**	417**	1		
예산X(4)	.005	.107**	.173**	1	
법적 제도X(5)	.237**	.270**	.372**	.370**	1

** 상관계수는 0.01 수준(양쪽)에서 유의함.

5. 다중회귀분석

재난관리의 효과성에 대해 영향을 미치는 관계를 알아보기 위해 각 독립변수들의 영향력을 검토하기 위해 다중회귀분석(multiple regression analysis)을 실시했다. 〈표 1-17〉은 5개의 독립변수와 관계의 재난관리의 효과성에 대한 회귀분석의 결과로, 각 독립변수가 관계의 효과성에 직접적인 영향을 미치는 정도와 방향을 알 수 있다. 회귀모형의 결정계수(R^2)는 회귀분석이 종속

〈표 1-17〉 재난관리 효과성에 대한 다중회귀분석 결과

변수	비표준화 계수		표준화계수	t	유의 확률	공선성 통계량	
	B	표준 오차	β			공차 한계	VIF
(상수)	.507	.141		3.598	.000		
최고리자 관심과 지지	.099	.034	.108	2.884	.004	.702	1.425
교육 훈련	.165	.037	.174	4.508	.000	.666	1.502
의사소통	.110	039	.104	2.826	.005	.735	1.360
예산	.024	030	.027	.788	.431	.850	1.176
법적 제도	.375	.035	.396	10.845	.000	.743	1.345

R^2 = 0.351 수정된 R^2 = 0.346 F = 10.055 유의 확률 = .000 Durbin-Watson = 1.922

변수를 얼마나 잘 설명하는지를 나타내 주는데, 〈표 1-17〉에서 R^2=0.351로 전체 분산 중에서 약 35.1%를 설명해 주고 있다. 수정된 R^2값은 조정된 상관관계를 의미하며, 수정된 R^2=0.346으로 나타났다. F=10.055, p=0.000으로 회귀모형의 타당성은 아주 유의미한 것으로 나타났다. 공차는 0.666~0.850으로 모두 0.1 이상이었으며 VIF는 1.176~1.502로 10 이하의 값을 가지고 있고, Durbin Watson d=1.922로 나타났기 때문에 자기상관이나 다중공선성은 없다고 할 수 있다.

한편, 조직·관리 요인의 독립변수에 대한 회귀분석한 결과는 교육훈련, 의사소통, 법적 제도, 최고관리자의 관심과 지지는 유의도가 0.05보다 작아 재난관리 효과성에 중요한 영향을 준다고 해석할 수 있으며, 이는 재난관리는 고도의 전문성이 요구되는 분야이기 때문에 평소에 교육과 훈련이 잘 돼 있어야 하고, 재난 현장에서 의사결정은 긴급한 상황에서 지휘관이 단독으로 결정한 경우가 많으나 앞으로 원활한 의사소통과 의사결정에 있어 다양한 의견이 반영돼 의사결정이 이뤄져야 할 것으로 판단된다.

또한 법적 제도는 재난 관련 법령(소방기본법 등, 재난 및 안전관리 기본법 등)이 상호 연계가 잘 돼 소방, 민방위, 건설교통, 자원봉사 등 재난관리에 참여하는 다조직이 상호 조정하며, 유기적인 협력으로 재난관리를 수행해야 할 것이다. 그리고 최고관리자는 재난관리 정책을 추진하고 제약 요인을 제거할 수 있는 권한을 가지고 있을 뿐만 아니라 조직 내 가치체계와 행태의 변화에 중추적인 역할을 할 수 있다. 따라서 최고관리자의 관심과 지지가 있다면 원활한 재난관리를 수행할

수 있을 것이다. 한편, 예산(x9)은 유의도가 0.05보다 크기 때문에 재난관리 효과성에 아주 중요한 영향을 준다고 해석할 수 없다.

V. 결론

이 연구의 결과, 재난관리 효과성에 대한 인식에 영향을 미치는 정도에 유의 수준 5%에서 유의미한 변수는 법적 제도, 교육훈련, 최고관리자의 관심과 지지, 의사소통 순으로 상대적인 영향력을 가지는 것으로 나타났다. 이는 재난관리의 효과성을 높이기 위해 법적 제도가 정비돼 있어야 하고, 교육은 현장 위주의 실습 중심 교육이 이뤄져야 하며, 재난대비 훈련이 시민과 유관기관 등과 함께 실질적으로 이뤄져야 할 것이다. 또한 의사소통이 신속하고 민주적으로 이뤄질 때 재난관리의 효과성은 제고될 것이다. 좀 더 구체적으로 재난관리 효과성에 영향을 미치는 요인들을 중심으로 살펴보면, 그 영향 요인별로 어떤 정책적 함의를 가질 수 있는지에 대해 논의해 보도록 한다.

먼저, 재난관리 효과성을 위해서는 법적 제도가 재난 현장에서 원활하게 작동할 수 있도록 정비돼야 한다. 재난관리 속성상 종합적이고 체계적인 접근을 해야만 효율적 행정이 가능함에도 불구하고 이를 뒷받침해 줄 재난 관련 법령 상호간의 통일성과 종합성이 결여돼 재난 예방과 재난이 발생할 때 행정기관 간의 업무 협력이 곤란한 실정이다. 이러한 재난 관련 법령 상호간의 통일성 결여는 조직법적으로 재난관리를 총괄하는 기구를 일원화하지 못하는 원인이 된다. 즉, 우리나라의 현행 재난관리 법령 체계는 각 개별법에 혼재돼 있어 여러 부서에 재난 업무가 중복 되거나 분산돼 있다. 따라서 효율적인 재난관리를 위해서는 중복·분산된 재난관리 업무가 조정돼야 하고, 방재 업무와 소방 업무의 효율적인 기능을 수행하기 위해서는 장기적인 차원에서 조직을 분리하는 방안을 제안한다.

둘째, 효과적인 재난관리를 위해서는 소방학교에서 실시하는 소방공무원 교육이 현장 위주의 실습 중심의 교육이 돼야 하고, 긴급구조종합훈련 등 소방기관에서 실시하는 훈련이 시민과 유관기관 등과 함께 실질적으로 이뤄져야 할 것이다. 소방교육·훈련은 소방공무원으로 하여금 전문성, 기술성, 숙련성 및 신속성의 직무 수행 태세를 갖추어 화재 및 구조·구급 등 재난 현장에서 원활한 임무 수행을 행하고 또한 안전 확보라는 두 가지 요소를 모두 만족시킬 수 있는 현장 대응 능력을 길러 주는 것을 기본으로 하는 프로그램으로 구성돼야 한다. 따라서 그 내용은 현장 위주의 전문교육·훈련에 치중해야 하며 실기·실습 위주의 교육·훈련을 실시하는 데 초점을 맞춰야 한다. 또한, 매년 실시되는 긴급구조 종합훈련은 정부기관, 시민·자원봉사와 각 유관기관이 참여해 실시하고 있지만 미리 계획된 시나리오에 의해서 실시되는 훈련으로 실제 상황을 설정해 현장 임무 부여 형식의 실질적인 훈련이 이뤄져야 한다.

셋째, 최고관리자의 관심과 지지가 필요하다. 최고관리자는 재난관리 정책을 추진하고 제약 요인을 제거할 수 있는 권한을 가지고 있을 뿐만 아니라 조직 내 가치 체계와 행태의 변화에 중추적인 역할을 할 수 있다. 연구 결과 작업지시형 최고관리자보다 관리형 최고관리자를 선호한 것으로 나타났다. 즉, 재난 현장에서 임무 내용을 세부적으로 지시하는 관리자보다 전체적인 과업 관리형 관리자를 선호한 것으로 조사됐다.

넷째, 재난 현장에서 지휘관의 명령에 따라 전 소방대원이 행동하기 때문에 의사소통은 매우 중요하다. 따라서 재난 현장에서 의사소통 활성화를 위해서는 재난 현장에서 지휘관은 독단적으로 결정해서 명령하는 방식보다 공식적인 회의를 통해 결정하고 그 결정에 따라야 할 것이다. 재난 현장의 특성상 급박한 상황에서 자주 회의를 개최하는 것은 어렵지만 적어도 주위의 몇몇 직원과 회의를 통해 재난 대응 방법을 논의한다면 재난관리에 더욱 효과적일 것이다.

끝으로 이 연구는 연구 결과의 일반화에 일정한 한계를 가지고 있다. 이는 연구의 표본집단이 4개 시·도의 10개 소방서로 한정하는 것에서 오는 표본집단의 대표성 문제와 표본 선정 시 재난관리를 담당하고 있는 다양한 조직이 배제돼 있어 다양성에서 오는 표본집단의 횡단적 특성이 제기될 경우 연구 결과를 좀 더 구체적으로 해석하고 적용하는 데 많이 제한될 수 있다.

또한, 재난관리는 현장의 중요성이 매우 강조돼야 효과적인 재난관리가 이뤄 질 수 있다. 따라서 앞으로는 현장 중심으로 재난관리의 조직이 구성돼야 하고, 재난 현장의 목소리를 귀담아 듣는 재난관리 조직이 돼야 할 것이다.

제2장
재난관리 거버넌스의 효과성 영향 요인 분석

개요

지금까지 우리나라의 재난관리 서비스에 대해서는 주로 공공 부문에서 담당해 오고 있으나 공공 부문(정부)의 힘만으로는 재난관리를 효과적으로 수행하는 데는 그 한계가 있을 수밖에 없다. 따라서 유관기관, 시민, NGO, 기업 등 다양한 기관 및 단체가 다조직의 협력 체계, 즉 재난관리의 효율적인 거버넌스 체계가 이뤄져야 한다. 본 연구에서는 재난관리, 거버넌스 등의 개념을 탐색적으로 살펴봤다. 재난관리의 효과성 영향 요인을 실증적으로 분석한 결과 독립변수가 종속변수인 재난관리 효과성에 중요한 영향을 준 것으로 나타났으며, 의용소방대 유관기관 협력, 자원봉사, 시민의 지지, NGO 네트워크 순으로 영향력이 있는 것으로 나타났다.

Ⅰ. 서론

21세기에 들어 급격한 사회 변화는 재난관리 서비스 공급 체계에도 변화를 요구하고 있다. 신자유주의적 개혁 처방으로 인한 공공조직의 축소 개편, NGO로 대표되는 시민사회의 부각이라는 현실적 흐름과 정부실패 이론, 거버넌스 이론 등의 연구들은 도시정부와 자발적인 조직간 파트너십의 필요성을 강조하고 있고 실제로 많은 파트너십이 형성돼 활동하고 있다.

일반적으로 국가재난관리 체계에 대해 책임을 지게 되는 주체로는 중앙정부, 지방정부 등 공공 부문과 민간 부문으로 구분할 수 있다. 지금까지 우리나라는 공공 부문에서 재난관리를 주로 담당해 오고 있는데, 공공 부문은 관리에 필요한 자원과 물리적 강제력을 광범위하게 보유하고 있기는 하지만 법적 권한의 특성상 중앙정부와 지방정부인 공공 부문의 힘만으로는 재난관리를 효과적으로 수행하기에 한계가 있다는 지적이 있다.

그러므로 정부 부문 주도의 재난관리시스템으로부터 전 국민의 참여를 통한 재난관리시스템 구축이 요구된다. 민간 NGO와 시민의 참여를 통한 재난관리 거버넌스 시스템이 이뤄질 때 비로소 국가재난관리시스템 완비가 가능할 것이다. 우리나라 재난관리 정책은 20세기 정책에서 크게 발전되지 못하고 중앙 집중적 재난관리 정책을 추진해 오고 있다. 효과적인 재난관리를 위해서는 재난관리 조직과 거버넌스 등이 시스템으로 구성돼 유기적인 대응을 해야 할 것이다.

따라서 이 연구에서는 재난관리 연구의 출발점으로서 재난관리, 거버넌스 등의 개념을 탐색적으로 살펴보고 재난관리의 효과성의 영향 요인을 실증적으로 분석하는 데 목적이 있다.

Ⅱ. 재난관리 거버넌스의 이론적 배경

1. 거버넌스의 의의

거버넌스에 대한 연구가 사회과학 분야의 새로운 대안으로 제기된 것은 최근의 일이다. 1990년대 후반부터 기존의 국가나 시장 및 시민사회에 의한 국가 경영에 많은 어려움이 발생하고, 세계화와 정보화에 따라 세계 체제와 국가 간의 경계가 모호해지며, 국민국가 내에서도 국가의 쇠

퇴와 더불어 국가, 시장, 시민사회 간의 경계가 허물어지는 경향이 커지고 이들 3자가 협력해 공동체의 문제를 해결해야만 하는 경우가 증가하면서 거버넌스에 대한 관심이 커지고 있다.

또한 거버넌스의 개념은 재난관리 분야에서도 논의되고 있다. 재난관리 서비스는 공공조직이 최초로 담당할 업무이고 역할이다. 그러나 사회가 다양해지고 복잡하게 변화하면서 공공조직도 그만큼의 기능 확대를 가져왔다. 이 과정에서 재난관리는 공공의 업무라는 인식이 깊어졌고, 민간이 제공하는 재난관리는 공공의 보조 기능 또는 협력 기능에 지나지 않았다. 그러나 최근에 사회 전반에 걸쳐 변화 속에서 민간에 의해 제공되는 재난관리도 대응과 복구 기능을 중심으로 한 보조적이고 한정적인 제공 범위에서 예방과 대비를 포함한 기능 등 적극적으로 제공할 수 있는 영역으로 역할과 기능을 전환해야 할 필요성이 제기되고 있다.

일반적으로 국가재난관리 체계에 대해 책임을 지게 되는 주체로는 중앙정부, 지방정부 등 공공 부문과 민간 부문으로 구분할 수 있다. 지금까지 우리나라는 공공 부문에서 재난관리를 주로 담당해 오고 있다. 공공 부문은 관리에 필요한 자원을 광범위하게 가지고 물리적 강제력과 법적 권한의 특성상 중앙정부와 지방정부인 공공 부문의 힘만으로는 재난관리를 효과적으로 수행하기에 한계가 있다.

2. 재난관리 거버넌스

1) 재난관리 거버넌스의 의의

정부 부문 주도의 재난관리시스템으로부터 전 국민의 참여를 통한 재난관리시스템 구축이 요구된다. NGO 등 시민의 참여를 통한 재난관리 거버넌스 시스템이 이뤄질 때 비로소 국가재난관리 시스템 완비가 가능할 것이다.

이재은(2003)은 재난관리 거버넌스는 지역사회 시민의 안전한 생활을 위해 시민, NGO, 지방자치단체 등의 다양한 행위 주체들이 의사결정권을 공유한 채 상호 조정과 협력의 네트워크를 구성해 재난관리 정책을 집행해 나가는 체계라고 정의했다. 또한 재난관리 거버넌스의 정의는 [그림 2-1]과 같이 목적, 주체, 전제, 방법, 실체의 다섯 가지 측면에서 다음과 같은 의미를 지닌다.

첫째, 재난관리 거버넌스의 목적은 시민의 안전한 생활을 실현하고자 하는 것이다. 이는 각 지역사회 시민의 안전한 생활 실현의 총합은 곧 국민 전체의 안전한 생활 확보를 가능하게 한다고

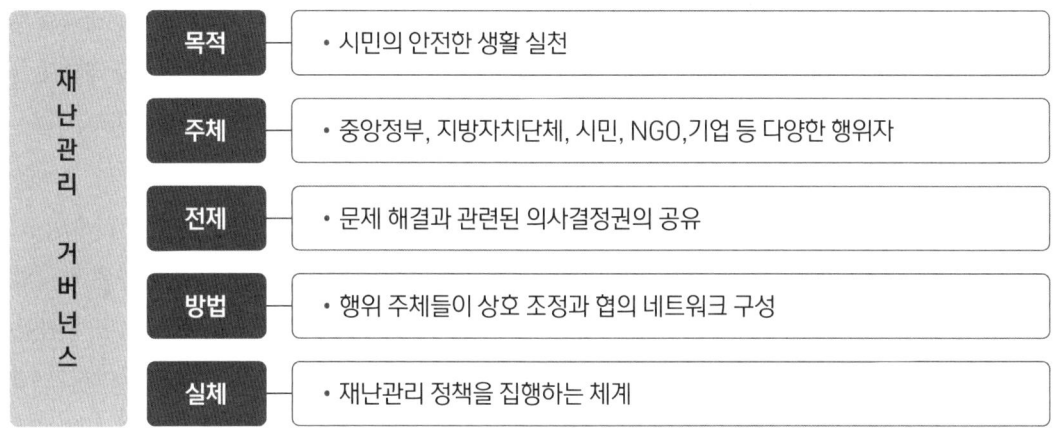

[그림 2-1] 재난관리 거버넌스 구성 요소

보기 때문이다. 따라서 해당 지역의 지방자치단체는 우선적으로 그 지역에서 특수하게 나타나는 위기의 유형과 종류를 파악하고 이에 대한 극복 방안과 전략을 마련하는 것이 필요하다.

둘째, 재난관리 거버넌스의 주체는 시민, NGO, 지방자치단체 등의 다양한 행위자들이다. 그동안 재난이 발생하면 정부 및 지방자치단체가 문제를 파악하고 해결책을 마련해 이를 집행해 왔다. 즉, 재난의 발생으로 인하여 피해를 보는 피해자는 문제 해결 과정에서 소외되어 왔던 것이다. 그렇기 때문에 문제의 적절한 해결책이 제시되지 않거나 문제 해결이 미진한 상태로 남는 경우에는 지방자치단체가 비판의 대상이 돼 왔다. 시민들의 자발적 결사체인 NGO는 제3자의 위치에 있었던 것이다. 그러나 시민이야말로 재난의 원인은 물론 이에 대한 해결 방안 역시 가장 잘 알고 있는 행위 주체다. NGO는 가장 객관적인 위치에서 문제를 해결할 수 있는 행위 주체다.

셋째, 재난관리 거버넌스의 전제는 다양한 행위 주체들이 문제 해결과 관련된 의사결정권을 공유하고 있다는 것이다. 의사결정 과정에서 배제된 채 집행 과정에만 참여한다는 것은 진정한 의미에서의 행위 주체라고 할 수 없는 동시에 목표 달성을 위한 수단적인 의미만을 지니기 때문이다. 또한 로컬 재난관리 거버넌스에서의 의사결정권 공유를 위해서는 관련된 정보의 공유, 결정 과정에서의 평등한 권리의 공유, 그리고 결과에 대한 책임의 공유가 함께 요구된다. 정보가 공유되지 않을 경우 정확한 의사결정을 내리는 것이 불가능하고, 결정 과정에서의 평등한 권리가 보장되지 않을 경우에는 단지 의사결정의 정당성만을 확보시켜 주는 역할만 하게 되며, 결과에 대한 책임이 공유되지 않고는 무책임한 의사결정을 가져올 확률이 커지기 때문이다.

넷째, 재난관리 거버넌스의 방법은 행위 주체들이 상호 조정과 협력의 네트워크를 구성함으로써 문제를 해결하는 것이다. 네트워크 구성은 목표 달성을 위한 노력의 결집체로서의 네트워크를 의미한다. 따라서 문제의 원인 파악과 해결 방법의 모색을 위한 상호 조정과 협력의 네트워크가 필요한 것이다. 행위 주체들 사이의 공식적인 연계와 비공식적인 연계 모두를 포함한다.

다섯째, 재난관리 거버넌스의 실체는 시민의 안전한 생활을 실현하기 위해 재난관리 정책을 집행해 나가는 체계라고 할 수 있다. 재난관리 거버넌스에서는 정책의 집행과 관련된 다수의 조직이 참여하는 다조직적 관계에 의해 형성되는 체계인 것이다. 즉, 오늘날의 정책 집행은 하나의 정책을 단일 조직이 집행하기보다는 둘 이상의 다수 조직이 하나의 정책을 집행하기 위해 공동의 노력을 기울인다는 특징을 보인다. 특히, 재난은 그 속성상 발생 원인이 복잡하고 다양하기 때문에 재난관리 정책을 집행하기 위해서는 다수의 조직이 복합적이고 총체적인 노력을 기울이는 것이 필요하다.

2) 재난관리 거버넌스의 필요성

재난관리에서 거버넌스의 필요성과 효용성을 구체적으로 살펴보면 다음과 같다.

첫째, 종래의 산업화, 중앙화, 대가족화의 큰 조직과 권력에 집중됐던 사회 유지, 운영 기능이 정보화, 지방화, 핵가족화 등으로 대표되는 새로운 사회구조의 변화로 인해 그 한계와 실패를 드러냄에 따라 공공 부문의 역할과 기능의 통합으로 표현되는 중앙화의 한계를 보정하기 위한 기능과 역할의 민간 부문이 중요해지고 있다.

둘째, 전 세계적으로 작은 정부를 표방하고 있는 21세기는 공공조직이 담당해야 할 역할과 비용을 더욱 축소시킴과 동시에 빈발하는 재난관리에 대한 행정 수요가 확대되고 있어 기존 행정조직은 인적, 물적인 한계를 보이고 있다. 즉, 늘어나는 수요와 줄어드는 공급의 문제를 어느 정도 해소하기 위해서는 공공 부문의 주도하에 있던 재난관리 영역에 민간 부문의 활용이 절실하다.

셋째, 재난은 기술적 부족과 실패로 인해 초래된 결과로서 고도기술 사회에서의 위기 발생은 물론 파급 영향도 고도화, 다양·복잡화돼 공공 부문 관리의 한계가 노출되고 있다. 이러한 관점에서 제반 환경 변화에 대해 신축적이고 능동적인 인력 활용의 대안으로 민간 부문을 활용함으로써 국가적 차원에서의 효율적 재난관리 체계를 구축할 수 있을 것이다.

넷째, 최근 세계 경제의 환경 변화는 관이 주도하는 것이 아닌 민·관이 협력하는 거버넌스를 요청하고 있어 재난관리 등의 공공적 영역에 자발적 민간조직의 참여가 확대되고 있으며, 사회적으로 그 중요성이 더해가고 있다. 그러나 이런 중요성과 필요성에도 불구하고 체계적인 조직과 관리 없이 이뤄지다 보니 재난 발생 시 산발적인 참여와 자원봉사단체 간의 불필요한 경쟁 의식은 근본적으로 취약성을 갖고 있는 민간자원의 동원 및 활용에 큰 걸림돌이 되고 있다. 또한 위기 상황 현장에서 나타나는 의사소통의 결여가 조직 간 정보 교환과 역할 조정에서도 큰 문제를 낳고 있다. 따라서 이러한 문제 해결을 위해서는 자원봉사 조직 간의 네트워크 체계가 요구되며, 네트워크 체계를 통한 사전소통 과정이 필요하다. 급박한 재난 현장에서 상호 협력을 통한 효과적인 대응을 수행하려면 무엇보다 위기 상황 발생 이전에 사전 정보 교환을 통해 다른 조직에 대한 이해와 사전 접촉 과정에서 신뢰의 구축을 도모해야 할 것이다.

3) 재난관리 거버넌스의 유형

(1) NGO 협력 체계

공공조직이 광범위하게 재난에 대처할 수 있다고 하지만, 1990년 이후 최근 일어난 일련의 인적 재난들에 대해 민간 영역에서의 방재안전관리에 대한 역할 비중이 점차 증대하고 있다. 특히 1994년 10월 21일에 있었던 성수대교 붕괴사건, 1994년 12월 7일에 있었던 아현동 도시가스 폭발사고, 그리고 1995년 6월 29일에 있었던 삼풍백화점 붕괴사고 등을 통해 수많은 민간조직이 재난관리에 참여하게 되면서 공공 부문만의 능력으로는 미흡한 점을 인식하게 됐고, 이에 민간 부문의 재난관리 참여에 대한 논의가 본격적으로 진행되는 계기가 됐다.

위와 같은 재난관리에 참여한 대표적인 민간조직으로는 대한적십자사, 구세군, YMCA, 전국재해대책협의회, 한국민간구조봉사단, 한국재난구조대, 삼성3119구조단, 대형건설회사, 부녀회와 같은 자발적 시민조직 그리고 시민안전봉사단 등을 들 수 있다.

(2) 유관기관 협력 체제

재난관리에서 유관기관 협력은 유관기관 응원 협정을 통해 재난관리에 참여한다. 법적 근거는 소방기본법 제11조, 재난 및 안전관리 기본법 제3조, 제51조 및 동법 시행령 제4조에 따른 상호응원 협정이 있다. 유관기관 응원 협정은 각종 재난 발생 시 상호 재난 인력을 응원해 각종 재난의 대형화를 방지하고 인명과 재산 피해를 최소화하는 데 그 목적이 있다. 유관기관 응원 요청 및 지원 사항은 각종 재난 현장에서 소방기관이 필요로 하는 재난활동 등이다.

유관기관 및 응원요청 기관의 장은 유·무선 통신망을 활용해 지원하는 기관의 인력 범위 내에서 필요한 인원, 장비 및 물자를 지원 요청해야 한다. 지원된 응원출동대가 현장에 도착해 업무 수행 시 응원을 요청한 기관의 통제를 받아야 한다.

위와 같은 재난관리에 참여한 대표적인 유관기관으로는 경찰청, 한국전력공사, 한국통신, 산림청, 항만청, 도시가스공사, 군부대 등이 있다.

(3) 의용소방대 협력 체계

의용소방대는 소방법에 따라 설치된 우리나라의 대표적인 민간단체 조직으로서 소방 업무에 관한 일을 돕기 위해 그 지역 주민들의 희망에 따라 자진해서 구성한 비상근 소방대이며, 소방상 필요에 의해 소집된 때에는 소방본부장 또는 소방서장의 소방 업무를 보조할 수 있도록 서울특별시, 광역시와 시·읍·면에 설치하고 있다. 주요 임무는 화재 예방과 초기 발견 및 신고, 소화활동, 인명 구조는 물론 각종 재난 방지에 적극 참여해 주민의 귀중한 생명과 재산을 보호하는 것이다. 비상근이기 때문에 적은 예산으로 다수 인력자원을 활용할 수 있다는 장점이 있으며, 의용소방대만 설치돼 있는 시·읍·면에서는 전적으로 소방 업무를 도맡아서 수행하며, 소방본부 등이 설치된 시·도 지역에서도 화재 예방, 홍보, 진압, 업무의 보조, 풍수해 등 자연재난 시에도 소방기관을 도와 중요한 역할을 담당하고 있다.

따라서 의용소방대 활동은 공공의 복리 향상을 위한 가치 이념이며 민주적인 방법에 의해 자주적이고 협동적인 실천 노력으로 한 집단이나 개인 또는 지역사회에서 발생되는 제반 재난의 예방과 진압활동과 더불어 나아가 사회적인 문제를 사전 예방하거나 치유함으로써 사회적 환경을 개선하기 위해 민간의 조직체를 통해 협력하는 활동이다.

3. 재난관리와 거버넌스에 대한 선행연구

윤명오 외(2003)는 재난관리에서 NGO의 역할과 기능의 연구에서 실천을 담당할 수 있는 요원의 부족, 조정기능의 미약, 공공조직과의 연결점과 규칙의 미확보 등 일반적인 형성 기반의 문제점이 있다고 한다. NGO가 재난 발생 시 역할과 기능을 하기 위해서는 소방방재 안전관리 활동이 가능한 다수의 시민으로 구성된 시민단체, 재난 대응이 가능한 능력을 갖춘 구성원과 장비, 대응력 극대화를 위한 재난 참여 자원봉사자와 단체의 조정·통제장치 등이 필요하다고 한다.

이재은 외(2005)는 재난관리의 효과성 제고 방안 연구에서 재난관리 거버넌스와 시민 참여의 중요성을 강조하고 있다. 재난관리 효과성을 제고하는 방안으로는 첫째, 자율조직인 민간 부문의 인적 네트워크를 구축하고, 둘째, 필요한 물자 동원을 위한 물적 네트워크를 구축하는 것이다. 셋째, 정보 공유를 통해 피난 장소를 효율적으로 활용하기 위한 공간의 네트워크를 구축하고, 넷째, 인적·물적·공간적 네트워크를 하나로 묶는 메타 네트워크를 구축해야 한다고 하고 있다.

박석희 외(2004)는 우리나라의 재난관리 행정 체제의 비네트워크적 특성으로 다음과 같이 지적하고 있다. 첫째, 재난을 발생 원인에 기초해서 매우 세부적으로 규정하고 있어 재난 유형별로 별도의 법령을 적용함으로써 재난관리에서의 혼돈을 초래하고, 많은 비효율을 야기한다. 둘째, 재난 유형별로 소관 부처에서 개별적으로 관리 책임을 지기 때문에 통합적이고 유기적인 재난관리가 곤란하다. 셋째, 재난관리에서 지역네트워크 거버넌스가 중요함에도 불구하고 지방자치단체의 재난관리 기능 수행에 제약이 있다. 넷째, 재난관리 참여 조직들 간의 역할 분담이 유기적으로 이뤄지지 않아 재난관리 활동이 중첩되고 불분명하다. 다섯째, 효과적인 재난관리를 위해서는 소방관서, 경찰관서, 민방위대, 군부대 등 관련 기관들의 유기적인 협력 체계가 중요함에도 불구하고, 중앙조직의 관료 형태로 구성함으로써 재난관리 관련 조직들의 구체적인 공조를 이끌어낼 유인이 저하되고 있다고 지적한다.

성기환(2005)은 삼풍백화점 붕괴사고, 태풍 매미, 태풍 루사 등 사례분석을 통해 재난관리 네트워크의 문제점을 지적했다. 첫째, 통합적 시민 협력 체계가 갖춰지지 않아 비효율적이고 체계적이지 못한 재난관리 활동이 이뤄졌다고 한다. 둘째, 재난 관련 법률은 기본법으로 민방위기본법, 자연재해대책법, 재난 및 안전관리 기본법이 있고 그 밖에 소방기본법, 건축법, 원자력법, 도로법, 항공법 등 다수의 개별법으로 규정돼 있어서 이들 법률 상호 간 연계성이 부족하고 다수의 부처 간의 협력 체계도 미흡하며 책임 소재가 불분명하기 때문에 신속한 재난 대처가 이뤄지지 못하여 왔다고 한다.

이점동(2005)은 소방관서에서의 소방 업무 보조임무의 수행을 하는 의용소방대에 관한 실증분석을 위해 경기도 지역의 소방관서 중 50만 미만의 중소도시, 읍과 면이 함께 공존하는 도농복합 지역에서의 의용소방대원을 조사 대상으로 하여 의용소방대원의 만족도와 선발 임용, 지역 방재에 관한 사항, 교육에 관한 사항 네 가지로 분류하여 조사하고 있다. 이를 통해 지역자율방재 전문봉사자로서의 인식 미흡, 지역자율방재 활동의 미흡, 자율방재지도자 육성 과정의 교육 부재를 문제점으로 지적하고 있다.

이현조(2006)는 지방자치단체의 재난관리 사례분석을 통해 재난관리 체계의 효율적 대응 방안을 제시했다. 연구에서 제시한 문제점으로는 재난통합관리 체계의 유기적 작동 미흡, 전문성 결여와 재난 복구 재원의 부족, 재난 관련 대책의 시민의식 부족 현상의 상존 등을 지적하고 있다.

효율적인 재난관리 방안으로는 방재전담기구의 독립·전문화, 재난대책 기본조례의 제정, 재정적 지원, 재난관리 기술 능력의 향상, 지역주민과 민간 지원의 강화, 재난관리 네트워크 구축, 시민단체 연합조직 구축, 민간 자율 참여 시스템 구축, 상습 재난에 대응하는 시스템 구축 등을 제시했다.

김종희(2007)는 산불 진화 사례분석을 통해 재난관리를 거버넌스 차원에서 접근해 연구했다. 사례분석 결과 유관기관의 연계, 민간단체 활용, 의용소방대, 주민 등 자율소방조직 결성, 자원봉사자의 현장 지원활동, 지역공동체 재건을 위한 재정 지원 등을 제안했다.

이혜미(2008)는 재난관리에서 자원봉사자 활동의 실증적 연구에서 지역 차원의 민관 파트너십에 의한 주민자율방재조직의 효율적인 운영을 위해 대표적인 재난 관련 민간조직인 의용소방

〈표 2-1〉 재난관리 거버넌스의 측정지표

연구자	측정지표
윤명오 외(2003)	◆ 담당 요원의 부족, 조정기능의 미약, 공공조직과의 연결점과 규칙의 미확보, 시민단체, 능력을 갖춘 구성원과 장비, 자원봉사자, 단체의 조정·통제장치
이재은 외(2005)	◆ 인적 네트워크 구축, 물적 네트워크 구축, 공간의 네트워크 구축, 메타네트워크 구축
박석희 외(2004)	◆ 법령의 비일관성, 유관기관 책임 분산, 네트워크 미구축, 재난관리의 중첩성, 책임 불분명, 유관기관 협력 부족
성기환 (2005)	◆ 시민 협력 체계 미확보, 법률 상호 연계성 부족, 협력 체계도 미흡, 책임 소재 불분명
이점동 (2005)	◆ 의용소방대원의 전문봉사자로서의 인식 미흡, 지역자율방재 활동의 미흡, 자율방재 지도자 육성 과정의 교육 부재
이현조 (2006)	◆ 통합관리 체제 작동 미흡, 전문성 결여, 재원의 부족, 시민의식 부족 현상의 상존, 방재 전담기구의 독립·전문화, 기본 조례의 제정, 재정적 지원, 기술 능력의 향상, 지역주민과 민간 지원의 강화, 재난관리 네트워크 구축, 시민단체 연합조직 구축, 민간자율참여 시스템 구축, 상습 재난에 대응하는 시스템 구축
김종희 (2007)	◆ 유관기관과의 연계, 민간단체 활용, 의용소방대, 주민 등 자율소방조직 결성, 자원봉사자의 현장 지원활동, 재정 지원
이혜미 (2008)	◆ 자원봉사활동 지속 의지, 자원봉사활동 참여 정도, 자원봉사활동 참여 강도

대의 자원봉사활동 참여에 영향을 주는 요인을 규명함으로써 의용소방대를 활성화시키는 실증적 분석을 했다. 의용소방대의 자원봉사활동 참여에 영향을 주는 주요 요인으로 활동 지속 의지, 참여정도(활동 횟수와 활동 시간), 참여 강도(적극성 정도와 활동 경력) 등을 독립변수로 선정했다. 연구 결과는 의용소방대의 자원봉사활동의 활성화를 위해서는 참여 동기와 관련해 이타적인 동기가 부여될 수 있도록 조직적 차원에서 관리해야 하며, 의용소방대 자원봉사활동에 대해 긍정적인 인식을 심어 줘야 한다고 한다. 더불어 업무분장에 맞는 적정한 교육훈련이 이뤄지고, 조직내 의용소방대원 간에 그리고 의용소방대원들과 소방공무원 사이에 유대감과 친밀감을 유지할 수 있는 환경을 조성해야 한다고 제안했다. 재난관리와 거버넌스에 대한 선행연구와 객관적 지표에 의한 재난관리 거버넌스를 측정지표를 연구자와 요약해 보면 〈표 2-1〉과 같다.

III. 연구의 설계와 분석 틀

이 장에서는 재난관리 효과성에 대한 이론적 논의와 재난관리 거버넌스 이론과 선행연구 등에 근거해 연구 분석모형을 설정했다. 이 연구에서 사용된 변수는 선행연구의 내용에서 주로 논의된 지표를 변수로 선정하고 이를 근거로 분석 틀을 구성했다.

1. 연구의 설계

이 연구에서는 재난관리 거버넌스의 효과성에 영향을 미치는 독립변수를 객관성 있게 추출하기 위해 아래 〈표 2-2〉에서 정리한 선행연구를 기초로 선정했다.

최근 거버넌스 개념은 시민사회의 영역으로 그 적용 범위를 점점 확대시켜 나가고 있으며, 공유된 목적에 의해 일어나는 활동을 의미하기도 한다. 즉, 거버넌스의 가장 중요한 특징은 정부, 정치·사회적 단체, NGO, 민간조직 등의 다양한 구성원들로 이뤄진 네트워크를 강조한다는 사실이다. 따라서 다양한 사회적 행위자와 그들의 가치·의견을 수용하고자 지역사회에서 참여와 봉사하고 있는 많은 조직 중 5곳, 즉 시민, 유관기관, NGO, 자원봉사자, 의용소방대 등을 선정했다. 위에서 논의한 내용을 토대로 세부적으로 측정지표를 정리하면 〈표 2-2〉와 같다.

<표 2-2> 재난관리 거버넌스의 세부 측정지표

평가 영역	측정지표	세부 측정지표
재난관리 거버넌스 요인	시민의 지지	재난 현장에서 시민들의 소방 차량 양보
		재난 현장에서 시민들의 소방관 통제 따름
	유관기관 협력	유관기관과의 업무 협력 정도
		업무 협력을 위한 비상연락망, 응원 협정의 구축 정도
	NGO 네트워크	NGO와 상호 연락망 등 협력 체계 구축
		전문가의 자문을 위한 비상연락 체계 구축
	자원봉사	자원봉사활동의 효과적 수행
		자원봉사 조직의 참여 정도
	의용 소방대	의용소방대의 활동 효과적 수행
		의용소방대의 재난 현장 활동 적극성
개인적 특성		성별, 나이, 재직 기간, 계급, 근무 형태, 근무지역
재난관리 효과성		재난관리의 원활한 집행 정도

2. 연구의 분석 틀

이 연구는 재난관리 거버넌스와 재난관리의 효과성에 근거해 연구모형을 설정했다([그림 2-2] 참조). 선행연구에서 사용된 연구모형에서 주로 논의되는 영향 요인을 중심으로 이 연구의 모형을 설정하는 데 기초로 삼았다. 이러한 주요 요소들을 종합해 변수를 선정하고 분석의 틀을 구성했다. 이 연구는 재난관리 거버넌스 요인이 재난관리 효과성에 어떤 영향을 주는지 확인하려는 목적을 가지고 있다. 연구 목적을 달성하기 위한 거버넌스 요인의 변수는 시민의 지지, 유관기관 협력, NGO 네트워크, 자원봉사, 의용소방대로 설정했다. 이를 알기 쉽게 나타내면 [그림 2-2]와 같다.

1) 가설의 설정

이 연구는 기존 문헌과 소방공무원 인터뷰 내용을 기초로 삼아 각 변수들이 재난관리 효과성

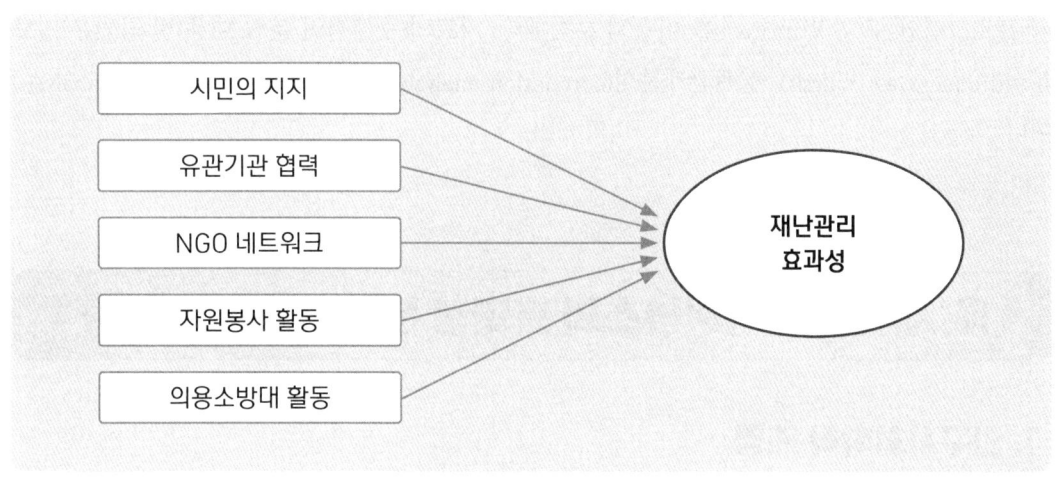

[그림 2-2] 연구의 분석 틀

에 영향을 줄 것이라는 가설을 다음과 같이 설정했다.

〈가설 1〉 재난관리 행정에 시민의 적극적인 지지가 있다면 재난관리 효과성이 높을 것이다.
〈가설 2〉 재난관리에서 유관기관의 협력이 원활하게 이루어진다면 재난관리 효과성이 높을 것이다.
〈가설 3〉 재난관리에서 NGO 네트워크가 원활하게 구축된다면 재난관리 효과성이 높을 것이다.
〈가설 4〉 재난관리에서 자원봉사활동이 원활하게 이뤄진다면 재난관리 효과성이 높을 것이다.
〈가설 5〉 재난관리에서 의용소방대 활동이 원활하게 이뤄진다면 재난관리 효과성이 높을 것이다.

2) 조사 설계

이 연구는 전국 4개 시·도(서울, 부산, 경기, 강원) 10개 소방서를 선정하고, 소방공무원 800명을 표본으로 임의로 선정했는데, 이는 소방활동이 비교적 왕성한 서울·부산·경기도 3곳과 비교적 낙후된 지역 강원도에 소재한 소방서를 선정해 설문조사를 실시했다. 이 설문조사는 20일 동안 이뤄졌으며, 방문조사를 실시했다. 회수된 질문지는 667명의 것이었으나, 7명의 설문이 실증분석에 부적합하다고 판단돼 최종 660부를 표본으로 선택했다. 실증분석은 통계 패키지 프로그램인 SPSS Windows를 이용해 분석했다. 자료의 구체적인 분석 내용 및 방법은 빈도분석(frequencies analysis), 상관관계분석(correlation analysis), 다중회귀분석(regression analysis)이다.

Ⅳ. 재난관리 거버넌스의 효과성 분석

1. 인구사회학적 배경

분석 결과를 해석하기에 앞서 응답자의 개인적 특성을 먼저 검토하고 분석 결과를 해석하고자 한다. 그 이유는 응답자의 개인적 특성을 파악함으로써 설문지의 응답이 어떤 영향을 끼쳤는지를 유추할 수 있기 때문이다.

우선, 성별로 살펴보면 남자 소방공무원 621명(94.1%)으로 여자 소방공무원 39명(5.9%)보다 압도적으로 많았고, 연령별로는 30대가 282명(42.7%)으로 가장 많이 나타났다. 한편, 재직 기간은 10~15년이 188명(28.5%)으로 가장 많은 응답 분포를 보였으며, 계급별로는 소방교가 226명(34.2%)으로 가장 많았으며, 그다음으로는 소방장이 196명(29.7%), 소방사가 170명(25.8%), 소방위가 41명(6.2%), 소방경이 25명(3.8%), 소방령 이상이 2명(0.3%) 순으로 나타났다. 근무 형태는 소방(경방)이 256명(38.8%)으로 가장 많았고, 지역별 응답 분포는 부산이 189명(28.6%)으로 가장 많았으며, 서울이 181명(27.4%), 경기가 164명(24.8%), 강원이 126명(19.1%) 순으로 나타났다.

2. 재난관리 거버넌스 응답 분포 분석

1) 시민의 지지에 대한 인식

시민의 지지에 대한 질문으로 재난 현장 출동 시 차량 양보에 대한 응답 분포는 보통이다가 257명(38.9%)으로 가장 많았으며, 다음으로는 그렇지 않다가 239명(36.2%)으로 나타났고, 평균은 2.61로 재난관리에서 시민의 지지에 대해 부정적으로 인식하고 있는 것으로 조사됐다. 이는

<표 2-3> 인구사회학적 배경

내용	분류	응답자 수(명)	비율(%)
성별	① 남자	621	94.1
	② 여자	39	5.9
	합계	660	100.
나이	① 20대	68	10.3
	② 30대	282	42.7
	③ 40대	250	37.9
	④ 50대 이상	60	9.1
재직 기간	① 5년 미만	159	24.1
	② 5~10년 미만	144	21.8
	③ 10~15년 미만	188	28.5
	④ 15~20년 미만	95	14.4
	⑤ 20년 이상	74	11.2
계급	① 소방사	170	25.8
	② 소방교	226	34.2
	③ 소방장	196	29.7
	④ 소방위	41	6.2
	⑤ 소방경	25	3.8
	⑥ 소방령 이상	2	.3
근무 형태	① 소방(경방)	256	38.8
	② 운전	193	29.2
	③ 구급	56	8.5
	④ 구조	40	6.1
	⑤ 행정	115	17.4
근무 지역	① 서울	181	27.4
	② 경기	164	24.8
	③ 부산	189	28.6
	④ 강원	126	19.1

재난관리에서 시민의 지지가 있어야 함에도 불구하고 <표 2-4>와 같이 재난 현장에 출동할 때 차량의 양보가 잘 이뤄지지 않는 등 시민의 지지가 낮은 것으로 파악된다.

<표 2-4> 재난 현장의 시민의 지지

변수	분류	빈도	비율(%)	평균	표준편차
차량 양보	① 전혀 그렇지 않다	63	9.5	2.61	.872
	② 그렇지 않다	239	36.2		
	③ 보통이다	257	38.9		
	④ 그렇다	97	14.7		
	⑤ 매우 그렇다	4	.6		

시민의 지지에 대한 질문으로 재난 현장에서 시민들이 통제에 잘 따르는지에 대한 응답 분포는 보통이다가 294명(44.5%)으로 가장 많았으며, 다음으로는 그렇지 않다가 227명(34.4%)으로 나타났고, 평균은 2.67로 재난관리에서 시민의 지지에 대해 부정적으로 인식하고 있는 것으로 조사됐다. 이는 재난관리에서 시민의 지지가 있어야 함에도 불구하고 〈표 2-5〉와 같이 재난 현장에서 현장통제가 원활하게 이뤄지지 않는 등 시민의 지지가 낮은 것으로 파악된다.

<표 2-5> 재난 현장 통제

변수	분류	빈도	비율(%)	평균	표준편차
현장통제	① 전혀 그렇지 않다	43	6.5	2.67	.809
	② 그렇지 않다	227	34.4		
	③ 보통이다	294	44.5		
	④ 그렇다	94	14.2		
	⑤ 매우 그렇다	2	.3		

2) 유관기관 협력에 대한 인식

유관기관 협력에 대한 질문의 응답 분포는 보통이다가 389명(58.9%)으로 가장 많았으며, 다음으로는 그렇지 않다가 153명(23.2%)으로 나타났고, 평균은 2.82로 재난관리에서 유관기관의 협력에 대해 부정적으로 인식하고 있는 것으로 조사됐다. 이는 재난관리는 여러 기관들이 합동으로 협력하에 대응하는 경우가 많아 〈표 2-6〉에서 보는 바와 같이 유관기관의 협력이 절대적으로 필요하지만 유관기관의 협력이 낮은 것으로 파악된다.

〈표 2-6〉 유관기관 협력

변수	분류	빈도	비율(%)	평균	표준편차
유관기관 협력	① 전혀 그렇지 않다	30	4.5	2.82	.737
	② 그렇지 않다	153	23.2		
	③ 보통이다	389	58.9		
	④ 그렇다	82	12.4		
	⑤ 매우 그렇다	6	.9		

유관기관 협력에 대한 평가로 유관기관과의 응원 협정에 대한 질문의 응답 분포는 보통이다가 363명(55.0%)으로 가장 많았으며, 다음으로는 그렇다가 145명(22.0%)으로 나타났고, 평균은 2.99로 재난관리에서 유관기관의 협력을 위한 응원 협정에 대해 중립적인 인식을 하고 있는 것으로 조사됐다. 이는 유관기관 협력을 위한 비상연락망 확보, 응원 협정 등이 잘 구축돼야 재난 현장에서 유관기관 협력이 잘 이뤄질 수 있지만, 이러한 비상연락망 확보, 응원 협정 등이 〈표 2-7〉에서 보는 바와 같이 잘 구축되지는 않는 것으로 파악된다.

〈표 2-7〉 응원 협정 구축

변수	분류	빈도	비율(%)	평균	표준편차
응원 협정 구축	① 전혀 그렇지 않다	18	2.7	2.99	.751
	② 그렇지 않다	127	19.2		
	③ 보통이다	363	55.0		
	④ 그렇다	145	22.0		
	⑤ 매우 그렇다	7	1.1		

3) NGO 네트워크에 대한 인식

NGO 네트워크에 대한 질문의 응답 분포는 보통이다가 352명(53.3%)으로 가장 많았으며, 다음으로는 그렇지 않다가 194명(29.4%)으로 나타났고, 평균은 2.76으로 재난관리에서 NGO 네트워크에 대해 부정적으로 인식하고 있는 것으로 조사됐다. 이는 재난관리는 전문 분야로서 다양한 NGO와 네트워크를 형성해야 하지만 아직도 소방기관은 공공기관의 폐쇄성 때문에 〈표 2-8〉과 같이 지역의 NGO와 네트워크가 구축되고 있지 않은 것으로 파악된다. 또한 행정의 능률성 때문에 시민의 참여를 통한 재난관리행정을 부정적으로 인식하고 있는 것으로 파악된다.

〈표 2-8〉 NGO 협력 체계 구축

변수	분류	빈도	비율(%)	평균	표준편차
NGO 협력 체계 구축	① 전혀 그렇지 않다	28	4.2	2.76	.741
	② 그렇지 않다	194	29.4		
	③ 보통이다	352	53.3		
	④ 그렇다	83	12.6		
	⑤ 매우 그렇다	3	.5		

NGO 네트워크에 대한 평가로 전문가 자문 연락 체계 구축에 대한 질문의 응답 분포를 살펴보면, 보통이다가 323명(48.9%)으로 가장 많았으며, 다음으로는 그렇지 않다가 225명(34.1%)으로 나타났고, 평균은 2.72로 NGO 네트워크에 대해 부정적으로 인식하고 있는 것으로 조사됐다. 이는 위험물 유출, 특수화재 등의 재난에 대비해 관련 분야 전문가의 자문을 구할 수 있는 비상연락 체계가 〈표 2-9〉에서 보는 바와 같이 잘 구축돼 있어야 하지만, 지역 내 교수, 전문가, NGO 등과 자문을 위한 비상연락 체계가 구축되지 못한 것으로 파악된다.

〈표 2-9〉 전문가 자문 연락 체계 구축

변수	분류	빈도	비율(%)	평균	표준편차
전문가 자문 연락 체계	① 전혀 그렇지 않다	26	3.9	2.72	.761
	② 그렇지 않다	225	34.1		
	③ 보통이다	323	48.9		
	④ 그렇다	80	12.1		
	⑤ 매우 그렇다	6	.9		

4) 자원봉사에 대한 인식

자원봉사 조직의 활동 효과성에 대한 질문의 응답 분포는 보통이다가 314명(47.6%)으로 가장 많았으며, 다음으로는 그렇지 않다가 220명(33.3%)으로 나타났고, 평균은 2.73으로 재난관리에서 자원봉사 조직에 대해 〈표 2-10〉에서 보는 바와 같이 부정적으로 인식하고 있는 것으로 조사됐다. 이는 재난이 발생하면 다양한 자원봉사 조직이 동원돼 협력하에 재난이 관리된다. 자원봉사 조직에 대해 서로 협력해야 하지만 소방공무원들은 아직도 자원봉사 조직의 활동에 대해 부정적인 인식을 갖는 것으로 소방조직의 폐쇄성의 결과로 보인다.

〈표 2-10〉 자원봉사 조직의 활동

변수	분류	빈도	비율(%)	평균	표준편차
자원봉사 조직의 활동	① 전혀 그렇지 않다	30	4.5	2.73	.781
	② 그렇지 않다	220	33.3		
	③ 보통이다	314	47.6		
	④ 그렇다	91	13.8		
	⑤ 매우 그렇다	5	.8		

자원봉사에 대한 평가로 자원봉사 조직의 참여 정도에 대한 질문의 응답 분포를 살펴보면, 보통이다가 331명(50.2%)으로 가장 많았으며, 다음으로는 그렇지 않다가 207명(31.4%)으로 나타났고, 평균은 2.72로 자원봉사 조직의 참여 정도에 대해 〈표 2-11〉에서 보는 바와 같이 부정적으로 인식하고 있는 것으로 조사됐다. 이러한 결과는 재난 현장에서 다양한 자원봉사 조직이 실질적인 활동을 해야 하지만 형식적인 면이 많은 것으로 파악된다.

〈표 2-11〉 자원봉사 조직의 참여 정도

변수	분류	빈도	비율(%)	평균	표준편차
자원봉사 조직의 참여 정도	① 전혀 그렇지 않다	35	5.3	2.72	.769
	② 그렇지 않다	207	31.4		
	③ 보통이다	331	50.2		
	④ 그렇다	84	12.7		
	⑤ 매우 그렇다	3	.5		

5) 의용소방대에 대한 인식

의용소방대에 대한 질문의 응답 분포는 보통이다가 301명(45.6%)으로 가장 많았으며, 다음으로는 그렇지 않다가 177명(26.8%)으로 나타났고, 평균은 2.79로 재난관리에서 의용소방대에 대해 <표 2-12>와 같이 부정적으로 인식하고 있는 것으로 조사됐다. 이는 의용소방대는 소방 업무를 보조하기 위해 시·읍·면의 주민들이 자진해 구성한 비상근의 소방대로서 재난 현장에서 전문성이 떨어지는 경향을 반영한 것으로 보인다.

<표 2-12> 의용소방대 효과성

변수	분류	빈도	비율(%)	평균	표준편차
의용소방대 효과성	① 전혀 그렇지 않다	51	7.7	2.79	.882
	② 그렇지 않다	177	26.8		
	③ 보통이다	301	45.6		
	④ 그렇다	121	18.3		
	⑤ 매우 그렇다	10	1.5		

의용소방대에 대한 평가로 의용소방대의 재난 현장 활동에 대한 질문의 응답 분포를 살펴보면, 보통이다가 322명(48.8%)으로 가장 많았으며, 다음으로는 그렇지 않다가 169명(25.6%)으로 나타났고, 평균은 2.80으로 의용소방대의 재난 현장의 활동에 적극성 정도에 대해 <표 2-13>에서 보는 바와 같이 부정적으로 인식하고 있는 것으로 조사됐다.

<표 2-13> 의용 소방대 적극성

변수	분류	빈도	비율(%)	평균	표준편차
의용소방대 적극성	① 전혀 그렇지 않다	46	7.0	2.80	.848
	② 그렇지 않다	169	25.6		
	③ 보통이다	322	48.8		
	④ 그렇다	115	17.4		
	⑤ 매우 그렇다	8	1.2		

3. 변수 간의 상관관계분석(correlation analysis)

가설을 검증하기에 앞서 분석에 사용된 주요 변수 간의 관련성을 분석하기 위해 상관관계분석

(correlation analysis)을 실시했다. 이 연구의 주요 변수간의 상관관계를 분석한 r값과 유의 수준을 나타낸 것으로, 대부분 유의미하다고 해석할 수 있고, 방향성도 모든 변수에서 (+)의 상관관계를 가지고 있는 것으로 나타났다. 이러한 상관관계분석에서 상관관계가 지나치게 높으면 다중공선성(multicollinearity)의 문제를 가질 수 있다. 대부분의 상관관계가 0.8 이상으로 넘어서게 되면 회귀계수의 분산이 증가하기 시작하며, 0.9 이상을 넘어서게 되면 회귀계수의 분산이 급속히 커지고 다중공선성의 문제가 발생할 수 있기 때문에 회귀분석을 실시하지 않는 것이 좋다. 〈표 2-14〉의 상관관계에서 0.8 이하의 상관관계를 보여 주고 있어 회귀분석을 실시해도 무방하다고 판단된다.

〈표 2-14〉 변수 간의 상관관계

변수	X(1)	X(2)	X(3)	X(4)	X(5)
시민의 지지X(1)	1				
유관기관 협력X(2)	.476**	1			
NGO 네트워크X(3)	.373**	.542**	1		
자원봉사X(4)	.326**	.389**	.621**	1	
의용소방대X(5)	.350**	.303**	.438**	.585**	1

* $p < 0.05$, ** $p < 0.01$

4. 다중회귀분석

재난관리의 거버넌스의 효과성에 대해 영향을 미치는 관계를 알아보기 위해 각 독립변수들의 영향력을 검토하기 위해 다중회귀분석(multiple regression analysis)을 실시했다. 〈표 15〉는 5개의 독립변수와 관계의 재난관리의 효과성에 대한 회귀분석의 결과로, 각 독립변수가 재난관리 거버넌스의 효과성에 직접적인 영향을 미치는 정도와 방향을 알 수 있다.

회귀모형의 결정계수(R^2)는 회귀분석이 종속변수를 얼마나 잘 설명하는지를 나타내 주는데, 〈표 2-15〉에서 $R^2 = 0.380$으로 전체 분산 중에서 약 38.0%를 설명해 주고 있다. 수정된 R^2값은 조정된 상관관계를 의미하며, 수정된 $R^2 = 0.375$로 나타났다.

한편, 모든 종속변수의 유의도가 0.05보다 작아 재난관리 거버넌스의 효과성에 중요한 영향을 준다고 해석할 수 있으며, 표준화된 회귀계수(Beta)를 비교해 볼 때 의용소방대가 가장 영향력 있는 변수이며, 그다음으로는 유관기관 협력, 시민의 지지, 자원봉사, NGO 네트워크 순으로 재난관리 거버넌스의 효과성에 영향력이 있는 변수로 나타났다(〈표 2-15〉 참조).

〈표 2-15〉에 따라 이 연구의 종속변수인 재난관리 거버넌스의 효과성에 독립변수인 시민의 지지, 유관기관 협력, NGO 네트워크, 자원봉사, 의용소방대가 정(+)의 영향을 미친다는 가설을 설정해 검증했다.

회귀분석으로 가설을 검증한 결과 요약하면 〈표 2-16〉과 같다. 다중회귀분석으로 가설을 모든 독립변수가 유의 수준 5%에서 각각 통계적으로 유의성을 갖는 것으로 나타났다.

〈표 2-15〉 다중회귀분석 결과

변수	비표준화 계수		표준화계수	t	유의 확률
	B	표준 오차	β		
(상수)	.586	.117		5.007	.000
시민의 지지	.124	.032	.139	3.832	.000
유관기관 협력	.190	.039	.189	4.830	.000
NGO 네트워크	.129	.044	.128	2.937	.003
자원봉사	.143	.043	.146	3.334	.001
의용소방대	.192	.033	228	5.859	.000

R^2 = 0.380 수정된 R^2 = 0.375 F = 80.148 유의확률 = .000 Durbin-Watson = 1.819

〈표 2-16〉 변수의 가설 검증

변수	회귀계수	유의 확률	채택 여부	상대적 비중
시민의 지지	.139	.000	○	5
유관기관 협력	.189	.000	○	2
NGO 네트워크	.128	.003	○	4
자원봉사	.146	.001	○	3
의용소방대	228	.000	○	1

V. 결론

 이 연구의 결과, 재난관리 거버넌스의 효과성에 대한 인식에 영향을 미치는 정도에 유의 수준 5%에서 유의미한 변수는 의용소방대, 유관기관 협력, 시민의 지지, 자원봉사, NGO 네트워크 순으로 상대적인 영향력을 가지는 것으로 나타났다. 이는 정부 부문 주도의 재난관리시스템으로부터 전 국민의 참여를 통한 재난관리시스템 구축이 요구된 것으로 판단된다. 따라서 민간 NGO와 시민의 참여를 통한 재난관리 거버넌스 시스템이 이뤄질 때 비로소 국가 재난관리 시스템 완비가 가능할 것으로 본다.

 효과적인 재난관리 거버넌스의 긍정적인 효과를 높이기 위해 의용소방대가 현장 위주의 활동이 이뤄져야 하고, 유관기관의 협력이 원활하게 이뤄져야 하며, 자원봉사 조직이 가동돼야 하고, 재난관리 행정을 집행하는 데 시민의 지지가 있어야 하며, NGO 네트워크가 원활하게 형성돼야 한다. 좀 더 구체적으로 재난관리 효과성에 영향을 미치는 요인들을 중심으로 살펴보면, 그 영향 요인별로 어떤 정책적 함의를 가질 수 있는지에 대해 논의해 보도록 한다.

 첫째, 정부와 시민사회(NGO, 유관기관, 의용소방대, 시민, 자원봉사자 등)가 협력해서 사회문제를 해결, 즉 재난이 발생할 때 정부에만 의존하지 않고 거버넌스와 네트워크를 구성해 자체적·협력적으로 재난에 대한 사회적 문제를 해결해야 할 것이다.

 둘째, 대중매체나 시민의 관심은 새로운 문제에 쏠리기 쉬우며 시간이 흐름에 따라 오래된 정책에 대한 관심은 희박해지기 마련인데, 이러한 시민의 관심과 지지는 정책의 집행에 커다란 영향을 미치게 되는 것이다, 따라서 정책의 집행자는 시민의 지지와 관심을 얻기 위해서는 대중매체를 최대한 활용해야 하며 이를 통해 집행 과정에서 나타나는 문제점에 대한 정보를 제공해 예산, 기술 등의 자원을 제공받을 수 있다.

 재난관리행정 서비스의 수혜자인 시민의 입장에서 행정을 수행하고 관료를 위해 존재하는 행정이 아니라 시민을 위해 존재하는 재난관리 행정이 돼야 할 것이다. 효과적인 재난관리를 위해서는 시민 요구와 의견이 반영되고 시민사회의 적극적 지지가 이뤄져야 한다.

 시민의 지지를 높이기 위해서는 청렴하고 믿을 수 있는 재난관리 조직이 돼야 한다. 소방행정 절차에 시민이 참여하는 방안도 마련해야 할 것이다. 예를 들어 시민 안전문화 체험을 정기적으로 실시함으로써 시민의 안전의식 함양과 시민의 지지를 제고하는 방안도 검토해야 한다.

 셋째, 자원봉사 조직이 적극적으로 참여할 때 재난관리는 효과적으로 수행될 수 있다. 재난이 발생했을 경우 현장 대응 시 많은 문제점이 노출되면서 민관 공조의 중요성이 꾸준히 제기되고 있으며, 자원봉사에 대한 관심과 참여가 높아지고 있다. 자원봉사는 단순히 정부의 한계를 보완하기 위해서가 아닌 지속적인 재난 예방을 위해서 자원봉사가 필요하다. 재난관리에 시민이 참여하는 것은 현실적인 지역사회 실정을 반영시키고 학습 및 의식 함양을 통해 재난에 대한 지역사회의 전반적인 역량을 증진시키며, 이는 다시 재난관리의 효율성을 증진시킬 수 있을 것이다. 재난 대비 자원봉사 시스템은 자원봉사 관련 기관과 단체의 역할 분담에 따라 일상적으로 유기적인 관계를 유지하면서 재난이 발생하면 즉각적으로 활동에 들어갈 수 있도록 해야 한다. 자원봉사 조직이 활성화되려면 자원봉사 조직을 관리하는 전담부서를 설치해 재난이 발생하면 신속하게 동원하고, 재난 관련 정보를 계속적으로 제공할 필요가 있다.

넷째, 의용소방대가 전문성을 갖춘 봉사조직이어야 하고, 현장 중심의 자원봉사 조직이 돼야 한다. 이러한 전문성과 현장성을 위해서는 법적 제도를 마련해야 한다. 현행법은 소방 업무의 보조 활동만 강조하고 의용소방대의 활동 범위를 명확히 하지 못하고 있다. 따라서 의용소방대 설치와 활동에 관한 법을 제정해야 할 것이다. 의용소방대가 전문성을 갖춘 봉사단체로 발전하기 위해서는 전문교육 프로그램이 필요하며, 소방학교에 입교해 정기적 교육과 훈련이 필요하다.

또한 의용소방대의 역할과 기능을 민간 자율의 지역 재난관리 및 안전문화 활동의 담당자로서의 자율적 재난관리 봉사단체, 능동적 참여단체, 지역주민의 안전관리 능력 향상을 위한 생활안전 문화 운동단체라는 측면으로 역할을 재정립해야 할 것이다. 현재 사용 중인 의용소방대 명칭은 1958년 소방법이 제정되면서 사용한 명칭으로 21세기에 걸맞게 다양한 시민사회의 이미지를 반영할 수 있도록 명칭을 가칭 '지역소방자율위원회' 또는 '지역자율소방지원대' 등으로 변경해야 할 것이다.

끝으로, 이 연구에서 전국 4개 시·도(서울, 경기도, 부산, 강원) 10개 소방서를 대상으로 연구한 내용을 일반화하는 것은 다소 무리가 있다. 따라서 향후 이와 같은 한계를 참조해 좀 더 다양한 연구가 이뤄져야 할 것이다.

제3장

재난관리 정보시스템의 활용 방안에 관한 연구

개요

본 연구는 사회적 문제이고 공공정책인 재난관리를 위해 필수적인 재난관리 정보시스템에 대해 연구하였다. 연구를 위해 재난정보시스템의 필요성, 특성, 문제점 등을 살펴봤으며, 재난관리 정보시스템의 운영 실태를 분석하고, 국내외 문헌을 검토했다. 재난관리 정보시스템의 활용 실태를 알아보기 위해 인지도, 인지 경로, 활용 여부, 미활용 이유, 활용 분야 등을 분석했으며, 재난관리 정보시스템 평가를 위해 정보시스템의 효용성, 접근성, 신속성, 연계성, 정보 공유 등을 독립변수로 분석하고 종합평가를 종속변수로 분석했다. 이 연구의 목적은 현재 사용하고 있는 재난관리 정보시스템의 운영 실태를 파악하고 소방공무원을 대상으로 현재 사용하고 있는 재난관리 정보시스템을 평가하고 문제점을 도출해 재난관리 정보시스템의 활용 방안을 제시하는 데 있다. 자료에 대한 분석 방법으로 빈도분석, T- 검정, 상관관계분석, 회귀분석을 실시했다. 연구 분석 결과를 토대로 재난관리 정보시스템의 활용을 위해 재난관리 정보시스템의 표준화·연계성 확보, 정보 공유, 모바일 정보시스템 등 첨단기술(IT)을 활용, 재난정보에 대한 관리 및 분석, 정보 전담인력 확보, 교육·훈련의 필요 등을 제언했다.

Ⅰ. 서론

　현대를 살아가는 우리들에게 위험은 일상적으로 존재한다. 현대 사회는 위험의 사회라고 부를 수 있을 정도로 각종 자연재난, 인적 재난, 사회재난 등이 곳곳에서 발생하고 있다. 또 재난의 종류도 매우 다양해 우리 생활에서 위험하지 않은 곳이 없다고 해도 과언이 아니다.

　과학의 발달과 인류의 변화 등으로 인해 빈번한 자연재난이 발생하고 있다. 그뿐만 아니라 교량의 붕괴, 건물의 붕괴, 대형화재 등 인적 재난은 점점 대형화 되고 있으며, 민족이나 국가, 종교의 갈등에 의한 전쟁과 테러 등으로 인류 사회는 점점 더 심각한 사회재난으로부터의 위험에 노출되고 있다고 할 수 있다.

　이처럼 기상이변과 사회구조의 복잡화에 따라 새로운 형태의 재난 유형이 나타나고 갈수록 그 피해 범위도 확대돼 가고 있는 현실에서 경제협력개발기구(OECD) 국가를 비롯한 선진국들은 행정의 환경을 신공공관리론(new public management)의 개념으로 변화시키고 있다. 그 일환으로 공공 부문의 개혁을 위해 시장 메커니즘, 민간 경영기법을 도입했고, 성장 중심, 고객 중심의 행정과 기업가적 정부, 전자정부(e-government)의 실현 등을 과제로 삼아 재난 예방·대비 및 대응·복구를 위해 노력하고 있다.

　우리 사회는 정보사회로 급진전돼 정보통신의 역할이 크게 증대되고 있으나 재난관리 종합정보 시스템은 아직 환경의 변화에 적절하게 대응하지 못하고 있는 실정이다. 따라서 이러한 지식정보화사회에 걸맞게 적절한 대응이 가능한 재난관리 정보시스템이 필요하다.

　따라서 이 연구에서는 현재 소방서에서 사용하고 있는 재난관리 정보시스템의 운영 실태를 살펴보고, 소방공무원을 대상으로 재난관리 정보시스템을 평가하고, 도출된 문제점을 바탕으로 효과적인 재난관리를 위한 정보시스템의 활용 방안을 제시하고자 한다.

Ⅱ. 재난관리 정보시스템의 이론적 배경

1. 재난관리 정보시스템의 의의

1) 재난관리 정보시스템의 의의

정보에 관한 개념은 정보를 필요로 하는 분야에 따라 다양하게 정의할 수 있다. 데이비스(Gordon B. Davis)와 올슨(Margreth H. Oslon)은 정보란 사용자에게 의미 있고 현재나 미래의 행동이나 결정을 위해 참으로 가치있는 것으로 판단되는 형태로 처리된 자료라고 정의를 내리고 있다. 즉, 정보란 사용자나 사용 조직에게 특정한 목적을 위해 가치 있는 형태로 처리된 자료나 정보원이다.

재난관리 정보시스템은 각 행정기관 등이 운영하고 있는 재난관리 업무에 관련된 시스템으로 미국의 연방재난관리청(FEMA)에서 운영하고 있는 국가위기관리시스템(National Emergency Management Information System: NEMIS)이나, 우리나라의 국가안전관리정보시스템, 119종합방재정보시스템, 홍수정보시스템 등 재난을 효과적으로 관리하기 위한 정보시스템을 말한다.

재난이 발생할 때에는 인명구조 활동, 부상자 응급조치, 피해의 확산 방지 활동, 2차 사고 방지 활동, 긴급복구 활동, 이재민 구호 활동 등 다양한 활동이 조직적으로 실시돼야 한다. 이러한 일련의 재난관리 대책을 전개하기 위해서는 재난 요인을 과학적으로 찾아내어 평가하는 방법론과 무엇이 잘못될 때 위험이 재난으로 전이되며, 그에 대처하는 지식과 정보통신기술(ICT)이 상호 유기적인 관계를 가지고 기능을 해야 한다.

2) 재난관리 정보시스템의 필요성

재난은 상황에 따라 유형별로 다원화, 복잡화되고 있는데 반해 재난 조직 간의 업무 연계가 미흡해 재난이 발생할 때 효과적이고 유기적인 대응을 하지 못하고 있다. 이 때문에 재난관리의 전 단계를 관리할 수 있는 재난관리 정보시스템의 필요성이 대두하게 되는 것이다. 따라서 재난관련 기관들이 각기 보유 운영하고 있는 정보와 자원을 공유할 수 있도록 해야 할 뿐만 아니라, 재난이 발생할 때 재난 확산을 미리 예측해 대응할 수 있는 재난 확산 예측 시스템 등 재난관리에도 지식관리 시스템이 도입돼야 한다.

정보가 가지는 확장성, 이전성, 확산성 및 공유 가능성 등의 특성을 더욱 고도화하기 위한 재난관리 정보시스템의 필요성을 다음과 같은 정보 체계의 역할에서 찾아볼 수 있다.

첫째, 재난관리 정보시스템은 재난관리에서 재난에 대한 예측과 대응 시간을 줄여 줌으로써 적절한 대비와 대응을 가능하게 해준다. 정보시스템은 위기의 기본적 특징인 시간적인 압박하에 있는 의사결정자에게 시간적인 여유를 제공해 준다.

둘째, 재난관리 정보시스템은 재난관리자가 이용할 수 있는 정보의 양을 증대시킴으로써 의사결정 시에 불확실성을 줄이고, 대안의 수를 증대시켜 합리적인 의사결정의 가능성을 제고하게 한다.

셋째, 재난관리 정보시스템의 기초를 구성하는 다양한 데이터베이스와 시스템을 통해 전문지식 접근의 용이성은 재난관리를 위한 다양한 지식을 확대시켜 주는 역할을 한다.

넷째, 재난관리가 가지는 집단적 성격은 다양한 분야에서 조직 내외의 단위 간의 조정을 요구한다. 재난관리 정보시스템은 다양한 이해관계자 간의 정보접근성을 제고하고 활발한 의사전달을 가능하게 함으로써 정보의 공유를 가속시키게 된다.

다섯째, 재난관리 정보시스템은 재난을 사전에 예방하거나 피해를 최소화하는 데 필요한 정보통신기술(ICT)이다. 재난관리 정보시스템을 도입함으로써 재난 예방과 사후관리는 물론 잠재적인 재난 요소에 대해 정보를 제공하고, 재난이 발생하더라도 재난정보에 의해서 그 피해의 파급효과를 최소화하는 데 유용하게 활용할 수 있다.

이와 같이 재난관리에서 정보시스템의 필요성은 재난의 양상이 대형화, 복잡화, 상호의존성의 증가 등 사회구조의 변화에 따라 더욱 그 필요성이 증대되고 있는 것이다.

3) 재난관리 정보시스템의 특성

재난관리 정보시스템이 갖춰야 할 특성은 신속성, 정확성, 신뢰성, 접근성, 통합성, 표준화, 연계성, 정보 공유 등이다.

첫째, 신속성은 재난 현장으로부터 현장정보를 신속하게 상황실에 제공해 재난에 대해 종합적이고 체계적인 분석에 도움을 줄 뿐 아니라 현장 지휘에 유용한 정보를 제공할 수 있다.

둘째, 정확성은 재난의 그 특성상 피해 범위가 넓고 그 피해 내용이 다양하기 때문에 재난의 현장 상황을 정확하게 전달하는 것이 중요하다. 대량 정보를 정확하게 수집하는 것이 유관기관 간 신뢰성을 확보할 수 있다.

셋째, 신뢰성은 재난 관련 정보를 종합해 데이터베이스(DB)화해 자료를 분석하여 정보의 신뢰성을 높일 수 있다.

넷째, 접근성은 정보에 대한 접근성이 높은 정보시스템은 광범위한 분야와 다양한 조직으로 하여금 재난관리에 참여를 촉진시키고, 참여자 간의 정보 공유를 확대하며, 이에 의해 재난관리에서 조정을 좀 더 용이하게 할 것이다. 접근성을 높이기 위해 하드웨어와 소프트웨어의 휴대성을 극대화하고, 휴대성과 정보의 흐름 과정에서 발생하는 병목 현상을 완화하기 위해 전용선이나 위성 및 무선 네트워크 망을 구성하는 방향으로 추진돼야 할 것이다.

다섯째, 통합성은 재난에 대한 상황을 정보기술을 통해 재난 상황을 통합 관리하면서 재난정보에 대한 분석과 예측 시스템 등을 통해, 재난정책 결정자가 신속하고 적절한 정책 의사결정을 할 수 있는 체계를 확보해야 할 뿐만 아니라, 재난 관련 기관의 유기적인 공조활동을 통해 종합적인 대처를 하는 것이 중요하다.

여섯째, 재난에 대한 공통 데이터베이스가 확보돼 필요한 정보를 항상 검색할 수 있는 시스템이 필요하며, 각종 시스템의 연계를 위해 표준화 및 연계 정보가 중요하다.

일곱째, 재난 관련 유관기관과의 시스템 연계 및 정보 공유를 통한 재난관리 체계를 구축하고, 중앙정부, 지방정부, 유관기관, 민간단체 등과 네트워크로 연결해 재난관리를 위한 각종 정보 수집 및 처리 등 정보 공유가 필요하다.

2. 재난관리 정보시스템의 내용

재난관리 정보시스템은 재난이 발생할 때 신고 접수로부터 출동 지령 및 현장 도착까지의 시간 단축과 현장활동에 대한 정확한 정보를 신속하게 지원함으로써 시민의 신뢰감과 안정성을 제고하고, 다양한 현장 지원 정보를 효과적으로 대응시킴으로써 재난의 피해를 최소화하며, 재난관리 체계를 확립 하는데 지원해 주는 일련의 정보를 말한다.

1996년 행정자치부는 재난이 발생할 때 신속한 대응 체계를 지원하고, 인명과 재산을 위협하는 재난 요소에 대한 예방, 대비 및 대응 그리고 신속한 복구, 사후분석 및 평가 등 안전관리 활동을 전반적으로 지원하는 과학적이고 체계적인 정보시스템을 구축하기 위해 "국가안전관리정보시스템" 구축사업을 추진하게 됐다.

국가안전관리정보시스템 구축사업은 재난 상황관리 등 재난관리 분야에서 업무 처리 기능 및 관리 정보 면에서 유사성이 있는 재난 및 소방 정보시스템의 통합 및 연계 구성과 재난 및 소방 등 상황실을 종합적으로 지원하는 정보시스템의 구축을 목표로 하고 있다.

Ⅲ. 재난관리 정보시스템의 실태 분석

1. 재난관리 정보시스템의 운영 현황

　1995년 재난관리법 시행 이후 중앙부처와 지방자치단체의 재난관리기구와 인력을 보강해 각종 시설물 등에 대한 안전 점검 등 재난관리 정책을 강화해 왔지만 대형 재난은 하루하루 다른 형태로 끊임없이 발생하고 있어 적절하고 신속한 대처를 위해 고도로 발전하고 있는 정보통신기술을 안전관리 분야에 접목해 재난 예방, 대비, 대응과 복구 능력을 강화할 필요성이 점차 증대됐다.

　정보통신기술을 활용해 국가안전관리시스템을 구축하기 위한 노력은 1996년 국무총리실에서 안전관리부서와 합동으로 기본계획 작성, 1998년 국민의 정부 국정계획 100대 중점 자료로 채택, 1999년 재난관리법상 추진 근거 조항 신설(법 18조 1항과 시행령 20조), 1999년 수립한 Cyber Korea 21의 중점 과제 선정 등으로 구체화돼 관련 정보화시스템 구축작업이 체계적으로 진행됐다.

　한편, 정보통신기술을 활용한 국가안전관리 능력 강화를 위해 1996년 이후부터 2004년까지 재난 응용 시스템, 시·도 소방본부 긴급구조 표준정보시스템 등의 구축이 지속적으로 추진돼 왔다.

　또한 소방방재청은 U-SAFE KOREA 2010을 단계적으로 추진하고 있는데 내용을 살펴보면, 1단계는 2005년부터 2006년까지 국가안전관리정보시스템 장비 및 기능 확충, 통합방재 DB 구축, 보강, 유관기관 재난 관련 정보 연계 착수, 재난 유형별 대응 업무 지원 시스템 구축, 온라인 포털을 통한 대국민 창구 혁신 등이다. 2단계는 2007년까지 국가안전관리정보시스템 정비 완료, 긴급구조정보시스템의 고도화 기능 구현, 지리정보 시스템 구축, 온라인 교육 실시 등을 통한 내부 역량 강화 등이다. 3단계는 2008년부터 2009년까지 예측 시스템 및 공간영상 등 국가안전관리정보시스템 선진화, 재난종합안내센터 구축, 지리정보시스템 완성 등이다.

2. 재난관리 정보시스템의 문제점

　재난관리 정보시스템의 문제점을 그동안의 연구 문헌을 통한 조사와 재난 현장에서 활동하고 있는 소방공무원의 인터뷰 내용을 종합해서 정리하면 다음과 같다.

첫째, 전문인력이 부족하다. 재난관리 정보시스템을 담당하는 부서나 전담인력은 수요에 비해 부족하고, 체계적이고 일관성 있는 관리 운영을 기대하기 곤란한 실정이다. 경기도의 소방서 정보담당 전문인력을 살펴보면 담당관 1명, 담장자 1명을 배치하고 있으며, 담당자 1명이 소방서 모든 유무선 통신망을 관리하고 있다. 전문인력 부족 현상은 재난이 발생할 때 정보시스템의 긴급 보수, 현장 지원 시스템 긴급 대응 체계 미흡 등 문제점을 야기하고 있다.

둘째, 시스템의 연계성 및 표준화가 미흡하다. 정보통신기술이 다양해짐에 따라 같은 목적의 시스템에 다양한 방식의 기술을 이용해 다른 규격으로 구현함으로써 제품 간 상호 표준화가 이뤄지지 않아 비표준화 제품이 난립하는 등 개별 시스템 구축에 따른 중복 투자에 의한 예산의 과다 소요, 각 시스템의 호환 기능의 미흡으로 인한 업무 협조의 문제, 사용자 편의성 저해, 현장 지휘 통제에 어려움 등의 여러가지 부작용이 나타나고 있다.

셋째, 재난관리 관련 기관 간 정보 공유가 미흡하다. 재난관리 정보시스템이 각 지방단체별, 각 기관별로 독자적으로 추진했기 때문에 관련 기관 간의 의사전달을 왜곡, 지연시키는 결과를 가져오고 있다.

넷째, 모바일 시스템 등 첨단 정보통신기술 활용이 저조하다. 모바일 정보시스템은 재난 현장에서 각종 정보를 실시간으로 처리할 수 있고, 재난 대상물 조사 시 입출력이 쉬워 그 효과성은 뛰어나지만 아직 재난관리 정보시스템에 활용되지 않고 있다. 재난 발생 지역에 통신망이 두절되어 재난 현장으로부터 정보를 수집이 불가능하여 재난관리에 어려움을 줄 수 있지만, 위성을 이용한 재난관리 정보시스템 구축은 아직도 미흡한 수준이다.

다섯째, 재난관리 자원의 관리가 미흡하다. 재난관리 정보시스템은 재난에 대한 분석과 예측, 통계분석 등 각종 재난정보를 체계적으로 관리해 재난 발생 시 정보 제공 및 의사결정을 지원하는 기능이 미흡하다. 재난관리 업무 특성상 많은 양의 재난 관련 정보를 축적해 그 정보를 바탕으로 재난의 추이를 분석하고 긴급 상황에서 의사결정을 신속하게 지원할 수 있는 시스템 구축이 미흡한 실정이다.

3. 연구의 분석 틀

이 연구에서 사용한 재난관리 정보시스템의 조작적 정의는 "재난관리를 위해 사용되는 모든 정보기술의 수단, 즉 긴급구조활동 정보시스템, 인터넷, 모바일, 데이터베이스(DB)화된 소방활동을 위한 정보" 등을 말한다.

이 연구에서 재난관리 정보시스템의 효과적 운영 방안을 위한 기본적인 고려 요인은 정보시스템의 활용 실태, 정보시스템의 평가, 정보시스템의 활용 방안 등이다.

재난관리 정보시스템의 활용 실태를 알아보기 위해 인지도, 활용여부, 활용 분야 등을 분석했으며, 정보시스템의 평가를 위해, 정보시스템의 효용성, 접근성, 신속성, 연계성, 정보 공유 등을 독립변수로서 분석하고, 재난정보시스템 활용방안을 종속변수로 분석했으며, 또한 정보시스템의 문제점 도출과 개선 방안을 분석했다([그림 3-1] 참조).

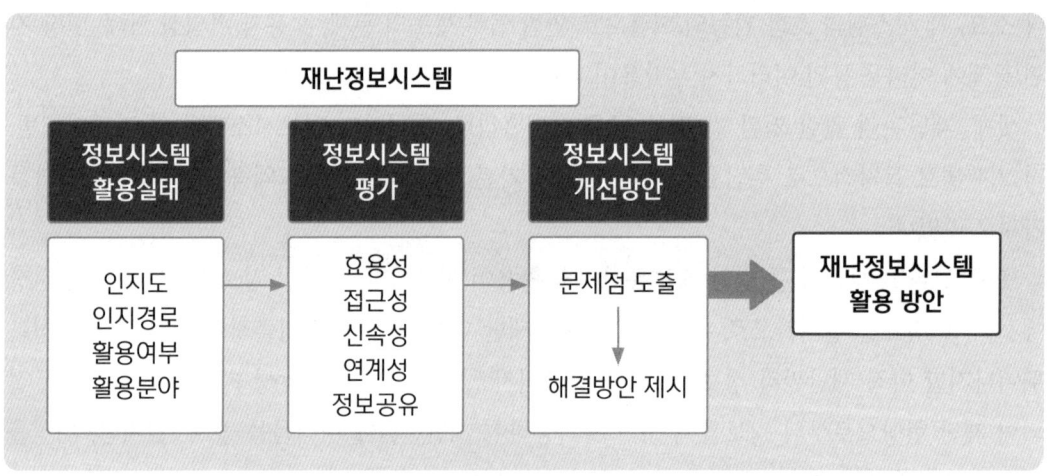

[그림 3-1] 연구의 분석 틀

Ⅳ. 연구의 설계 및 결과 분석

1. 연구의 설계

1) 연구의 개요

효과적인 재난관리를 위한 정보시스템의 활용 방안에 관한 이 연구는 연구 대상을 경기도 소방재난본부의 3권역 즉 광명, 안양, 과천, 군포 소방서에 근무하고 있는 소방공무원을 대상으로 설문조사했다.

설문지는 배포된 총 250부 중 227부가 회수됨으로써 회수율은 90.8%였다. 회수된 설문지 중 불성실한 응답과 응답 항목 누락 등으로 활용이 부적합한 설문지는 없었으므로 227부를 최종적인 유효 표본으로 확정해 이 연구에 이용했다.

그러나 이 논문에서는 경기도지역 4개 소방서 소방공무원을 대상으로 한 연구 결과를 일반화해 해석하는 것에는 다소 무리가 있다. 향후 연구에서는 연구조사 대상을 전국의 소방본부로 확대하고, 표본의 수도 227개보다는 더 높여야 할 것이다.

〈표 3-1〉 평가항목에 대한 신뢰도 검사

RELIABILITY ANALYSIS - SCALE(ALPHA)

Statistics for	Mean	Variance	Std Dev	N of Variables
SCALE	24.4890	35.5873	5.9655	9

Item-total Statistics

	Scale Mean if Item Deleted	Scale Variance if Item Deleted	Corrected Item-Total Correlation	Alpha if Item Deleted
인지도	21.7930	31.0145	.3468	.8489
효용성	21.6872	27.1893	.7428	.8087
접근성	21.7974	27.9411	.6543	.8181
신속성	21.5991	27.4359	.6671	.8162
연계성	21.6256	27.5716	.7026	.8131
정보공유	21.3304	27.7532	.6301	.8203
종합평가	21.5286	27.6043	.7257	.8113
모바일	22.2643	30.4962	.3435	.8515
교육훈련	22.2863	30.9840	.2942	.8569

Reliability Coefficients
N of Cases = 227.0   N of Items = 9
Alpha =   **.8443**

수집된 자료에 대한 분석방법은 통계적 방법을 적용했으며 통계 처리는 통계 패키지 프로그램인 Windows SPSS를 이용해 분석했다. 먼저 기술통계(descriptive statistics)로 전체적인 응답 경향과 분포를 살펴보기 위해 빈도분석과 평균값 분석을 통해 전체 항목의 빈도, 비율, 평균, 표준편차 등을 산출했다. 또 재난관리 정보시스템 사용 유무에 따라 통계적으로 유의한 평균 차이가 나타나는지 알아보기 위해 t-검정으로 분석했다.

재난관리 정보시스템의 평가 항목을 측정하는 평가척도의 신뢰성 검사를 위해 Cronbach's alpha 검사를 했으며, 설문 응답자의 인구사회학적 배경 및 기본 데이터 처리를 위해 빈도분석을 했다.

이 연구에서 사용한 Cronbach's alpha 값은 0.0에서 1.0 사이의 값을 갖는데, 이 값이 크면 클수록 신뢰성이 있는 도구로 인정할 수 있다. 신뢰도 계수는 학자마다 다소 차이가 있지만 신뢰도 계수가 0.7 미만이면 하나의 동일 개념(또는 인정됨)으로 볼 수 없다고 하기도 하며, 탐색적 조사에서는 신뢰도 계수가 0.6 이상이면 된다고 한다. 보통 0.8 이상이면 신뢰도가 높다고 인정한다.

이 연구의 평가척도의 신뢰도 검사 결과는 다음과 같다. 재난관리 정보시스템을 평가하고자 하는 각 평가지표에 대한 신뢰도 계수가 0.8 이상일 경우 상당히 높은 신뢰성이 있다고 간주할 때 교육훈련, 모바일 정보시스템, 인지도는 0.8569, 0.8181, 0.8162, 0.8131, 0.8113, 0.8087로 높은 신뢰성이 있음이 검증됐다.

대체로, 이 연구에서 재난관리 정보시스템을 평가하기 위한 척도로 사용된 각 평가지표의 신뢰도 검사 결과, Cronbach's alpha 값이 0.8443으로 상당히 높은 신뢰성을 가진다. 아울러 각 평가지표에 대한 Cronbach's alpha 값이 0.8087~0.8569까지 나타났으며, 평가지표의 신뢰성 중 내적 일관성이 충분하다고 보여진다.

2) 조사 대상자의 인구사회학적 특성

응답자의 인구사회학적인 특성은 다음 〈표 3-2〉와 같다. 성별에서는 남자가 전체의 204명(89.9%)으로서 압도적으로 높은 수치를 보이고 있다. 여자는 23명(10.1%)이다. 이는 재난관리 업무 특성상 재난 현장에서 활동하는 주 담당자가 남자 공무원으로 구성됐기 때문이며 최근에는 고용 평등 원칙에 의해 채용함에 따라 여성 진압대원과 여성 구급대원이 꾸준히 증가하고 있는 추세다. 또 구급대에 응급구조사를 의무적으로 배치하려는 국가적 정책이 반영된 것으로 볼 수 있다.

<표 3-2> 조사 대상자의 인구사회학적 특성

내용	분류	응답자 수(명)	비율(%)
성별	① 남자	204	89.9
	② 여자	23	10.1
	합계	227	100
나이	① 20대	30	13.2
	② 30대	125	55.1
	③ 40대	59	26.0
	④ 50대 이상	13	5.7
		0	0
재직 기간	① 5년 미만	63	27.8
	② 5~10년 미만	69	30.4
	③ 10~15년 미만	61	26.9
	④ 15~20년 미만	24	10.6
	⑤ 20년 이상	10	4.4
계급	① 소방사	62	27.3
	② 소방교	103	45.4
	③ 소방장	45	19.8
	④ 소방위	6	2.6
	⑤ 소방경 이상	11	4.8
근무 부서	① 행정 업무	81	35.7
	② 119안전센터	121	53.3
	③ 119구조대	25	11.0

연령별로 살펴보면, 30대가 125명으로 전체의 55.1%를 차지하고 있으며, 이들의 재직 기간을 보면, 5~10년 미만의 소방공무원이 69명인 30.4%로 가장 높게 나타났다.

한편, 응답자의 계급은 소방교가 45.4%인 103명으로 가장 많았으며, 그다음으로 소방사가 27.3%인 62명, 소방장이 19.8%인 45명으로 나타났다.

응답자의 근무 부서는 119안전센터가 121명으로 전체 응답자의 53.3%로 가장 많았으며, 다음으로 행정 업무가 81명(35.7%), 119구조대가 25명(11.0%)로 나타났다.

2. 연구 결과 분석

1) 재난관리 정보시스템의 활용 실태

(1) 재난관리 정보시스템의 인지도에 대한 분석

재난관리 정보시스템의 인지도에 관한 질문의 응답 결과는 〈표 3-3〉과 같다. '보통이다'가 95명(41.9%)으로 가장 많이 나왔으며, 다음으로는 약간 알고 있는 응답자가 64명(28.2%), 대체로 알지 못한 응답자가 37명(16.3%)으로 나타났다. 이는 전체적으로 볼 때(평균 3.30) 대부분의 소방공무원은 재난관리 정보시스템을 알고 있는 것으로 나타났다.

〈표 3-3〉 재난관리 정보시스템의 인지도

변수	분류	빈도	비율(%)	평균	표준편차
정보시스템 인지도	① 전혀 아니다	5	2.2	3.30	.95
	② 대체로 아니다	37	16.3		
	③ 보통이다	95	41.9		
	④ 약간 그렇다	64	28.2		
	⑤ 매우 그렇다	26	11.5		

(2) 재난관리 정보시스템의 활용 여부에 대한 분석

재난관리 정보시스템의 활용 여부에 대한 응답 결과를 보면 〈표 3-4〉와 같다. 재난관리 정보시스템의 활용은 227명 중 142명(62.6%)이었으며, 미활용은 85명(37.4%)이었다. 미활용하는 응답자가 37.4%나 있어 정보시스템의 활용에 대한 체계적인 홍보와 교육이 뒷받침돼야 하겠다.

〈표 3-4〉 재난관리 정보시스템의 활용 여부

변수	분류	빈도	비율(%)	평균	표준편차
정보시스템 활용여부	① 아니다	85	37.4	1.37	.49
	② 그렇다	142	62.6		

(3) 재난관리 정보시스템의 활용 분야에 대한 분석

재난관리 정보시스템의 활용 분야에 관한 질문의 응답 결과는 〈표 3-5〉와 같다. 소방검사를 하는 데 활용하는 응답자가 135명 중 34명(25.2%), 화재 진압에 활용하는 응답자가 32명(23.7%), 119신고 접수에 활용하는 응답자가 30명(22.2%) 순으로 나타났다.

〈표 3-5〉 정보시스템의 활용 분야

변수	분류	빈도	비율(%)	표준편차
정보시스템 활용 분야	① 119신고접수	30	22.2	1.51
	② 화재 진압	32	23.7	
	③ 인명 구조	23	17.0	
	④ 응급처치	16	11.9	
	⑤ 소방검사	34	25.2	
	⑥ 기타	0	0	

2) 재난관리 정보시스템의 평가

(1) 재난관리 정보시스템의 종합평가에 대한 분석

정보시스템의 종합평가에 대한 응답 결과를 보면, '보통이다'가 전체 응답자의 47.6%인 108명으로 가장 많았으며, 그다음으로는 '약간 그렇다' 51명(22.5%), '대체로 아니다' 42명(18.5%),

〈표 3-6〉 재난관리 정보시스템의 평가

변수	분류	빈도	비율(%)	평균	표준편차
정보시스템평가	① 전혀 아니다	13	5.7	3.04	.93
	② 대체로 아니다	42	18.5		
	③ 보통이다	108	47.6		
	④ 약간 그렇다	51	22.5		
	⑤ 매우 그렇다	13	5.7		

'매우 그렇다'와 '전혀 아니다' 각각 13명(5.7%)이 응답했다. 한편, 이의 평균값은 3.04로 정보시스템의 종합평가에 대해 대체로 '보통이다'에 가깝게 조사됐다(〈표 3-6〉 참조).

한편, 재난관리 정보시스템 사용 유무에 따른 평균의 비교는 다음 〈표 3-7〉과 같다. 이를 구체적으로 살펴보면, 재난관리 정보시스템 사용 경험이 있는 경우와 사용 경험이 없는 경우 각각의 평균은 2.81과 3.21로 약간의 차이가 있음을 알 수 있다. 레빈(Levene)의 등분산검정 결과, F값은 0.573이며, 유의 확률이 0.05보다 크기 때문에 "등분산이 가정됨"을 사용한다. 이때 t값은 -3.206, 자유도 225, 유의 확률(0.002)이 P〈0.05이므로, 이들 간의 평균은 통계적으로 유의한 차이가 있음을 알 수 있다. 즉, 재난관리 정보시스템 사용 경험이 있는 소방공무원이 그렇지 않은 소방공무원보다 재난관리 정보시스템의 종합적인 평가에 대해 더 좋은 평가를 하고 있음을 알 수 있다.

〈표 3-7〉 '종합적인 평가' 재난관리 정보시스템 활용 유무에 따른 평균비교

정보시스템의 종합평가	N	평균	표준편차	평균의 표준오차
정보시스템 활용 유(1)	142	2.81	.91	7.67E-02
정보시스템 활용 무(2)	85	3.21	.91	9.91E-02

	Levene의 등분산 검정		평균의 동일성에 대한 t-검정						
	F	유의 확률	t	자유도	유의 확률 (양쪽)	평균차	차이의 표준 오차	차이의 95% 신뢰구간	
								하한	상한
등분산이 가정됨	.573	.450	-3.206	225	.002	-.40	.13	-.65	-.15
등분산이 가정되지 않음			-3.206	176.930	.002	-.40	.13	-.65	-.15

(2) 재난관리 정보시스템의 세부 평가 항목에 대한 분석

① 재난관리 정보시스템의 효용성에 대한 분석

재난관리 정보시스템의 효용성에 대한 질문의 응답 결과는 〈표 3-8〉에서 보는 바와 같이 '보통이다'가 107명(47.1%)으로 가장 많이 나왔으며, 다음으로는 '약간 그렇다' 응답자가 55명

(24.2%), '대체로 아니다' 응답자가 32명(14.1%)으로 나타났다. 평균 3.20으로 정보시스템의 효용성에 대해 응답 결과는 재난관리에 약간 도움을 주고 있는 것으로 조사됐다.

〈표 3-8〉 재난관리 정보시스템의 효용성

변수	분류	빈도	비율(%)	평균	표준편차
정보시스템 효용성	① 전혀 아니다	11	4.8	3.20	.96
	② 대체로 아니다	32	14.1		
	③ 보통이다	107	47.1		
	④ 약간 그렇다	55	24.2		
	⑤ 매우 그렇다	22	9.7		

〈표 3-9〉 '효용성' 재난관리 정보시스템의 활용 유무에 따른 평균 비교

정보시스템의 종합평가	N	평균	표준편차	평균의 표준오차
정보시스템 활용 유(1)	142	2.64	.98	8.20E-02
정보시스템 활용 무(2)	85	3.07	.88	9.58E-02

	Levene의 등분산 검정		평균의 동일성에 대한 t-검정						
	F	유의확률	t	자유도	유의확률(양쪽)	평균차	차이의 표준오차	차이의 95% 신뢰구간	
								하한	상한
등분산이 가정됨	4.422	.037	-3.322	225	.001	-.43	.13	-.68	-.17
등분산이 가정되지 않음			-3.407	191.050	.001	-.43	.13	-.68	-.18

한편, 재난관리 정보시스템 사용 유무에 따라 응답의 평균 차이를 t-검정을 통해 분석한 바, 이전 〈표 3-9〉와 같이, 재난관리 정보시스템 사용 경험이 있는 경우 142명, 재난관리 정보시스템 사용 경험이 없는 경우 85명으로 각각의 평균은 2.64와 3.07로 약간의 차이가 있는 것으로 보인다.

그리고 '분산이 동일한지'에 대한 레빈(Levene)의 등분산 검정 결과 F값은 4.422이며, 유의 확률(0.037)이 0.05보다 작기 때문에 "등분산이 가정되지 않음" 부분의 검정통계량을 사용한다. 이때 t값은 -3.407, 자유도 191.050, 유의 확률(0.001)이 P<0.05이므로, 이들 간의 평균은 통계적으로 유의한 차이가 있음으로 알 수 있다. 즉, 재난관리 정보시스템 사용 경험이 있는 소방공무원이 그렇지 않은 소방공무원보다 재난관리 정보시스템의 효용성에 대해 더 높은 평가를 하고 있음을 알 수 있다.

② 재난관리 정보시스템의 접근성에 대한 분석

정보시스템 접근성에 대한 응답 결과를 보면, '보통이다'에 전체 응답자의 41.9%인 95명이 응답해 가장 많았으며, 그다음으로는 '약간 그렇다' 68명(30.0%), '매우 그렇다' 25명(11.0%)으로 나타났다. 반면, '대체로 아니다'와 '전혀 아니다'의 부정적인 응답은 각각 13.2%와 4.0%로 나타났다. 이의 평균값은 3.30으로 정보시스템에 대한 접근성 보통 이상의 수준으로 조사돼 접근성에는 긍정적으로 나타났다(〈표 3-10〉 참조)

〈표 3-10〉 재난관리 정보시스템의 접근성

변수	분류	빈도	비율(%)	평균	표준편차
정보시스템 접근성	① 전혀 아니다	9	4.0	3.30	.97
	② 대체로 아니다	30	13.2		
	③ 보통이다	95	41.9		
	④ 약간 그렇다	68	30.0		
	⑤ 매우 그렇다	25	11.0		

한편, 재난관리 정보시스템 사용 유무에 따른 평균차를 비교해 보면, 재난관리 정보시스템 사용 경험이 있는 경우와 사용 경험이 없는 경우 각각의 평균은 2.45와 3.09로 약간의 차이가 있는 것으로 나타났다. 레빈(Levene)의 등분산검정 결과, F값은 0.102이며, 유의 확률(0.750)이 0.05보다 크기 때문에 "등분산이 가정됨"을 사용한다. 이때 t값은 -5.100, 자유도 225, 유의 확률 P<0.05이므로, 이들 간의 평균은 통계적으로 유의한 차이가 있음을 알 수 있다. 즉, 재난관리 정보시스템 사용 경험이 있는 소방공무원이 그렇지 않은 소방공무원보다 재난관리 정보시스템의 접근성에 대해 더 높은 평가를 하고 있음을 알 수 있다(〈표 3-11〉 참조).

〈표 3-11〉 '접근성' 재난관리 정보시스템의 활용 유무에 따른 평균비교

정보시스템의 종합평가	N	평균	표준편차	평균의 표준오차
정보시스템 활용 유(1)	142	2.45	.87	7.32E-02
정보시스템 활용 무(2)	85	3.09	1.00	.11

	Levene의 등분산 검정		평균의 동일성에 대한 t-검정						
	F	유의확률	t	자유도	유의확률(양쪽)	평균차	차이의 표준오차	차이의 95% 신뢰구간	
								하한	상한
등분산이 가정됨	.102	.750	-5.100	225	.000	-.64	.13	-.89	-.39
등분산이 가정되지 않음			-4.933	158.872	.000	-.64	.13	-.90	-.39

③ 재난관리 정보시스템의 신속성에 대한 분석

정보시스템 신속성에 대한 응답 결과를 보면, '보통이다'가 전체 응답자의 40.5%인 92명이 응답해 가장 많았으며, 그다음으로는 '약간 그렇다' 57명(25.1%), '매우 그렇다' 20명(8.8%)으로 나타났다. 반면, '대체로 아니다'와 '전혀 아니다'의 부정적인 응답은 각각 19.4%와 6.2%로 나타났다. 이의 평균값은 3.11로 '보통이다'의 수준으로 조사돼 신속성에 대한 평가는 약간 긍정적으로 조사됐다(〈표 3-12〉 참조).

한편, 재난관리 정보시스템 사용 유무에 따른 평균의 비교는 다음 〈표 3-12〉와 같다. 이를 구체적으로 살펴보면, 재난관리 정보시스템 사용 경험이 있는 경우와 사용 경험이 없는 경우 각각의 평균은 2.79와 3.06으로 약간의 차이가 있음을 알 수 있다. 레빈(Levene)의 등분산검정 결과, F값은 13.552이며, 유의 확률이 0.05보다 작기 때문에 "등분산이 가정되지 않음"을 사용한다. 이때 t값은 -2.062, 자유도 207.934, 유의 확률(0.04)이 P<0.05이므로, 이들 간의 평균은 통계적으로 유의한 차이가 있음을 알 수 있다. 즉, 재난관리 정보시스템 사용 경험이 있는 소방공무원이 그렇지 않은 소방공무원보다 재난관리 정보시스템의 신속성에 대해 더 높은 평가를 하고 있음을 알 수 있다(〈표 3-13〉 참조).

<표 3-12> 재난관리 정보시스템의 신속성

변수	분류	빈도	비율(%)	평균	표준편차
정보시스템 신속성	① 전혀 아니다	14	6.2	3.11	1.02
	② 대체로 아니다	44	19.4		
	③ 보통이다	92	40.5		
	④ 약간 그렇다	57	25.1		
	⑤ 매우 그렇다	20	8.8		

<표 3-13> '신속성' 재난관리 정보시스템의 활용 유무에 따른 평균비교

정보시스템의 종합평가	N	평균	표준편차	평균의 표준오차
정보시스템 활용 유(1)	142	2.79	1.09	9.15E-02
정보시스템 활용 무(2)	85	3.06	.86	9.37E-02

	Levene의 등분산 검정		평균의 동일성에 대한 t-검정						
	F	유의확률	t	자유도	유의확률 (양쪽)	평균차	차이의 표준오차	차이의 95% 신뢰구간	
								하한	상한
등분산이 가정됨	13.552	.000	-1.946	225	.053	-.27	.14	-.54	3.35E-03
등분산이 가정되지 않음			-2.062	207.934	.040	-.27	.13	-.53	-1.19E-02

④ 재난관리 정보시스템의 연계 및 표준화에 대한 분석

정보시스템 연계 및 표준화에 대한 응답 결과를 보면, '보통이다'가 전체 응답자의 43.2%인 98명이 응답해 가장 많았으며, 그다음으로는 '약간 그렇다' 64명(28.2%), '매우 그렇다' 15명(6.6%)으로 나타났다. 반면, '대체로 아니다'와 '전혀 아니다'의 부정적인 응답은 각각 16.3%와 5.7%로 나타났다. 이의 평균값은 3.13으로 정보시스템의 연계 및 표준화에 대한 응답이 '약간 그렇다'의 수준으로 조사돼 연계 및 표준화에 대해서는 약간 긍정적으로 나타났다(<표 3-14> 참조).

<표 3-14> 재난관리 정보시스템의 연계 표준화

변수	분류	빈도	비율(%)	평균	표준편차
정보시스템 연계 표준화	① 전혀 아니다	13	5.7	3.13	.96
	② 대체로 아니다	37	16.3		
	③ 보통이다	98	43.2		
	④ 약간 그렇다	64	28.2		
	⑤ 매우 그렇다	15	6.6		

한편, 재난관리 정보시스템 사용 유무에 따른 평균 차이를 보면, 각각의 평균은 2.67와 3.19로 약간의 차이가 있음을 알 수 있다. 이에 대한 레빈(Levene)의 등분산검정 결과, F값은 2.754이며, 유의 확률(0.098)이 0.05보다 크기 때문에 "등분산이 가정됨" 부분의 검정통계량을 사용한다. 이 경우 t값은 -4.073, 자유도 225, 유의 확률(0.000)이 $P<0.05$이므로, 이들 간의 평균은 통계적으로 유의한 차이가 있음을 알 수 있다.

즉, 재난관리 정보시스템 사용 경험이 있는 소방공무원이 그렇지 않은 소방공무원보다 재난관리 정보시스템의 연계성에 대해 더 높은 평가를 하고 있음을 알 수 있다(<표 3-15> 참조).

<표 3-15> '표준화·연계성' 재난관리 정보시스템의 활용 유무에 따른 평균 비교

정보시스템의 종합평가	N	평균	표준편차	평균의 표준오차
정보시스템 활용 유(1)	142	2.67	.96	8.04E-02
정보시스템 활용 무(2)	85	3.19	.88	9.54E-02

	Levene의 등분산 검정		평균의 동일성에 대한 t-검정						
	F	유의 확률	t	자유도	유의 확률 (양쪽)	평균차	차이의 표준오차	차이의 95% 신뢰구간	
								하한	상한
등분산이 가정됨	2.754	.098	-4.073	225	.000	-.52	.13	-.77	-.27
등분산이 가정되지 않음			-4.161	188.925	.000	-.52	.12	-.77	-.27

⑤ 재난관리 정보시스템의 정보 공유에 대한 분석

정보시스템의 유관기관 간 정보 공유에 대한 응답 결과를 보면, '보통이다'가 전체 응답자의 39.6%인 90명이 응답해 가장 많았으며, 그다음으로는 '대체로 아니다' 62명(27.3%), '전혀 아니다' 21명(9.3%)이 응답해 36.6%가 부정적으로 나타났다. 반면 '약간 그렇다' 40명(17.6%), '매우 그렇다' 14명(6.2%)으로 나타났다. 한편, 이의 평균값은 2.84로 정보시스템의 유관기관 간 정보 공유에 대한 인식은 대체로 부정적인 인식을 하고 있는 것으로 조사됐다(〈표 3-16〉 참조).

한편, 재난관리 정보시스템 사용 유무에 따른 평균의 차이는 재난관리 정보시스템 사용 경험이 없는 경우 각각의 평균은 3.02와 3.39로 약간의 차이가 있는 것으로 나타났다. 이에 대해 '분산이 동일한지'에 대한 레빈(Levene)의 등분산검정 결과 F값은 0.019이며 유의 확률(0.892)이

〈표 3-16〉 유관기관 간 정보 공유

변수	분류	빈도	비율(%)	평균	표준편차
유관기관 정보 공유	① 전혀 아니다	21	9.3	2.84	1.02
	② 대체로 아니다	62	27.3		
	③ 보통이다	90	39.6		
	④ 약간 그렇다	40	17.6		
	⑤ 매우 그렇다	14	6.2		

〈표 3-17〉 '정보공유' 재난관리 정보시스템의 활용 유무에 따른 평균비교

정보시스템의 종합평가	N	평균	표준편차	평균의 표준오차
정보시스템 활용 유(1)	142	3.02	1.06	8.85E-02
정보시스템 활용 무(2)	85	3.39	.93	.10

	Levene의 등분산 검정		평균의 동일성에 대한 t-검정						
	F	유의 확률	t	자유도	유의 확률 (양쪽)	평균차	차이의 표준오차	차이의 95% 신뢰구간	
								하한	상한
등분산이 가정됨	.019	.892	-2.653	225	.009	-.37	.14	-.64	-9.44E-02
등분산이 가정되지 않음			-2.740	194.933	.007	-.37	.13	-.63	-.10

0.05보다 크기 때문에 "등분산이 가정됨" 부분의 검정통계량을 사용한다. 이 경우 t값은 -2.653, 자유도 225, 유의 확률이 0.009로 P<0.05이므로, 이들 간의 평균은 통계적으로 유의한 차이가 있음을 알 수 있으며, 이의 95% 신뢰구간이 (-0.64, -9.44E-02)로 모두 음수로 나타난 바, 재난관리 정보시스템 사용 경험이 있는 공무원이 그렇지 않은 공무원보다 재난관리 정보시스템의 효용성에 대해 더 높은 평가를 하고 있음을 알 수 있다(〈표 3-17〉 참조).

3) 재난관리 정보시스템의 활용 방안 분석

(1) 재난관리 정보시스템의 문제점에 대한 분석

정보시스템의 문제점에 대한 응답 결과를 보면, '정보 공유가 어렵다'가 전체 응답자의 27.3%인 62명으로 가장 많았으며, 그다음으로는 '신속하지 못하다' 55명(24.2%), '사용하기 불편하다' 50명(22.0%), '정보가 자세하지 못하다' 36명(15.9%), '정확성이 떨어진다' 22명(9.7%)이 응답했다. 정보시스템의 문제점은 정보 공유, 신속성, 편리성, 정보의 상세성, 정확성 순으로 지적됐다(〈표 3-18〉 참조).

〈표 3-18〉 재난관리 정보시스템의 문제점

변수	분류	빈도	비율(%)	표준편차
정보시스템의 문제점	① 사용하기 불편하다	50	22.0	1.43
	② 신속하지 못하다	55	24.2	
	③ 정확성이 떨어진다	22	9.7	
	④ 정보공유가 어렵다	62	27.3	
	⑤ 정보가 자세하지 못하다	36	15.9	
	⑥ 기타	2	0.9	

(2) 재난관리 정보시스템의 문제 해결 방안에 대한 분석

현재 사용하고 있는 정보시스템의 문제 해결 방안에 대한 응답 결과를 보면, '전담인력' 33.0%(75명), '교육' 19.4%(44명), '홍보' 19.4%(44명), '최첨단장비' 13.2%(30명), '충분한 예산' 13.7%(31명), '기타' 1.3%(3명)가 응답했다.

정보시스템의 문제 해결 방안은 정보시스템 전담인력 충원이 가장 많은 응답을 하였는데, 이는 사용법을 잘 모르거나 사용하다 모르는 사항이 있어도 쉽게 문제 해결이 어려워 전담인력 배치를 요구하고 있는 것으로 조사됐으며, 현지 인터뷰에서도 나타났는데 이를 반영한 것으로 생각된다. 또 정보시스템 사용 전 사전 교육이 요구되고, 충분한 홍보를 해야 할 것이다(〈표 3-19〉 참조).

〈표 3-19〉 재난관리 정보시스템의 문제 해결

변수	분류	빈도	비율(%)	표준편차
정보시스템의 문제 해결	① 교육	44	19.4	1.37
	② 홍보	44	19.4	
	③ 최첨단 장비	30	13.2	
	④ 정보전담인력	75	33.0	
	⑤ 예산확보	31	13.7	
	⑥ 기타	3	1.3	

(3) 모바일 정보시스템의 도입에 대한 분석

효과적 재난관리를 위한 모바일 정보시스템의 도입에 대한 응답 결과를 보면, '약간 찬성'에 전체 응답자의 35.2%인 80명이 응답해 가장 많았으며, 그다음으로는 '매우 찬성' 64명(28.2%), '보통' 60명(26.4%)으로 나타났다. 반면, '약간 반대'와 '매우 반대'의 부정적인 응답은 각각 6.2%와 4.0%로 나타났다. 이의 평균이 3.77로 '찬성'의 수준으로 조사돼 효과적인 재난관리를 위해서는 모바일 정보시스템의 도입이 이뤄져야 한다고 조사됐다(〈표 3-20〉 참조).

〈표 3-20〉 모바일 정보시스템의 도입

변수	분류	빈도	비율(%)	평균	표준편차
모바일 시스템의 도입	① 매우 반대	9	4.0	3.77	1.05
	② 약간 반대	14	6.2		
	③ 보통	60	26.4		
	④ 약간 찬성	80	35.2		
	⑤ 매우 찬성	64	28.2		

한편, 재난관리 정보시스템 사용 유무에 따른 평균의 차이는 재난관리 정보시스템 사용 경험

이 있는 경우와 재난관리 정보시스템 사용 경험이 없는 경우 각각의 평균은 2.11과 2.42로 약간의 차이가 있는 것으로 나타났다. 이에 대해 '분산이 동일한지'에 대한 레빈(Levene)의 등분산검정 결과 F값은 3.650이며, 유의 확률(0.057)이 0.05보다 크기 때문에 "등분산이 가정됨" 부분의 검정통계량을 사용한다. 이 경우 t 값은 -2.225, 자유도 225, 유의 확률(0.027)이 P<0.05이므로, 이들 간의 평균은 통계적으로 유의한 차이가 있음을 알 수 있다. 즉, 재난관리 정보시스템 사용 경험이 있는 소방공무원이 그렇지 않은 소방공무원보다 모바일 정보시스템의 도입에 대해 더 높은 평가를 하고 있음을 알 수 있다(〈표 3-21〉 참조).

〈표 3-21〉 모바일 정보시스템의 도입에 따른 평균 비교

정보시스템의 종합평가	N	평균	표준편차	평균의 표준오차
정보시스템 활용 유(1)	142	2.11	.99	8.28E-02
정보시스템 활용 무(2)	85	2.42	1.13	.12

	Levene의 등분산 검정		평균의 동일성에 대한 t-검정						
	F	유의 확률	t	자유도	유의 확률 (양쪽)	평균차	차이의 표준오차	차이의 95% 신뢰구간	
								하한	상한
등분산이 가정됨	3.650	.057	-2.225	225	.027	-.32	.14	-.60	-3.64E-02
등분산이 가정되지 않음			-2.152	158.874	.033	-.32	.15	-.61	-2.62E-02

(4) 재난관리 정보시스템의 활용을 위한 교육 및 훈련에 대한 분석

재난관리 정보시스템의 활용을 위한 교육 및 훈련에 대한 응답 결과를 보면, '약간 그렇다'가 전체 응답자의 37.0%인 84명이 응답해 가장 많았으며, 그다음으로는 '매우 찬성이다'에 65명(28.6%), '보통'이 56명(24.7%)으로 나타났다. 반면, '대체로 아니다'와 '전혀 아니다'라는 부정적인 응답은 각각 4.8%로 나타났다. 이의 평균값은 3.42로 긍정적인 인식을 하고 있는 것으로 조사돼 재난관리 정보시스템의 활용을 위한 교육 및 훈련이 대폭 확대되어야 한다고 조사됐다(〈표 3-22〉 참조).

<표 3-22> 재난관리 정보시스템의 교육훈련

변수	분류	빈도	비율(%)	평균	표준편차
정보시스템의 교육훈련	① 전혀 아니다	11	4.8	3.42	1.06
	② 대체로 아니다	11	4.8		
	③ 보통이다	56	24.7		
	④ 약간 그렇다	84	37.0		
	⑤ 매우 그렇다	65	28.6		

한편, 재난관리 정보시스템 사용 유무에 따른 평균의 차이는 재난관리 정보시스템의 사용 경험이 있는 경우와 재난관리 정보시스템 사용 경험이 없는 경우 각각의 평균은 2.15와 2.28로 약간의 차이가 있는 것으로 나타났다. 이에 대해 '분산이 동일한지'에 대한 레빈(Levene)의 등분산 검정 결과 F값은 0.509이며, 유의 확률(0.476)이 0.05보다 크기 때문에 "등분산이 가정됨" 부분의 검정 통계량을 사용한다. 이 경우 t값은 -0.875, 자유도 225, 유의 확률(0.383)이 P>0.05이므로, 이들 간의 평균은 통계적으로 유의하지 않음을 알 수 있다. 즉, 재난관리 정보시스템 사용경험이 있는 소방공무원과 그렇지 않은 소방공무원 모두 재난관리 정보시스템 사용에 관한 교육 및 훈련이 현재보다 대폭 확대돼야 한다고 공감하고 있다(<표 3-23> 참조).

<표 3-23> '교육·훈련' 재난관리 정보시스템의 활용 유무에 따른 평균비교

정보시스템의 종합평가	N	평균	표준편차	평균의 표준오차
정보시스템 활용 유(1)	142	2.15	1.04	8.73E-02
정보시스템 활용 무(2)	85	2.28	1.10	.12

	Levene의 등분산 검정		평균의 동일성에 대한 t-검정						
	F	유의 확률	t	자유도	유의 확률 (양쪽)	평균차	차이의 표준오차	차이의 95% 신뢰구간	
								하한	상한
등분산이 가정됨	.509	.476	-.875	225	.383	-.13	.15	-.41	.16
등분산이 가정되지 않음			-.863	169.420	.389	-.13	.15	-.42	.16

4) 상관관계분석

각 변수 간 어떠한 관계가 존재하는지를 알아보기 위해 피어슨(Karl Pearson)의 상관관계분석(correlation analysis)을 실시한 결과 〈표 3-24〉와 같이 나타났다. 종합평가와 연계성, 종합평가와 정보 공유 간의 대단히 높은 유의적인 정(+)의 상관관계를 보이고 있으며, 또 연계성과 정보 공유, 효용성과 접근성, 효용성과 연계성, 효용성과 종합평가가 유의적인 정(+)의 상관관계를 보이고 있다. 즉, 연계성, 정보공유, 효용성에 증가 등이 나타나면 재난관리 정보시스템을 원활하게 사용한다고 해석할 수 있으며, 접근성·연계성이 증가하면 재난관리 정보시스템의 효용성이 향상된다고 해석할 수 있겠다.

상관관계가 지나치게 높으면 다중공선성(multicollinearity)의 문제를 가질 수 있다. 상관계수가 0.8 이상으로 넘어서게 되면 회귀계수의 분산이 증가하기 시작하며, 0.9 이상을 넘어서게 되면 회귀계수의 분산이 급속히 커지고, 다중공선성의 문제가 발생할 수 있기 때문에 회귀분석을 실시하지 않는 것이 좋다. 〈표 3-24〉에서 0.7이하의 상관관계를 보여주고 있어 회귀분석을 실시하여도 무방하다.

〈표 3-24〉 변수 간의 상관관계분석

변수	X(1)	X(2)	X(3)	X(4)	X(5)	X(6)
효용성X(1)	1					
접근성X(2)	.659	1				
신속성X(3)	.613	.521	1			
연계성X(4)	.649	.567	.577	1		
정보공유X(5)	.566	.465	.531	.679	1	
종합평가X(6)	.641	.578	.573	.685	.665	1

** 상관계수는 0.01에서 유의

5) 회귀분석

재난관리 정보시스템에 대해 영향을 미치는 관계를 알아보기 위해 정보 공유, 접근성, 신속성, 연계성, 효용성을 독립변수로 하고 종합평가를 종속변수로 해서 회귀분석(regression analysis)을 실시했다.

분석 결과 R square값이 0.605로 나왔는데, 이는 회귀식에 포함된 5개의 독립변수, 즉 정보 공유, 접근성, 신속성, 연계성, 효용성이 종속변수인 재난관리 정보시스템 활용에 60.5%의 영향을 주고 있는 것으로 나타났다.

한편, 표준화된 회귀계수(Beta)를 비교해 볼 때 정보 공유가 재난관리 정보시스템 활용에 가장 영향력 있는 변수이며, 연계성도 많은 영향을 주는 요인으로 볼 수 있고, 그다음은 접근성, 효용성, 신속성도 재난관리 정보시스템 활용에 영향을 미치는 요인으로 볼 수 있다. 이 중에서 신속성은 신뢰도 95%에서 유의미하지 않는 것으로 조사됐다(〈표 3-25〉 참조).

〈표 3-25〉 재난정보시스템의 종합평가에 대한 회귀분석

변수	비표준화 계수		표준화계수	t	유의확률
	B	표준 오차	β		
(상수)	.368	.148		2.490	.014
효용성	.154	.064	.159	2.395	.017
접근성	.142	.056	.148	2.530	.012
신속성	9.842E-02	.053	.107	1.873	.062
연계성	.235	.064	.242	3.657	.000
정보공유	.260	.055	.285	4.753	.000

R^2 = 0.605 유의확률 = .000
a 종속변수 : 종합평가

V. 결론

연구분석 결과를 토대로 효과적 재난관리를 위한 정보시스템의 활용 방안을 위해 다음과 같은 방안을 제언할 수 있다.

첫째, 재난관리 정보시스템의 표준화 및 연계성이 확보돼야 한다. 재난관리 정보시스템의 연계 및 표준화에 대해 조사한 결과 평균이 2.86으로 부정적인 인식을 한 것으로 나타났다. 이러한 조사 결과는 재난관련 기관 간에 정보시스템의 연계 및 표준화가 되고 있지 않는 것으로 보인다. 또한 재난 관련 기관이 중복, 개별 운영 중인 재난관리 정보시스템 간 표준화 및 연계를 통해 예

산 낭비를 방지하고 시스템 간 연동을 확보함으로써 재난관리 정보시스템의 효과적인 운영이 필요하다.

둘째, 정보 공유가 이뤄져야 한다. 유관기관 간 재난관리 정보시스템의 정보 공유에 대해 조사한 결과 부정적인 응답이 36.6%나 차지했다. 또한, 재난관리 정보시스템의 문제점에 대해 조사한 결과 '정보 공유가 어렵다'가 27.3%로 가장 많이 응답했다. 이러한 조사 결과는 재난 관련 기관 간에 정보시스템의 정보 공유가 잘 이뤄지고 있지 않은 것으로 보인다. 재난 및 안전관리 기본법이 제정되면서 유관기관 간 정보 공유가 이뤄질 수 있도록 법적 제도가 마련됐고, 국가안전관리 정보시스템이 구축되고 있어 전국적으로 재난관리 정보를 공유할 수 있도록 추진되고 있지만 아직도 미흡한 실정이다. 재난정보의 공유가 미흡해 재난이 발생할 때 종합적이고 체계적인 대응이 곤란하다. 재난 관련 기관의 정보시스템이 연계돼 재난정보를 공동으로 이용할 수 있고 주민, NGO 등과 재난정보를 교류할 수 있는 재난정보시스템이 구축돼야 할 것이다

셋째, 모바일 정보시스템 등 첨단기술(IT)을 활용해야 한다. 재난관리 정보시스템의 모바일 시스템 도입에 대한 조사를 실시한 결과 63.4%가 도입해야 한다고 응답했다. 또, 재난관리 정보시스템의 문제점 해결 방안에 대한 조사 결과 '최첨단 장비'가 13.2%로 나타났다. 이러한 조사 결과는 재난관리 정보시스템에 최첨단(IT) 기술을 이용해야 한다는 것을 반영한 것으로 보인다. 모바일 정보시스템은 재난 현장에서 각종 정보를 실시간으로 처리할 수 있고, 재난 대상물 조사 시 입출력이 쉬워 그 효과성은 뛰어날 것이다. 또한 위성을 이용한 재난관리 정보시스템의 활용 분야도 확대돼야 할 것이다. 재난 발생 지역에 통신망이 두절되면 재난 현장으로부터 정보의 수집이 불가능하므로 재난관리에 어려움을 줄 수 있다. 위성을 이용한 재난관리 정보시스템은 첨단기술을 활용하여 재난관리에 위성을 활용해 효과적 재난관리를 할 수 있다.

넷째, 재난정보에 대한 관리 및 분석이 필요하다. 재난정보는 재난관리 정보시스템의 산물이다. 과거 정보시스템이 없을 때 정보를 관리하고 분석은 상상조차 하지 못했다. 과거의 정보를 체계적으로 분석해 새롭게 발생하는 유사한 재난을 사전에 방지할 수 있다. 각종 재난 현장에서 재난정보를 분석하고 중앙, 지방, 유관기관이 보유하고 있는 재난 관련 정보의 공유를 위한 인프라를 구축하여 의사결정이나 통계자료 작성 등 재난 관련 정보에 대한 자료 분석이 필요하다.

다섯째, 정보 전담인력 확보가 시급하다. 재난관리 정보시스템의 문제 해결 방안을 조사한 결과 '정보 전담인력'이 33.0%로 가장 많이 응답했다. 이러한 조사 결과는 재난관리 정보시스템의 사용자가 사용할 때 문제점을 즉시 해결할 수 있는 전담인력이 있어야 하겠다. 또 재난정보를 분석하고 관리해 신속한 의사결정을 지원할 수 있는 전담인력이 확보돼야 한다.

여섯째, 교육 및 훈련이 필요하다. 재난관리 정보시스템의 활용을 위한 교육 및 훈련 확대에 대해 65.6%가 긍정적인 응답을 했다. 또한, 재난관리 정보시스템의 문제 해결 방안에 대해 조사한 결과 '교육'이 19.4%로 나타났다. 이러한 조사 결과는 재난관리 정보시스템의 사용자에 대해 교육이 필요한 것을 반영한 것으로 보여 진다. 그러므로 재난관리 정보시스템의 효과적인 활용을 위해서는 정보시스템에 대한 교육이 무엇보다 시급한 과제라 하겠다. 또, 정보시스템이 업그레이드될 때마다 온라인(ON-Line) 교육과 오프라인(OFF-Line) 교육을 병행하여 실시함으로써 교육의 효율성을 높여야 할 것이다.

다조직의 재난관리 협력 체계 분석

- 구제역 방역활동을 중심으로 -

개요

　　재난의 환경은 매우 복잡·다양한 양상을 띠고 있으며, 예측 불가능한 재난의 발생으로 인해 대규모 인적·물적 피해를 입고 있다. 특히, 최근에는 구제역, 고병원성 조류인플루엔자 및 대규모 전파를 동반해 폐사를 일으키는 가축 질병 등 신종 가축 질병이 세계 전역에 걸쳐 발생하고 있는 실정이다. 이처럼 재난의 환경은 급격하고, 다양하게 변화하고 있으며 대처를 어렵게 하고 있다. 재난은 그 속성상 발생 원인이 복잡·다양하기 때문에 효과적인 재난관리를 위해서는 다수의 조직(multi-organizational)이 복합적이고 총체적인 노력을 기울이는 것이 필요하다. 따라서 이 연구는 구제역 방역활동을 사례로 다조직의 재난관리 협력 체계를 분석해 향후 재난관리 참여 기관들의 협력 체계 구축을 위한 개선 방안을 도출하는 데 목적이 있다. 연구의 결과 재난관리 협력 체계의 긍정적인 효과를 높이기 위해 재난관리 자원을 신속하게 동원할 수 있는 다조직 간의 네트워크가 잘 구축돼야 하고, 재난이 발생했을 때 공동 목표를 달성하기 위해 유관기관과 상호 협력해야 할 것이다. 또한 재난관리 협력에 대한 구체적인 조정의 방안이 마련돼야 하고, 최고관리자는 다른 조직과의 재난관리 협력을 위해 리더십을 발휘해야 할 것이다.

I. 서론

현대 사회는 과학기술의 급격한 발전으로 인해 많은 물질적 풍요를 누리고 있지만 우리 사회를 위협하는 다양한 재난이 급격하게 증가하고 있다. 울리히 벡(Ulrich Beck)은 각종 대형 재난의 발생에 대해 산업사회의 진행 결과에 따라 나타난 위험사회(risk society)의 현상이라고 정의한 바 있다. 재난의 환경은 매우 복잡·다양한 양상을 띠고 있으며, 예측 불가능한 재난의 발생으로 인해 대규모 인적·물적 피해가 발생하고 있다. 특히, 최근에는 구제역, 고병원성 조류인플루엔자 및 대규모 전파를 동반해 폐사를 일으키는 가축 질병 등 신종 가축 질병이 세계 전역에 걸쳐 발생하고 있는 실정이다. 이처럼 재난의 환경은 급격하고, 다양하게 변화하고 있으며 대처를 어렵게 하고 있다.

2000년 3월 24일 경기도 파주시 젖소농장에서 구제역이 처음 발생해 4월 19일까지 27일 동안 총 81건이 신고됐으며, 2002년 5월 2일 경기도 안성시 양돈농장 등 4개 시 군 16개 농장에서 구제역이 발생했다. 또한 2003년 12월 10일 충청북도 음성군 농장에서 처음 고병원성 조류인플루엔자가 발생했고, 2004년 3월 20일 경기도 양주시 양계농장 산란계에서 고병원성 조류인플루엔자가 발생했다.

2010년 11월 28일 경상북도 안동에서 발생한 구제역이 경기, 강원, 인천, 충북, 충남지역에서 추가 발생하는 등 여러 지역에서 동시다발적으로 빠르게 확산됐고, 발생하지 않은 다른 지역으로 확산될 우려가 있었다. 이에 정부는 2010년 12월 29일 가축 질병 위기경보 수준을 경계 단계에서 심각 단계로 격상하고 모든 역량을 동원해 구제역을 조기에 종식시키기 위해 재난 및 안전관리 기본법 제14조에 의거 행정안전부 장관을 본부장으로 하는 중앙재난안전본부를 가동했다.

재난 및 안전관리 기본법 제4조는 국가와 지방자치단체는 재난으로부터 국민의 생명 신체 및 재산을 보호할 책무를 지고, 재난을 예방하고 피해를 줄이기 위해 노력해야 하며, 발생한 재난을 신속히 대응 복구하기 위한 계획을 수립 시행해야 한다고 규정하고 있다. 또한 재난관리 책임기관의 장은 소관 업무와 관련된 안전관리에 관한 계획을 수립하고 시행해야 하며, 그 소재지를 관할하는 특별시·광역시·도·특별자치도와 시·군·구의 재난 및 안전관리 업무에 협조해야 한다고 규정하고 있어 다양한 기관들의 재난관리 협력을 강조하고 있다.

그러나 상이한 임무를 지닌 다양한 조직들이 재난관리에 관여하게 되고(Sylves & Waugh, 1996: 56), 이러한 다양한 조직들의 참여는 재난관리에서 조직 간 관계의 형성 및 유지에 어려움이 있다

(김석곤 외, 2008: 106). 재난 현장에서 일사불란한 활동으로 효과적인 재난관리를 위해서는 다양한 조직들의 협력이 필요하다.

재난은 그 속성상 발생 원인이 복잡·다양하기 때문에 재난관리 정책을 집행하기 위해서는 다수의 조직(multi-organizational)이 복합적이고 총체적인 노력을 기울이는 것이 필요하다(이재은, 2000: 42). 즉, 오늘날의 정책집행은 하나의 정책을 단일 조직이 집행하기보다는 둘 이상의 다수 조직이 하나의 정책을 집행하기 위해 공동의 노력을 기울인다는 특징을 보인다.

따라서 이 연구는 구제역 방역활동을 사례로 다조직의 재난관리 협력 체계를 분석해 향후 재난관리 참여기관들의 협력 체계 구축을 위한 개선 방안을 도출하는 데 목적이 있다. 연구 방법으로는 문헌조사, 정부 자료 검토 등 선행연구를 분석하고, 일반직 공무원, 소방공무원, 경찰공무원 등 담당공무원의 설문조사를 통해 인식을 조사하는 방법을 활용한다.

II. 이론적 논의

1. 다조직의 정책집행

정책집행에 관한 연구는 1973년 프레스만(Jeffrey L. Pressman)과 윌다브스키(Aron Wildavsky)가 개별 정책의 집행실패 원인을 분석하면서 시작돼 다양한 시각의 이론적 논의는 1980년대에 이뤄졌다. 이러한 연구는 크게 상향식 접근 방법(top-down approach)과 하향식 접근 방법(bottom-up approach), 통합적 접근법 등으로 구분된다. 한편, 조직 간 관계의 관점에서 정책집행의 이론적 틀을 구성하고자 한 연구는 기존의 접근법과 달리 비교적 새로운 접근 방법이라 할 수 있다. 조직 간 관계에 초점을 두고 정책집행 과정을 설명한 이론으로 프레스만과 윌다브스키(Pressman & Wildavsky, 1973)의 "공동행동의 복잡성(complexity of joint action)에 관한 논의", 헤른과 포터(Hjern & Porter, 1981)의 "집행구조(Implementation structure) 이론", 샤프(Scharpf, 1978)의 조직 간 정책연구(Interorganizational Policy Studies)", 오툴과 몬트조이(O'Tool & Montjoy, 1984)의 "조직 간 정책집행(Interorganizational Policy implementation) 논의" 등을 들 수 있다(우윤석 외 2006: 8).

프레스만과 윌다브스키(Pressman & Wildavsky, 1973)는 오클랜드 프로젝트(Oakland Project)의 정책실패의 원인을 공동행동의 복잡성(complexity of joint action)에 초점을 맞춰 연구했다. 정책

실패의 원인은 많은 참여자, 다양한 관점, 복잡한 의사결정과정 등을 들었다. 오클랜드 프로젝트의 경우 사업이 실행되기 위해 참여자들이나 조직들이 의사결정을 내리고 합의를 이뤄야 하는 의사결정점(decision and clearance points)이 무려 70여 개나 존재했는데, 모든 의사결정점들을 통과하기 위해 수십 번의 통과행위(clearance actions)를 거치는 과정에서 상호 비타협적인 다수 행위자(actors) 간의 의결 불일치로 사업 지체(delay)가 초래될 가능성이 커지므로 정책이 지연되거나 실패할 가능성이 높아진다고 했다.

헤른과 포터(Hjern & Porter, 1981)는 다양한 조직의 하부집단들(subsets)에 의해 하나의 정책이 수행되는 경우를 집행구조(implementation structure)라는 개념으로 설명했다. 정책집행 구조는 다수 조직들의 하부 집단에 의해 하나의 정책 프로그램이 집행되는 행정적 실체라고 정의되는데, 집행의 문제는 조직 간의 이해관계와 조정의 문제까지 포함하고 있으므로, 단일조직의 조직구조보다는 집행구조를 분석 단위로 활용하는 것이 유용하다고 한다. 다조직 정책집행구조가 경쟁과 견제를 통해 정책의 질적 향상을 거져올 수 있으나 참여자 간의 의사소통 단절로 인해 각 집행기관이 정책의 전반적 흐름과 내용을 파악하지 못한 채 지엽적인 역할에만 집착하거나 조직들마다 정책적 우선순위나 선호도가 다를 경우 정책 조정 미비가 큰 문제로 등장하며(Edwards III, 1980: 137), 독자적인 의사결정으로 인해 정책이 일관성을 잃을 수도 있다.

샤프(Scharpf, 1978)는 정책실패의 원인을 규명하려는 시도 중에 정부의 문제 해결 구조(problem-solving structure) 속에 내포돼 있는 조직 간의 연계(intra-organization linkage) 관계를 발견했다. 정부의 정책결정이나 집행 과정에는 다양한 정부조직들뿐만 아니라 준공공기관, 민간기관들까지도 서로 관련을 맺고 있다는 것이다. 이는 어느 한 정부기관에 의한 문제 해결 노력은 해당 조직뿐만 아니라 다른 조직들의 선택과 결정에 의존하게 되면, 결국 문제 해결 여부는 다양한 조직들 간의 관계(relationship)에 영향을 받게 된다는 것이다. 그는 정책 형성이나 정책집행을 단일의 통합된 행위자에 의한 선택 과정이 아니라 서로 다른 이해와 목표를 갖고 상이한 전략을 구사하는 다수의 행위자들에 의한 상호 작용(interrelations)과 상호의존성(Interdependence)을 나타내는 것으로서 정책집행 구조는 다양한 조직들 간의 상호 관계의 집합(set of interrelationships)으로서의 망구조(networks)가 돼야 한다고 본다.

오툴과 몬트조이(O'Tool & Montjoy, 1984)는 조직 간 정책집행의 성공 가능성에 대해 연구한 결과 다른 조건이 일정하다면 조직간 정책집행이 조직 내 정책집행보다 어려우나, 집행에 참여하는 다양한 조직의 상호의존성의 형태에 따라 집행의 성과가 달라진다고 한다. 정책집행에 참여하는 조직들의 관계가 공동적 상호의존성(pooled interdependence)을 띨 경우 정책집행 가능성은 조직 수의 증가에 비례하지만, 순차적인 상호의존성(sequential interdependence)이나 상호 보완적인 상호의존성(reciprocal interdependence)일 때 조직의 수가 늘어날수록 집행이 지연되고 실패할 가능성이 증가한다고 한다.

우리나라의 다조직의 정책집행에 관한 선행연구는 박경효 외(1998)의 다(多)조직적 구조하에서의 정책집행, 한세억(1999)의 조직 간 정책집행 네트워크모형, 김동환 외(1995)의 분산 또는 중복된 행정 기능이 정책집행에 미치는 영향, 우윤석 외(2006)의 다조직구조(multi-organizational structure)의 상황에서 정책집행 등을 들 수 있다.

박경효 외(1998)는 다(多)조직적 구조하에서의 정책집행 문제를 정책 조정에의 개념에 초점을 둬 국가 GIS 정책 사례를 분석했다. 다수의 조직이 참여하는 느슨하고 분산된 집행 구조하에서는 정책의 일관성이 상실돼 비효율적으로 집행될 가능성이 높으며, 특히 고도의 전문성이 요구되는 신규 사업에서 실패의 가능성이 더욱 커질 것이라는 점이다. 연구의 결과는 첫째, 공식적인 업무 배분은 개별 사업과 담당 부처 간의 연계성 등을 감안해 합리적으로 이뤄졌음에도 불구하고 실제 업무 수행은 이와는 다르게 진행됐다. 둘째, 많은 집행기관이 존재함에도 불구하고 이들 사이에 정책 현안을 협의, 조정할 수 있는 실질적인 주체가 불투명하고 그러한 의지도 발견할 수 없었다. 셋째, 책임의식 강화를 위해 공정한 평가와 보상이 필요함에도 불구하고 평가 업무를 담당하는 기능이 없다는 것이다. 따라서 다수의 조직이 참여하는 느슨하고 분산된 집행 구조하에서는 정책이 일관성을 상실한 채 비효율적으로 집행될 가능성이 높으며, 고도의 전문성이 요구되는 사업에서는 특히 그러하다고 한다.

한세억(1999)은 국가기간전산망 정책을 사례로 분석하면서 정책 내용이 다양하고 관련 부처 및 이해집단이 복잡하게 얽혀 있었음에도 불구하고 계획된 기간 안에 종결될 수 있었던 요인을 설명할 수 있는 모형으로 '조직 간 정책집행 네트워크 모형'을 제시했다. 연구에 따르면, 조직 간 네트워크가 형성되고 강하게 유지되는 경우 정책이 효율적으로 집행됐으며, 조직 간 네트워크가 형성되지 못했거나 있더라도 그 정도가 미약한 경우 집행이 지지부진했던 것으로 나타났다. 조직 간 네트워크가 빈약하게 형성됐을 경우 정책 참여기관 간 상호 적응이 미약했으며, 집행 단계에서 집행기관 간 사업 추진 방향을 둘러싸고 표출된 갈등이 원활하게 조정되지 못했기 때문이다.

김동환 외(1995)는 환경행정관리 체계의 현황을 고찰하고, 행정 기능의 분산과 중복에 대한 실태를 알아보기 위해 환경부, 환경관리청, 환경 관련 중앙부처, 지방자치단체의 환경행정기구 등 다원적 구조를 갖는 환경관리정책에 대해 분산 또는 중복된 행정 기능이 정책집행에 미치는 영향에 대해 분석했다. 일원화 또는 다원화 중 절대적으로 적절한 집행 방식이 있는 것이 아니라 상황에 따라 더 효과적인 방식이 존재한다고 하면서 환경관리에 대한 전문성이 낮은 상태에서는 일원화된 환경관리 방식이 효과적이나 전문성이 어느 정도 축적된 다음에는 다원화 관리 방식이 효과적일 수 있다고 한다.

우윤석 외(2006)는 물류정책의 추진에 다수의 주체가 공동으로 참여하는 다조직구조(multi organizational structure)의 상황에서 분산성, 중복성, 상충성 등을 분석했다. 다수의 참여 주체가 있음에도 불구하고 통합 조정 기능을 수행하는 선도적인 추진 주체(principal agency)의 부재로 정책 추진의 강도가 약화되고 있으며, 부처 간 사업의 중복으로 정책 혼선과 예산 낭비가 초래되는 사례가 발생했다. 정책의 안정성과 일관성을 위해서 기본법적 성격을 갖는 총괄 법령을 마련하고 개별 법령 간의 위계(hierarchy)를 구체화해 일관된 체계를 갖춰야 한다.

다조직 정책분석의 선행연구는 중복성, 복잡한 절차, 조정의 문제, 서로 다른 이해와 목표, 상이한 전략, 참여하는 조직 수에 비례한 정책의 지연, 느슨하고, 분산된 집행구조 등을 들어 다조직 구조하에서 정책집행의 비효율성을 지적했다. 그러나 재난관리는 다조직 구조하에서 집행돼야 하는 특성을 지니고 있으며, 협력의 필요성이 강조되는 정책집행 분야다. 따라서 이 연구는 이러한 문제점을 중심으로 다조직 구조하에서 재난관리 협력 요인의 변수 선정에 중요한 단초가 될 수 있다.

2. 재난관리의 협력

오늘날 정책집행은 단일조직이 집행하기보다는 둘 이상의 다조직이 하나의 정책을 집행하기 위해 공동의 노력을 기울인다는 특징을 보이고 있다. 이는 복잡하고 다양한 정책환경을 고려해 정책을 집행할 때 비로소 정책 목표 달성이 가능하다는 점을 고려할 때 현대 정책집행은 다조직적 관계(multi-organizational relationship)에 의해 그 성격이 규정된다고 볼 수 있다. 재난관리는 그 속성상 발생 원인이 복잡 다양하기 때문에 재난관리 정책을 집행하기 위해서는 다수의 조직(multi-organizational)이 복합적이고 총체적인 노력을 기울이는 것이 필요하다(이재은, 2000: 42).

재난관리 정책은 다음과 같은 특징을 지니고 있다(이재은, 2000: 42-47). 첫째, 재난관리는 개인이나 단일조직 또는 단일 지방정부만의 문제가 아니라 국가 전체적인 차원의 문제로 다뤄진다. 둘째, 재난관리는 다수의 공공 및 민간기관의 조정과 통합 등의 수평적 관계가 수직적 관계보다 효과적일 수 있다(Waugh et al., 1996: 257). 셋째, 재난관리는 공공 부문은 물론 민간 부문의 참여와 협조를 통해 이뤄진다. 따라서 재난관리의 효과성을 확보하기 위해서는 민간 부문의 사회적 책임성이 필요하다. 넷째, 재난관리는 둘 이상의 조직이 함께 공동의 노력을 기울임으로써 목표를 달성하고자 하는 다조직적 관계 속에서 이뤄진다. 따라서 재난관리 정책의 다조직적 집행은 집행 과정에의 참여조직과 참여자들 상호 간의 상호의존성을 고려해야 한다. 다섯째, 재난관리는 상황적 변수를 고려하고 이들 상황적 변수에 의해 영향을 받는다. 여섯째, 재난 발생 상황에 대한 각 조직의 대응은 조직의 과업과 구조에 따라 상이하게 나타난다.

우리나라의 재난관리 협력에 관한 선행연구는 조종묵 외(2010)의 재난관리 참여 기관 간 협력 체계 분석, 채진(2009)의 재난관리 거버넌스 분석, 김석곤 외(2008)의 재난관리에서 조직 간 협력 관계 구축, 이재은(2007)의 재난관리에서의 민·관·군 협력체계 구축, 성기환·한승환(2007)의 재난 대응 시스템에서의 사회적 자본이론 적용 등을 들 수 있다.

조종묵 외(2010)는 재난관리 관련 공무원을 대상으로 재난관리 참여기관 간 협력 체계를 분석했다. 재난관리 참여 기관 간 협력 체계 요인으로 조직화, 의사소통 및 의사결정, 계획, 조정 매커니즘, 협력조직 문화 등이다. 재난관리 협력 요인과 재난관리 효과성 간의 영향력에 대해서 분석한 결과, 실제로 재난 현장에 참여하는 경찰, 군, 소방공무원들은 협력 조직문화 요인, 조정 매커니즘 요인 및 계획 요인이 재난관리 참여 기관 간 협력을 위해 중요하다고 인식하고 있다. 따라서 재난관리 효과성을 향상시키기 위해서는 협력 규정 등 제도적인 정비와 재난관리 참여 기관들의 재난정보 공유 등을 통한 원활한 의사소통 및 합리적인 의사결정이 필요하다. 또한 많은 기관, 단체가 참여하는 재난 현장에서는 통합된 지휘 체계 등 조정 메커니즘과 공동의 목표 달성을 위해 참여 구성원들 간에 협력조직문화 조성을 통한 협력 체계 구축이 요구된다고 한다.

채진(2009)은 재난관리 거버넌스 요인과 재난관리 효과성의 영향 요인을 분석했다. 재난관리 거버넌스 유형으로는 NGO 협력 체계, 유관기관 협력 체계, 의용소방대 협력 체계를 들었으며, 재난관리 거버넌스 요인으로는 시민의 지지, 유관기관 협력, NGO 네트워크, 자원봉사, 의용소방대 등을 도출했다. 연구의 결과 의용소방대, 유관기관 협력, 자원봉사, 시민의 지지, NGO 네트워크 순으로 상대적인 재난관리 효과성에 영향력을 가지는 것으로 나타났다. 이는 효과적인 재난관리 거버넌스의 긍정적인 효과를 높이기 위해 의용소방대가 현장 위주의 활동이 돼야 하고, 유관기관의 협력이 원활하게 이뤄져야 하며, 자원봉사 조직이 가동돼야 하고, 재난관리 행정을 집행하는 데 시민의 지지가 있어야 하며, NGO 네트워크가 잘 형성돼야 한다고 한다.

김석곤 외(2008)는 재난관리에서 조직 간 협력 관계 구축 연구에서 지방자치단체의 맥락에서 재난관리에 관여하는 조직들 간 자원의 보유 정도가 재난관리를 위한 타 조직과의 협력에 미치는 영향 요인을 분석했다. 재난관리 체계와 유관기관과의 협력 관계에서 유관기관과의 협력의 중요성, 협력의 형태, 유관기관의 협력 정도, 유관기관과의 협력에 대한 만족도 등 영향 요인을 분석했다. 재난관리 협력을 위해서는 필요한 자원의 확충이 필요하다고 한다.

이재은(2007)은 제닝스(Jennings, 1994: 54-56)의 조정 접근법(coordination approaches)을 활용해 재난관리에서 민·관·군 협력 체계 구축 방안을 제시했다. 재난관리 협력의 장애 요인으로 단체 간 역할을 분배하는 리더십이 결여된 결과라고 볼 수 있으며, 협력하고 조정하는 데 필요한 네트워크의 센터 역할이 제대로 작동하지 못하기 때문이라고 지적한다. 그리고 기관들과의 연계 체계 구축을 위한 노력이 부족하고, 공동의 통신 수단이나 의사결정 수단이 미비돼 조정과 협력이 어려운 실정이라고 한다. 또한 공동의 목표나 지침, 기준 등이 일원화되지 못한 상태에서 협력과 조정이 이뤄지기 어렵고, 기관들 간의 운영상의 문제를 조정하기 위한 방안이 마련돼 있지 못한 실정이라고 지적한다. 재난관리 협력 체계 구축을 위한 방안으로는 조정과 협력을 위한 조직화, 법령에 근거한 조정 권한, 원활한 의사소통, 기능이나 프로그램 중심의 의사결정 방식, 적극적인 재난관리 모델 구성, 연습의 실제화와 훈련의 내실화, 전문 인력과 장비 투입, 제도적인 예산 확보, 평상시 협력 체계 구축, 명령 체계 설정, 협력을 위한 전략적 분야 설정, 핵심 자원별로 협력 체계 구축 등을 제시했다.

박대우(2010)는 재난대응 활동을 전담하는 소방조직에서 다른 공공 부문 조직과의 신뢰 형성, 네트워크 구축, 상호 호혜적인 태도 그리고 적극적 참여의 확대는 재난 현장에서 원활한 협력을 가능하게 하는 중요한 요인이라 한다.

성기환·한승환(2007)은 재난대응 시스템에서의 사회적 자본이론 적용을 협력적 네트워크 중심으로 연구를 했다. 협력적 네트워크의 조직구조는 투명하고 공식적이면서 민주적 합의에 따라 운영되는 네트워크 조직을 제안했으며, 프로세스는 합리화, 네트워크화, 체계화돼야 할 것을 제안했다. 그리고 구성원의 역할은 상호 이해를 통한 친밀도, 연합활동 및 정보 공유, 역할 조정과 협약을 통해 정비돼야 하고, 민관 협력 체계를 통한 재난 대응 시스템 구축을 위한 방안으로 민·관·산·학 네트워크 모형을 제시했다.

권건주(2003)는 지방정부 재난관리행정 체제의 개선 방안 연구에서 구조적인 측면으로는 재난 관련 법률 체계의 상호 연계성, 재난 전담조직의 통합, 재난담당 인력의 전문화 강화를 위해 재난 관련 직위분류제 도입, 재난 예방 위주의 예산 편성과 각종 재난 관련 기금 통합을 제안했다. 기능적 측면에서는 사전 안전검점 기능 강화, 홍보의 전략성 강화, 체험 위주의 재난 교육 훈련, 첨단장비 확충, 통합 지휘 체계 확립, 유관기관 간의 단일통신망 확보, 자원봉사관리센터 신설, 재난복구 지원 기준의 법제화, 재난 관련 보험 개발 등을 제안했다.

재난관리 협력에 관한 선행연구의 대부분은 하나의 조직을 연구 대상으로 했으며, 하나의 직렬에 종사한 재난관리 인적 자원을 대상으로 실증적 연구가 이뤄졌다. 따라서 이 연구에서는 실제 구제역 방역활동을 경험한 일반직 공무원, 소방공무원, 경찰공무원 등을 대상으로 재난관리 협력에 관한 인식과 영향을 미치는 요인의 연구를 수행할 필요가 있다.

III. 정책의 개요 및 분석 틀

1. 정책의 의의 및 추진 내용

구제역은 소, 돼지, 양, 염소, 사슴 등 발굽이 둘로 갈라진 동물에 감염되는 질병으로 전염성이 매우 강하고, 입술, 혀, 잇몸, 코, 발굽 사이 등에 물집이 생기며, 체온이 급격히 상승되고 식욕이 저하돼 심하게 앓거나 죽게 되는 질병으로 국제수역사무국(OIE)에서 A급 질병(전파력이 매우 빠르고 국제교역상 경제 피해가 큰 질병)으로 분류하며 우리나라 제1종 가축전염병으로 지정돼 있다.

정부는 2010년 11월 29일 구제역이 발생함에 따라 위기경보 수준[1] '주의(Yellow)' 단계를 발표했으며, 2010년 12월 15일 구제역이 다른 시·도로 확산됨에 따라 '경계' 단계로 격상시켰다. 구제역 확산과 관련해 2010년 12월 29일 가축 질병 위기경보 단계를 '경계(Orange)' 단계에서 최상위 단계인 '심각(Red)' 단계로 격상하고, 행정안전부에 범부처가 참여하는 통합 대응기구인 중앙재난안전대책본부를 구성하여 운영했다. 이는 2010년 11월 28일 경북 안동에서 발생한 구제역이 12월 28일까지 5개 시·도 29개 시 군에서 총 60건이 발생했으며, 경기북부, 강원지역뿐만 아니라 경기남부, 충북지역까지 급속도로 확산돼 축산 밀집지역(경기도 안성·용인, 충남, 충북, 전

---

[1] 위기경보 수준은 관심(Blue), 주의(Yellow), 경계(Orange), 심각(Red) 단계의 4단계로 구분된다. 구체적인 내용은 다음과 같다. 관심(Blue) 단계는 국내의 가축 질병 발생 위험성 인지하고, 중국·일본 등 인접 국가에서 대규모 가축 질병 발생 및 국내 유입 징후가 나타남에 따라 가축 질병 징후를 감시하는 활동을 한다. 주의(Yellow) 단계는 국내 구제역 발생 확인하고, 국내 고병원성 조류인플루엔자 발생 확인, 국내 원인 불명의 신종 가축 질병 발생 확인을 하는 등 협조 체제를 가동한다. 경계(Orange) 단계는 국내 구제역 발생 후 타 시·도로 전파되는 것으로 대응 태세를 강화한다. 심각(Red) 단계는 국내 발생 구제역, 고병원성 조류인플루엔자, 신종 가축 질병이 인접하지 않은 3개 이상의 시·도 지역에서 동시에 대규모로 발생해 총력 대응하는 단계다.

북)으로 확산될 우려가 있어 범정부 차원의 좀 더 강력한 조치가 필요하다는 판단에 따른 것이다.

또한, 행정안전부 재난안전관리관을 통제관으로 하고, 통제관 아래 4개의 실무반(총괄조정, 홍보지원, 현장관리, 방역대책반)을 행정안전부, 농림수산식품부, 국방부, 국토부 등 관계 부처 공무원으로 구성하여 상황실을 운영했다. 전국 244개 지방자치단체도 시·도지사 및 시장·군수·구청장을 본부장으로 하는 지역재난안전대책본부를 설치하고, 지역 내 유관기관과 협조 체계를 구축해 지역 차원의 통합적 대응 체계를 구축했다. 시·도 지역재난안전대책본부에서는 발생 상황 분석, 발생에 따른 긴급조치(매몰, 이동통제, 소독, 예찰 등), 예방접종, 예방수칙 홍보 등을 지원했으며, 시·군·구 지역재난안전대책본부에서는 매몰, 이동 통제, 소독, 예찰 등 현장 방역을 강화했다.

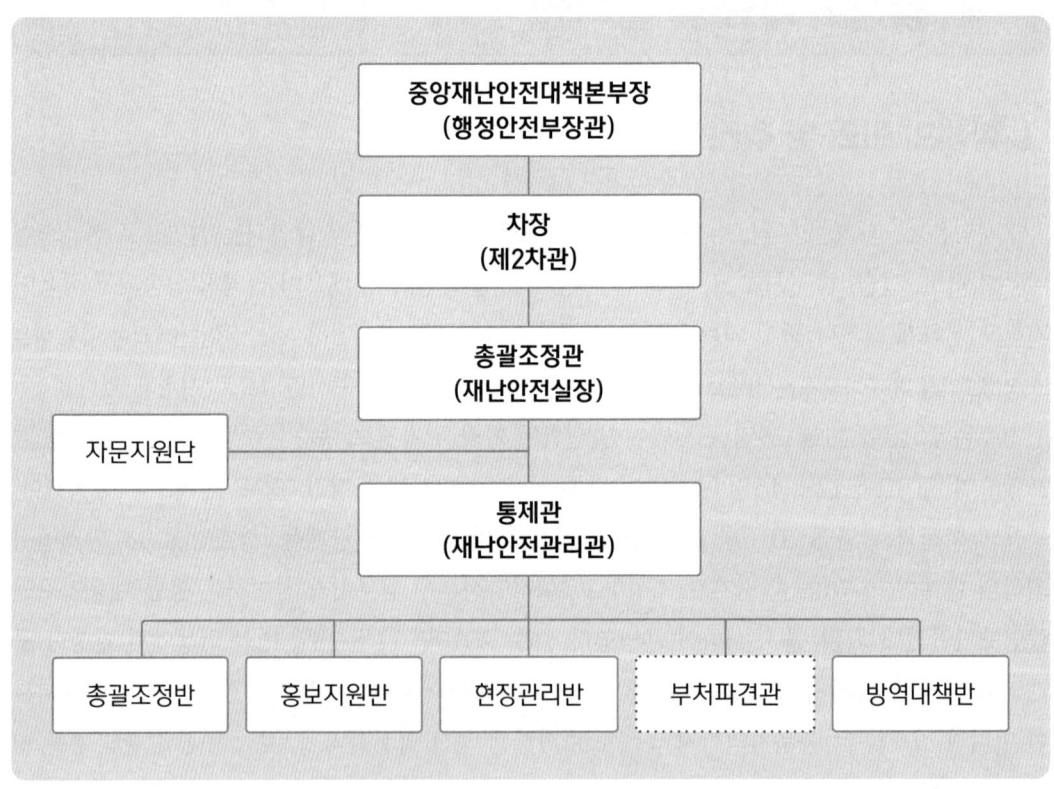

[그림 4-1] 중앙재난안전대책본부 조직 체계도

중앙재난안전대책본부는 재난 및 안전관리 기본법 제14조에 따라 대규모 재난에 대한 관리를 총괄·조정하고 필요한 조치를 하기 위해 행정안전부에 설치하는 기구로 행정안전부 장관이 본부

장이 된다. 중앙재난안전대책본부는 총괄 상황관리, 부처 간 역할 분담 및 조정, 지자체 방역활동 지원(지역별 대책본부 구성, 인력 동원, 현장 점검 등)에 주력하고, 특히 구제역이 발생하지 않은 지방자치단체에 대해서도 발생 지역과 동일한 수준으로 구제역 방역대책을 추진했다. 농림수산식품부 장관을 본부장으로 운영하던 중앙구제역 방역대책본부는 구제역중앙수습본부로 전환되고, 구제역 방역(방역조치, 예방접종, 농가 지원 등)에 주력했다.

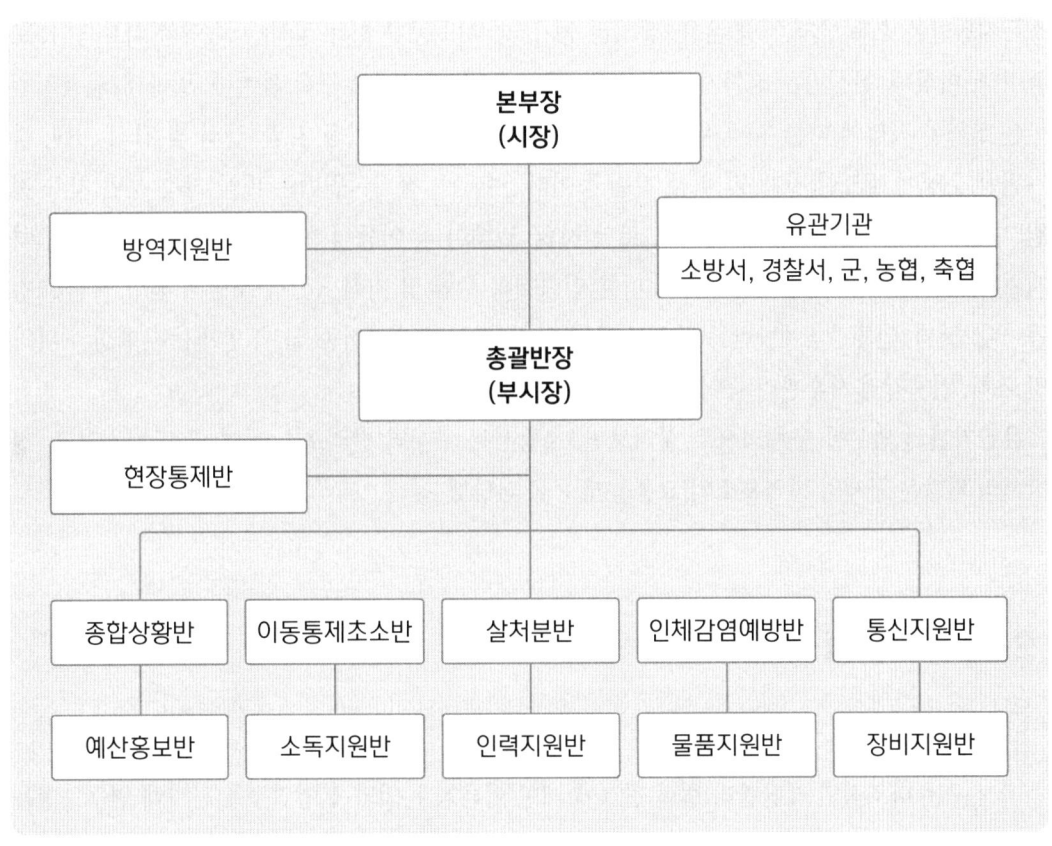

[그림 4-2] 지역재난안전대책본부 조직 체계도

구제역 방역활동을 위한 지역재난안전대책본부 조직의 구제적인 임무와 내용은 다음과 같다.

첫째, 종합상황반은 행정 업무 총괄 및 관계 기관 협조, 방역지대 설정 및 출입 등 이동에 관한 원칙 설정, 발생 상황별 대처 요령 결정 상황 전파, 격리 조치 및 이동 제한 등 방역 조치 위반 사항 적발 조치, 각반의 방역 업무 조정 및 강제 폐기 매몰장 현장지휘, 소요 예산 집행, 종합상황보고 등이다. 둘째, 이동통제초소반은 군인, 경찰, 소방서 등 인력 지원 요청 및 협조 체계 유지, 각 통제소 상황 유지 및 보고, 출입 차량 통제, 통제초소 설치 및 운영, 전기시설 설치, 소독기 점검 및 수리 등이다. 셋째, 살처분지원반은 살처분 매몰 작업 실시, 살처분 작업에 소요되는 장비, 기자재 등 수급, 살처분 소요 인력 파악 및 관리, 살처분에 따른 행정처리 등이다. 넷째, 예산 홍보반은 소요 예산 확보, 언론기관(방송, 신문 등) 정보 총괄, 농가 및 관련 단체 홍보물 제작 배포, 소비 위축에 대비한 활성화 방안 계획 및 추진, 농가, 단체 교육 실시, 감찰반 운영 등이다. 다섯째, 소독지원반은 소독 방제 차량 운용, 살처분 농가 및 주변 농가 소독 실시, 소독약품 확보 및 배포 등이다. 여섯째, 통신반은 전화기 설치 수리, 팩스 설치, 비상랜망 구축 등이다. 일곱째, 물품지원반은 살처분 작업에 따른 자재 운송 지원, 통제초소 소독약 및 비품 지원, 급식 및 간식 지원, 각 지원반 운영에 필요한 자재 및 비품 지원 등이다. 여덟째, 장비지원반은 매몰 가축 운반 차량 지원, 이동 차량 지원, 포크레인, 스키드로더 지원, 컨테이너, 이동식 화장실 등이다. 아홉째, 인력지원반은 살처분 및 통제초소 운영에 따른 인력계획 수립 및 지원, 군·경·소방서 인력 지원 요청 등이다. 열째, 인체감염예방반은 살처분 투입 인원 교육 및 예방접종 실시, 인체감염 대상자 파악 및 조치, 인체감염 사후관리 등이다.

유관기관의 임무를 구체적으로 살펴보면, 소방서는 구제역 방역초소 등에 급수 지원이고, 경찰서의 역할은 구제역 방역초소의 교통통제 등을 담당했다.

2. 연구의 분석 틀

1) 분석 틀

이 연구는 다조직의 재난관리 협력 관계에 대한 이론적 논의와 선행연구에 근거해 연구모형을 설정했다([그림 4-3] 참조). 선행연구에서 주로 논의되는 요인을 중심으로 연구의 모형을 설정했다. 이러한 주요 요소들을 종합해 변수를 선정하고 분석의 틀을 구성했다. 이 연구는 많은 조직이 재난 현장에서 협력 체계를 구축할 때 재난관리 조직요인, 재난관리 협력 요인이 다조직의 재난관리 협력 체계에 어떤 영향을 주는지 확인하려는 목적을 가지고 있다.

연구 목적을 달성하기 위한 재난관리 조직요인 변수는 최고관리자의 리더십, 지휘 체계, 네트워크, 정보 공유, 공동 목표 등으로 구성했으며, 재난관리 협력 요인 변수는 협력기구, 협력 규정, 협력 절차, 협력 조정, 협력 인식 등으로 했다.

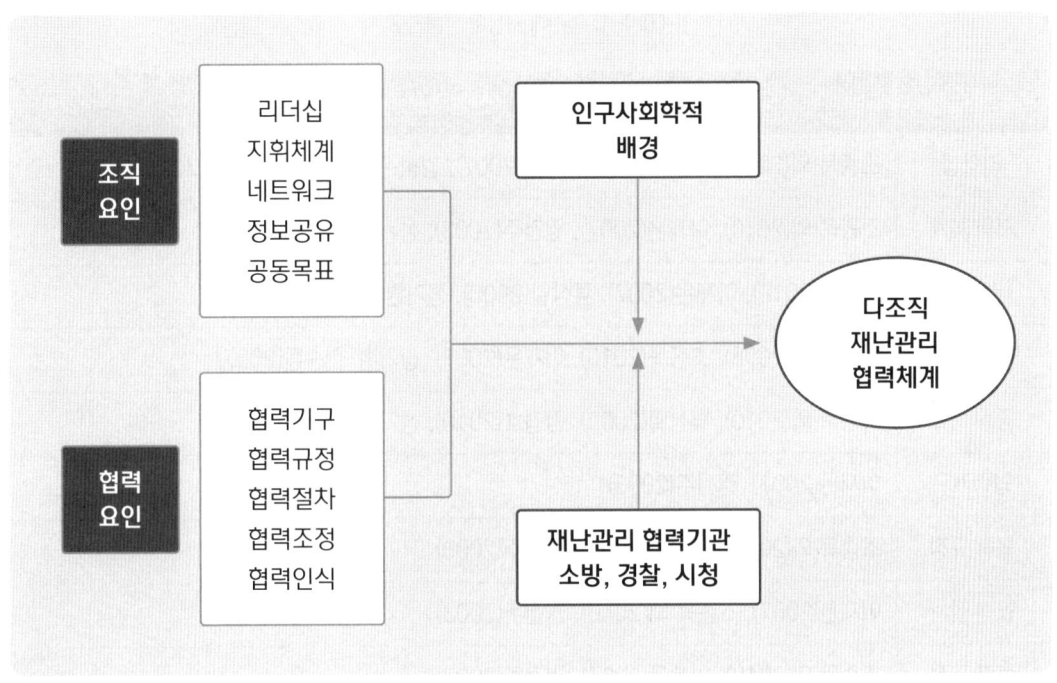

[그림 4-3] 연구의 분석틀

2) 변수 선정

이 연구에서는 다조직의 재난관리 협력 체계에 영향을 미치는 독립변수를 객관성 있게 추출하기 위해 선행연구를 기초로 선정했다.

이 연구에서 다조직의 재난관리 협력 체계에 영향을 미치는 주요 요인을 재난관리 조직요인, 재난관리 협력 요인으로 구분해 도출했다. 조직요인은 조직 간의 협력적 분위기 조성을 위한 요인-조종묵 외(2010), 채진(2009), 이재은(2007), 김석곤 외(2008), 권건주(2003), 성기환·한승환(2007), 박대우(2010), 류상일(2008), 김경호(2010) 등을 중심으로 변수를 도출했다. 그리고 협력 요인은 재난 현장에서 일사불란하게 재난 대응을 할 수 있는 요인으로 조종묵 외(2010), 김석곤 외(2008), 이재은(2007), 박대우(2010), 성기환·한승환(2007), 권건주(2003) 등을 중심으로 변수를 선정했다. 선행연구에서 논의했던 주요 요인을 종합하면 재난관리 조직요인의 주요 변수는 최고관리자의 리더십, 지휘 체계, 네트워크, 정보 공유, 공동 목표를 주요 변수로 선정했고, 재난관리 협력요인의 주요 변수는 협력기구, 협력 규정, 협력 절차, 협력 조정, 협력 인식을 주요 변수로 선정했다(〈표 4-1〉 참조).

<표 4-1> 변수에 사용된 선행연구

변수	선행연구
리더십	조종묵 외(2010), 채진(2009), 이재은(2007), 김석곤 외(2008), 김석곤(2006)
지휘 체계	조종묵 외(2010), 이재은(2007), 권건주(2003), 성기환·한승환(2007)
네트워크	박대우(2010), 이재은(2007), 류상일(2008), 성기환·한승환(2007)
정보 공유	김석곤 외(2008), 조종묵(2010), 이재은(2007), 성기환·한승환(2007)
공동 목표	조종묵 외(2010), 류상일(2008), 김경호(2010), 성기환·한승환(2007)
협력기구	이재은(2007), 권건주(2003)
협력 규정	조종묵 외(2010), 이재은(2007), 권건주(2003)
협력 절차	이재은(2007), 조종묵 외(2010), 권건주(2003)
협력 조정	조종묵 외(2010), 이재은(2007), 권건주(2003)
협력 인식	이재은(2007), 조종묵 외(2010), 김석곤 외(2008), 성기환·한승환(2007)
협력 체계	조종묵 외(2010), 김석곤 외(2008), 이재은(2007), 박대우(2010), 성기환·한승환(2007)

3) 조사설계

이 연구는 구제역이 발생해 방역활동을 활발하게 펼친 경기도의 남양주시를 선정하고, 이를 방문해 소방공무원 100명, 경찰공무원 100명, 일반직 공무원 100명을 대상으로 총 300부의 설문조사를 실시했다. 이 설문조사는 50일 동안 이뤄졌으며, 방문조사를 실시했다. 회수된 질문지는 206명의 것이었으나, 5명의 설문이 실증분석에 부적합하다고 판단돼 최종 201부를 표본으로 선택했다. 실증분석은 통계 패키지 프로그램인 SPSS Windows를 이용해 분석했다. 자료의 구체적인 분석 내용 및 방법은 빈도분석(frequencies analysis), 분산분석(ANOVA), 상관관계분석(correlation analysis), 다중회귀분석(regression analysis)이다.

IV. 분석 결과

1. 인구사회학적 배경

분석 결과를 해석하기에 앞서 응답자의 개인적 특성을 먼저 검토하고 분석 결과를 해석하고자 한다. 그 이유는 응답자의 개인적 특성을 파악함으로써 설문지의 응답이 어떤 영향을 끼쳤는지를 유추할 수 있기 때문이다(〈표 4-2〉 참조).

〈표 4-2〉 응답자의 인구사회학적 분포

내용	분류	응답자 수(명)	비율(%)
성별	① 남자	160	79.6
	② 여자	41	20.4
	합계	201	100
나이	① 20대	12	6.0
	② 30대	97	48.3
	③ 40대	69	34.3
	④ 50대 이상	23	11.4
재직 기간	① 5년 미만	56	27.9
	② 5~10년 미만	48	23.9
	③ 10~15년 미만	36	17.9
	④ 15~20년 미만	29	14.4
	⑤ 20년 이상	32	15.9
계급	① 9급	57	28.4
	② 8급	54	26.9
	③ 7급	63	31.3
	④ 6급	27	13.4
	⑤ 5급 이상	0	0
소속기관	① 시청	57	28.4
	② 경찰서	77	38.3
	③ 소방서	67	33.3

우선 성별로 살펴보면, 남자 160(79.6%)으로 여자 41명(20.4%)보다 많았고, 연령별로는 30대가 97명(48.3%)으로 가장 많았으며, 다음으로는 40대가 69명(34.3%)으로 나타났다.

한편, 재직 기간은 5년 미만이 56명(27.9%)으로 가장 많은 응답 분포를 보였으며, 5-10년이 48명(23.9%)으로 나타났다. 계급별로는 7급(경사, 소방장)이 63명(31.3%)으로 가장 많았으며, 그다음으로는 9급(순경, 소방사)이 57명(28.4%), 8급이 54명(26.9%), 6급(경위, 소방위, 경감, 소방경)이 27명(13.4%) 순으로 나타났다. 소속기관은 시청 소속 일반직 공무원이 57명(28.4%), 경찰공무원이 77명(38.3%), 소방공무원이 67명(33.3%)으로 나타났다(〈표 4-2〉 참조).

2. 재난관리 협력 체계 응답 분포 분석

1) 재난관리 조직요인에 대한 인식

재난관리 조직관리 요인, 즉 최고관리자의 리더십, 지휘 체계, 네트워크, 정보 공유, 공동 목표에 대한 응답자의 인식 분포를 살펴보면 다음과 같다.

첫째, 원활한 재난관리를 위해 최고관리자는 다른 재난관리 기관과의 원활한 협력을 촉진하기 위해 적절한 리더십을 발휘하고 있는지에 대한 질문에서 '그렇다'가 102명(50.7%)으로 가장 많았으며, 그다음으로는 '보통이다'가 60명(29.9%)으로 나타났다. 평균은 3.36으로 재난관리에서 다른 재난관리 기관과의 원활한 협력을 위한 리더십에 대해 긍정적인 인식을 하고 있는 것으로 나타났다. 이는 다른 재난관리 기관과의 원활한 협력을 촉진하기 위해 적절한 리더십을 발휘하고 있는 것으로 미뤄 짐작할 수 있다(〈표 4-3〉 참조).

둘째, 다른 재난관리 기관과의 원활한 협력을 위한 통합 지휘 체계가 마련돼 있는지에 대한 질문에서 '그렇다'가 97명(48.3%)으로 가장 많았으며, 그다음으로는 '보통이다'가 63명(31.3%)으로 나타났다. 평균은 3.40으로 재난관리에서 다른 재난관리 기관과의 원활한 협력을 위한 통합 지휘 체계에 대해 긍정적인 인식을 하고 있는 것으로 조사됐다. 이는 다른 재난관리 기관과의 원활한 협력을 촉진하기 위해 통합된 지휘 체계의 중요성을 인식하고 있는 것으로 미뤄 짐작할 수 있다(〈표 4-3〉 참조).

셋째, 다른 재난관리 기관과의 원활한 협력을 위한 연락망, 연락 채널 등의 네트워크 구비에 대한 질문에서 '그렇다'가 100명(49.8%)으로 가장 많았으며, 그다음으로는 '보통이다'가 69명(34.3%)으로 나타났다. 평균은 3.63으로 재난관리 협력을 위해 다른 재난관리 기관과의 연락망,

연락 채널 등의 네트워크 마련에 대해 긍정적인 인식을 하고 있는 것으로 조사됐다. 이는 최근 정보통신의 발달로 인해 핫라인 등 재난관리 정보시스템이 구축돼 있는 것으로 짐작할 수 있다(〈표 4-3〉 참조).

넷째, 다른 재난관리 기관과의 원활한 협력을 위해 재난관리 지식 및 정보의 공유에 대한 질문에서 '그렇다'가 82명(40.8%)으로 가장 많았으며, 그다음으로는 '보통이다'가 74명(36.8%)으로 나

〈표 4-3〉 재난관리 협력을 위한 조직요인

내용	분류	빈도	비율(%)	평균	표준편차
최고관리자 리더십	① 전혀 그렇지 않다 ② 그렇지 않다 ③ 보통이다 ④ 그렇다 ⑤ 매우 그렇다	9 24 60 102 6	4.5 11.9 29.9 50.7 3.0	3.36	.895
지휘 체계	① 전혀 그렇지 않다 ② 그렇지 않다 ③ 보통이다 ④ 그렇다 ⑤ 매우 그렇다	2 30 63 97 9	1.0 14.9 31.3 48.3 4.5	3.40	.832
네트워크	① 전혀 그렇지 않다 ② 그렇지 않다 ③ 보통이다 ④ 그렇다 ⑤ 매우 그렇다	2 10 69 100 20	1.0 5.0 34.3 49.8 10.0	3.63	.771
정보 공유	① 전혀 그렇지 않다 ② 그렇지 않다 ③ 보통이다 ④ 그렇다 ⑤ 매우 그렇다	5 24 74 82 16	2.5 11.9 36.8 40.8 8.0	3.40	.889
공동 목표	① 전혀 그렇지 않다 ② 그렇지 않다 ③ 보통이다 ④ 그렇다 ⑤ 매우 그렇다	6 20 79 81 15	3.0 10.0 39.3 40.3 7.5	3.39	.877

타났다. 평균은 3.40으로 재난관리 기관과의 원활한 협력을 위해 재난관리 지식 및 정보의 공유에 긍정적인 인식을 하고 있는 것으로 조사됐다. 이는 재난관리 지식 및 정보가 기관 이기주의에 의해 보안을 유지하는 것에서 협력을 위해 정보를 공유하고 있는 것으로 짐작할 수 있다(〈표 4-3〉 참조).

다섯째, 다른 재난관리 기관과의 원활한 협력을 위해 공동으로 달성하고자 하는 공동의 목표를 설정하고 있는지에 대한 질문에서 '그렇다'가 81명(40.3%)으로 가장 많았으며, 그다음으로는 '보통이다'가 79명(39.3)으로 나타났다. 평균은 3.39로 재난관리 기관과의 원활한 협력을 위해 공동의 목표 설정에 대해 긍정적인 인식을 하고 있는 것으로 조사됐다. 이는 구제역처럼 재난이 발생했을 때 원활한 재난관리를 위해 공동의 목표를 설정하고 집행에 대해 중요성을 인식하고 있는 것으로 짐작할 수 있다(〈표 4-3〉 참조).

2) 재난관리 협력 요인에 대한 인식

재난관리 협력 요인, 즉 협력기구, 협력 규정, 협력 절차, 협력 조정, 협력 인식에 대한 응답자의 인식 분포를 살펴보면 다음과 같다.

첫째, 다른 재난관리 기관과의 원활한 협력을 위한 협력기구 마련에 대한 질문에서 '보통이다'가 82명(40.8%)으로 가장 많았으며, 그다음으로 '그렇다'가 79명(39.3%)으로 나타났다. 평균은 3.27로 재난관리 협력기구 마련에 대해 대체로 긍정적으로 인식하고 있는 것으로 조사됐다. 이는 재난 및 안전관리 기본법 제4조에서 재난 및 안전관리 업무에 협조해야 한다고 규정하고 있으며, 원활한 재난관리를 위한 유관기관과 협력할 수 있는 기구가 마련돼 있는 것으로 미뤄 짐작할 수 있다(〈표 4-4〉 참조).

둘째, 원활한 재난관리를 위해 다른 재난관리 기관과의 협력 규정 마련에 대한 질문에서 '보통이다'가 91명(45.3%)으로 가장 많았으며, 그다음으로는 '그렇다'가 78명(38.8%)으로 나타났다. 평균은 3.32로 원활한 재난관리를 위해 다른 재난관리 기관과의 협력 규정 마련에 대해 긍정적으로 인식한 것으로 조사됐다. 이는 재난 및 안전관리 기본법 제4조에서 특별시 광역시·도 특별자치도와 시·군·구의 재난 및 안전관리 업무에 협조를 강조하고 있으며, 원활한 재난관리를 위해 유관기관과의 협력 규정이 마련돼 있는 것으로 미뤄 짐작할 수 있다(〈표 4-4〉 참조).

셋째, 다른 재난관리 기관과의 원활한 협력을 위한 협력 절차 마련에 대한 질문에서 '보통이다'가 87명(43.3%)로 가장 많았으며, 그다음으로는 '그렇다'가 86명(42.8%)으로 나타났다. 평균은 3.32로 재난관리 기관과의 원활한 협력을 위한 협력 절차 마련에 대해 긍정적인 인식을 하고 있는 것으로 조사됐다. 이는 재난관리 협력을 위해 유관기관과의 협력 절차가 구체적으로 다양한 절차 등을 통해 이뤄지고 있는 것으로 미뤄 짐작할 수 있다(〈표 4-4〉 참조).

넷째, 다른 재난관리 기관과의 원활한 협력을 위한 협력 조정 방안에 대한 질문에서 '그렇다'와 '보통이다'가 각각 84명(41.8%)으로 가장 많았으며, 그다음으로는 '그렇지 않다'가 24명(11.9%)으로 나타났다. 평균은 3.35로 원활한 재난관리를 위해 다른 유관기관의 협력 조정 방

〈표 4-4〉 재난관리 협력을 위한 협력 요인

내용	분류	빈도	비율(%)	평균	표준편차
협력기구	① 전혀 그렇지 않다 ② 그렇지 않다 ③ 보통이다 ④ 그렇다 ⑤ 매우 그렇다	5 28 82 79 7	2.5 13.9 40.8 39.3 3.5	3.27	.837
협력 규정	① 전혀 그렇지 않다 ② 그렇지 않다 ③ 보통이다 ④ 그렇다 ⑤ 매우 그렇다	3 22 91 78 7	1.5 10.9 45.3 38.8 3.5	3.32	.773
협력 절차	① 전혀 그렇지 않다 ② 그렇지 않다 ③ 보통이다 ④ 그렇다 ⑤ 매우 그렇다	3 22 87 86 3	1.5 10.9 43.3 42.8 1.5	3.32	.747
협력 조정	① 전혀 그렇지 않다 ② 그렇지 않다 ③ 보통이다 ④ 그렇다 ⑤ 매우 그렇다	2 24 84 84 7	1.0 11.9 41.8 41.8 3.5	3.35	.773
협력 인식	① 전혀 그렇지 않다 ② 그렇지 않다 ③ 보통이다 ④ 그렇다 ⑤ 매우 그렇다	1 6 41 107 46	.5 3.0 20.4 53.2 22.9	3.95	.773

안에 대해 긍정적인 인식을 하고 있는 것으로 조사됐다. 이는 재난관리에서 협력 방안이 조정 등을 통해 구체적으로 실행되고 있음을 미뤄 짐작할 수 있다(〈표 4-4〉 참조).

다섯째, 원활한 재난관리를 위해 다른 재난관리 기관과의 협력을 해야 된다는 협력 인식에 대한 질문에 '그렇다'가 107명(53.2%)으로 압도적으로 많았으며, 그다음으로 '매우 그렇다'가 46명(22.9%)로 나타났다. 평균은 3.95로 원활한 재난관리를 위해 다른 재난관리 기관과 협력을 해야 된다고 인식하고 있는 것으로 조사됐다. 이는 원활한 재난관리를 위해 다른 재난관리기관과의 협력을 강력하게 인식하고 있는 것으로 미뤄 짐작할 수 있다(〈표 4-4〉 참조).

3. 재난관리 협력 체계 인식 차이 분석

응답자의 유형에 따라 응답자의 개인적 특성별, 즉 소속기관별로 이 연구에서 선정한 주요 변수에 대한 인식의 차이를 통계적으로 유의성이 있는지 분석하고자 한다. 여기에서 주로 사용되는 조사 방법은 분산분석(ANOVA)이다. 평균값은 최젓값은 1로서 부정적인 인식을 의미하고, 최댓값은 5로 긍정적인 인식을 의미한다.

1) 재난관리 조직요인에 대한 인식차이

소속기관에 따라 재난관리 협력을 위한 조직요인에 대한 인식 차이를 알아보기 위해 일원배치 분산분석(ANOVA)을 실시했다. 분석 결과 리더십, 지휘 체계, 네트워크, 정보 공유, 공동 목표 모든 변수가 인식 차이에서 통계적으로 유의미한 차이가 있는 것으로 나타났다(〈표 4-5〉 참조). 첫째, 최고관리자의 리더십에 대해서는 시청 소속 일반직공무원의 평균 3.63으로 가장 높았으며, 그다음으로는 소방공무원 3.36, 경찰공무원 3.16으로 나타났다. 둘째, 지휘 체계에서는 시청 소속 일반직 공무원의 평균 3.67로 가장 높았으며, 그다음으로는 소방공무원 3.48, 경찰공무원 3.14로 나타났다. 셋째, 네트워크에서는 시청 소속 일반직 공무원의 평균 3.79로 가장 높았으며, 그다음으로는 소방공무원 3.73, 경찰공무원 3.42로 나타났다. 넷째, 정보 공유에서는 소방공무원의 평균이 3.57로 나타나 가장 높았으며, 일반직 공무원 3.47, 경찰공무원 3.19로 나타났다. 다섯째, 공동 목표에서는 시청 소속 일반직 공무원의 평균 3.53으로 가장 높았으며, 그다음으로는 소방공무원 3.51, 경찰공무원 3.19로 나타났다.

〈표 4-5〉 재난관리 조직요인의 인식차이

변수	분류	평균	표준편차	F	유의 확률
리더십	① 시청 ② 경찰서 ③ 소방서	3.63 3.16 3.36	.555 .988 .965	4.803	.009
지휘 체계	① 시청 ② 경찰서 ③ 소방서	3.67 3.14 3.48	690 .928 .746	7.337	.001
네트워크	① 시청 ② 경찰서 ③ 소방서	3.79 3.42 3.73	.750 .784 .730	4.958	.008
정보 공유	① 시청 ② 경찰서 ③ 소방서	3.47 3.19 3.57	.710 1.001 .857	3.515	.032
공동 목표	① 시청 ② 경찰서 ③ 소방서	3.53 3.19 3.51	.758 .946 .859	3.265	.040

2) 재난관리 협력 요인에 대한 인식 차이

소속기관에 따라 원활한 재난관리를 위한 협력 요인에 대한 인식 차이를 알아보기 위해 일원배치 분산분석을 실시했다. 분석 결과를 협력기구, 협력 규정, 협력 절차, 협력 조정, 협력 인식 등 모든 변수가 인식 차이에서 통계적으로 유의미한 차이가 있는 것으로 나타났다(〈표 4-6〉 참조).

첫째, 협력기구에서는 시청 소속 일반직 공무원의 평균 3.51로 가장 높았으며, 그다음으로는 소방공무원 3.42, 경찰공무원 2.97로 나타났다. 둘째, 협력 규정에서는 시청 소속 일반직 공무원의 평균 3.51로 가장 높았으며, 그다음으로는 소방공무원 3.46, 경찰공무원 3.05로 나타났다. 셋째, 협력 절차에서는 시청 소속 일반직 공무원이 평균 3.47로 가장 높았으며, 그다음으로는 소방공무원 3.49, 경찰공무원 3.05로 나타났다. 넷째, 협력 조정에서는 소방공무원의 평균 3.60으로 가장 높았으며, 그다음으로는 일반직 공무원 3.42, 경찰공무원 3.08로 나타났다. 다섯째, 협력 인식에서는 소방공무원의 평균 4.18로 가장 높았으며, 그다음으로는 경찰공무원 3.91, 일반직 공무원 3.74로 나타났다. 대체로 재난관리 협력 요인에 대한 인식 차이는 일반직 공무원, 소방공무원, 경찰공무원 순으로 긍정적으로 인식하고 있는 것으로 나타났으며, 다른 공무원에 비해 경

<표 4-6> 재난관리 협력 요인의 인식 차이

변수	분류	평균	표준편차	F	유의 확률
협력기구	① 시청 ② 경찰서 ③ 소방서	3.51 2.97 3.42	.630 .917 .801	8.828	.000
협력 규정	① 시청 ② 경찰서 ③ 소방서	3.51 3.05 3.46	.601 .857 .725	7.984	.000
협력 절차	① 시청 ② 경찰서 ③ 소방서	3.47 3.05 3.49	.538 .887 .637	8.549	.000
협력 조정	① 시청 ② 경찰서 ③ 소방서	3.42 3.08 3.60	.565 .914 .653	9.105	.000
협력 인식	① 시청 ② 경찰서 ③ 소방서	3.74 3.91 4.18	.695 .861 .673	5.450	.005

찰공무원의 인식이 낮은 것은 경찰공무원의 주 임무인 질서 유지에 주력하고 있는 것으로 사료된다. 그리고 경찰공무원은 재난관리에 협력 인식에서 평균이 3.91로 나타나 협력 인식에 대해 매우 긍정적인 것으로 나타났다.

4. 재난관리 협력 체계 다중회귀분석

재난관리 협력 체계에 대해 영향을 미치는 관계를 알아보기 위해 각 독립변수의 영향력을 검토하기 위해 다중회귀분석을 실시했다. <표 4-7>은 10개의 독립변수와 관계의 재난관리의 협력 체계에 대한 회귀분석의 결과로, 각 독립변수가 관계의 협력 체계에 직접적인 영향을 미치는 정도와 방향을 알 수 있다.

회귀모형의 결정계수(R^2)는 회귀분석이 종속변수를 얼마나 잘 설명하는지를 나타내 주는데, <표 4-7>에서 R^2=0.689로 전체 분산 중에서 약 68.9%를 설명해 주고 있다. 수정된 R^2값은 조정된 상관관계를 의미하며, 수정된 R^2=0.673으로 나타났다.

한편, 표준화된 회귀계수(Beta)를 비교해 볼 때 네트워크가 가장 영향력 있는 변수이며, 그다음으로는 협력 조정, 공동 목표, 리더십 순으로 재난관리 협력 체계에 영향력이 있는 변수로 나타났다. 그러나 지휘 체계, 정보 공유, 협력기구, 협력 규정, 협력 절차, 협력 인식은 유의도 0.05보다 크기 때문에 통계적으로 유의미하지 않은 것으로 나타났다(〈표 4-7〉 참조).

〈표 4-7〉 재난관리 협력 체계의 다중회귀분석

변수	비표준화 계수 B	표준 오차	표준화계수 β	t	유의 확률	공선성 통계량 공차 한계	VIF
(상수)	.375	.210		1.792	.075		
리더십	.138	.057	.155	2.441	.016	.407	2.456
지휘 체계	.072	.065	.075	1.100	.273	.353	2.834
네트워크	.270	.071	.261	3.800	.000	.348	2.875
정보 공유	.089	.067	.100	1.323	.187	.289	3.455
공동 목표	.169	.073	.186	2.321	.021	.255	3.920
협력기구	-.054	.076	-.056	-.702	.484	.255	3.925
협력 규정	.146	.084	.142	1.740	.083	.246	4.059
협력 절차	-.083	.092	-.078	-.903	.368	.220	4.553
협력 조정	.207	.076	.200	2.716	.007	.301	3.327
협력 인식	-.043	.046	-.042	-.953	.342	.840	1.191

R^2 = 0.689 수정된 R^2 = 0.673 F = 42.071 유의 확률 = .000 Durbin-Watson=1.822

종속변수: 재난관리 협력 체계

V. 결론

이 연구는 구제역 방역활동 사례를 중심으로 다조직의 재난관리 협력 체계를 분석했다. 연구의 내용을 요약하면 다음과 같다.

첫째, 각 변수의 응답 분포를 정리해보면, 모든 변수의 평균이 보통 이상으로 긍정적인 인식을 하고 있는 것으로 조사됐다.

둘째, 일원배치 분산분석(ANOVA)을 통해 응답자의 개인적 특성 소속기관에 따른 인식 차이를 알아봤다. 대체로 시청에 근무하는 일반직 공무원의 평균이 높았고, 그다음으로는 소방공무원, 경찰공무원 순으로 나타났다. 경찰공무원은 재난관리에서 협력에 대한 인식이 다른 공무원보다 낮은 것으로 조사됐다.

셋째, 재난관리 협력 체계에 대한 각 독립변수의 영향을 검증해 보기 위해 다중회귀분석을 실시한 결과, 네트워크가 가장 영향력 있는 변수이며, 그다음으로는 공동 목표, 협력 조정, 리더십 순으로 재난관리 협력 체계에 영향력이 있는 변수로 나타났다. 그러나 지휘 체계, 정보 공유, 협력 기구, 협력 규정, 협력 절차, 협력 인식은 유의도 0.05보다 크기 때문에 통계적으로 유의미하지 않은 것으로 나타났다. 이는 재난관리 협력체계의 긍정적인 효과를 높이기 위해서는 유관기관과의 네트워크가 원활하게 구축돼야 하고, 재난이 발생했을 때 공동 목표를 향해 유관기관과 상호 협력해야 할 것이다. 또한 재난관리 협력에 대한 구체적인 조정의 방안이 마련돼야 하고, 최고관리자는 다른 조직과의 재난관리 협력을 위해 리더십을 발휘해야 할 것이다.

좀 더 구체적으로 재난관리 협력 체계에 영향을 미치는 요인들을 중심으로 어떤 정책적 함의를 가질 수 있는지에 대해 논의해 보도록 한다.

첫째, 재난관리에 참여하는 모든 구성원은 효과적인 재난관리라는 공동 목표를 위해서 일하며, 네트워크는 공동의 조직 목표와 목표 달성 방법을 공유하고 수용한다(류상일, 2008: 55). 재난관리 협력 체계가 효과적으로 구축되려면 재난관리 기관과의 네트워크가 원활하게 갖춰져 있어야 할 것이다. 특히 최근에는 재난정보의 중요성이 증대되고 있어 재난정보의 공유를 위한 네트워크가 상시적으로 운영될 수 있도록 구축돼야 할 것이다. 또한 재난이 발생했을 때 신속하게 재난 상황을 전파하고 재난관리 자원을 지원할 수 있는 네트워크가 구축돼야 할 것이다.

둘째, 재난관리는 신속하고 정확하게 이뤄져야 하는 특성을 지니고 있다. 다양한 조직이 일사불란하게 재난을 관리하기는 매우 어려운 실정이다. 따라서 재난관리 정책을 집행할 때 재난 관련 조직 간의 갈등은 필연적일 수 있다. 이러한 갈등을 해소하고 일사불란하게 재난관리를 수행하기 위해서는 재난 관련 조직 간의 협력을 위한 협력 조정이 잘 이뤄져야 할 것이다. 협력 조정을 위한 부서를 사전에 지정하고 그 결정에 강제성을 부여하는 방안도 검토해야 할 것이다.

셋째, 재난관리는 관련된 모든 기관의 업무를 가장 효율적으로 수행할 수 있는 총체적인 시스템으로 많은 기관이 함께 수행해야 하는 경우에 발생하는 다양한 문제점을 해결할 수 있는 장점이 있다(김경호, 2010: 147). 재난이 발생했을 때 재난을 대응하고 복구하는 데 유관기관과의 공동 목표 달성을 위해 노력해야 할 것이다. 다조직의 재난관리 정책집행 시에 공동 목표 달성을 위해서는 조직 간의 이기주의를 버리고 효과적인 재난관리 협력 체계를 구축해야 할 것이다.

넷째, 재난관리 협력 체계가 원활하게 구축되기 위해서는 각 조직의 최고관리자의 관심과 지지의 강도에 따라 결정된다고 할 수 있다. 최고관리자는 재난관리의 정책을 추진하고 제약 요인을 제거할 수 있는 권한을 가지고 있을 뿐만 아니라 조직 내 가치 체계와 행태의 변화에 중추적인 역할을 할 수 있다. 따라서 재난관리 협력 체계를 위해 필요한 요인으로서 그 원천이라고 할 수 있는 것은 바로 최고관리층의 리더십이라 할 수 있다.

다섯째, 구제역 방역활동은 다양한 조직이 서로 협력할 때 효과적으로 수행할 수 있었다. 앞으로 구제역 같은 질병이 전국적으로 확산될 가능성은 매우 높다. 따라서 재난 대응을 공동으로 할 수 있는 제도적 장치를 개발해야 할 것이다.

여섯째, 이 연구에서 경기도 남양주시의 구제역 방역활동 사례를 대상으로 연구한 내용을 일반화하는 것은 다소 무리가 있다. 따라서 향후 이와 같은 한계를 참조해서 좀 더 다양한 연구가 이뤄져야 할 것이다.

제5장

유비쿼터스 정보기술이 재난관리 효과성에 영향을 미치는 요인 분석

개요

정부의 다양한 노력에도 불구하고 재난으로 인한 피해가 지속적으로 증가함에 따라 과학적이고, 체계적인 재난관리 체계의 강화를 위해서는 최근에 급속히 진보되고 있는 유비쿼터스 컴퓨팅 정보기술의 활용이 필수적이라 할 수 있다. 특히 정보통신, 원격감지시스템, 컴퓨팅 분야에서의 혁신적인 발전은 이전에는 불가능했던 정보 보급을 가능하게 하고 있으며, 재난관리 분야에서도 업무 처리의 효율성을 증진시키고, 다른 한편으로는 좀 더 합리적인 의사결정을 하기 위해서 재난정보 시스템에 유비쿼터스 컴퓨팅 정보기술 활용의 필요성이 제기돼 왔다. 1999년 Cyber Korea21과 2005년 U-Safe Korea계획을 수립해 재난관리 분야에 정보시스템을 구축했지만 중앙정부에서 결정하고 시행하는 바람에 일선 재난관리 부서의 실정에 잘 맞지 않는 일이 발생하기도 했다. 또한 2008년 지령관제 GPS 시스템과 유비쿼터스 119신고시스템이 도입돼 시행되고 있지만 그 효과성은 그다지 크게 나타나지 않고 있다. 이 연구는 재난관리 연구의 출발점으로서 재난관리의 이론과 실태, 유비쿼터스 정보기술(UIT) 등의 개념을 탐색적으로 살펴보고, 재난관리 효과성의 영향 요인을 실증적으로 분석하는 데 목적을 두고 있다. 연구 결과, 소방공무원들은 유비쿼터스 정보기술의 인지도와 활용도에서 낮은 빈도를 보였지만 적합성, 정보 획득 용이성, 사용 의향에서는 평균 이상의 빈도를 나타내고 있어 유비쿼터스 정보기술에 대한 기대는 크다고 볼 수 있다. 현재 활용하고 있는 지령관제 GPS 시스템에 대해 상시 접속 상태를 유지해 속도 지연의 문제점을 개선하고, 시스템 프로그램의 불필요한 기능을 삭제해 부팅 시간을 줄이는 방안을 제안한다.

I. 서론

현대 사회의 발전이 사회구조의 복잡성과 다양화를 가져옴에 따라 새로운 재난의 개념이 등장하게 됐다. 울리히 벡(Ulich Beck)은 각종 대형 재난의 발생에 대해 산업사회의 진행 결과에 따라 나타난 위험사회(risk society)의 현상이라고 정의한 바 있다(홍성태, 2006: 5-7). 그뿐만 아니라 사회갈등 구조의 심화에 따른 다양한 불만 표출 형태 또한 재난으로 이어지고 있다. 이렇듯 재난의 환경은 매우 복잡·다양한 양상을 띠고 있으며, 예측 불가능한 재난의 발생으로 인해 대규모 인적·물적 피해를 입고 있다. 특히, 최근에는 기상이변 현상으로 말미암아 대홍수와 혹서, 가뭄, 혹한, 지진 등 대규모 자연재난이 세계 전역에 걸쳐 발생하고 있는 실정이다. 이처럼 재난의 환경은 급격하고, 다양하게 변화하고 있으며 대처를 어렵게 하고 있다.

1994년 성수대교 붕괴, 1995년 삼풍백화점 붕괴, 1999년 화성 씨랜드 화재, 2002년 태풍 루사, 2003년 태풍 매미, 2003년 대구지하철 화재 등에서 볼 수 있듯이 인적 재난으로 인한 피해가 과거와 달리 대형화되고 복잡해지고 있으며, 피해 복구는 이제 정부의 예산으로도 커다란 부담으로 작용하고 있다. 또한 재난의 발생 추이가 지속적으로 증가하고 있어 이에 대한 체계적인 재난관리 방안을 마련하는 것이 시급한 과제다(한국전산원, 2005:22).

정부는 효과적인 재난관리를 위해 2003년 2월 대구지하철 사고를 계기로 재난관리시스템에 문제가 있다는 사회적 지적에 따라 13개 부처에서 개별적으로 담당해 오던 재난관리 업무를 종합적으로 관리하고자 2004년 6월 1일 소방방재청을 출범시켰다. 또한 각종 재난으로부터 국민의 생명·신체 및 재산을 보호하기 위해 재난 및 재해 등으로 다원화돼 있던 재난 관련 법령을 통합해 「재난 및 안전관리 기본법」을 제정했다.

또한 정보통신기술(ICT)을 활용해 국가 안전관리 시스템을 구축하기 위한 노력을 경주했는데, 그 구체적 내용으로는 1996년 국무총리실에서 안전관리 부서와 합동으로 기본계획 작성, 1998년 국민의 정부 국정계획 100대 중점 자료로 채택, 1999년 재난관리법상 추진 근거 조항 신설(법 제18조 제1항과 시행령 제20조), 1999년에 수립한 Cyber Korea 21의 중점 과제 선정 등이 있으며, 관련 정보화시스템 구축 작업을 체계적으로 진행해 왔다. 아울러 정보통신기술을 활용한 국가 안전관리 대응 능력 강화를 위해 1996년 이후부터 2004년 '재난응용 시스템', '시·도 소방본부 긴급구조 표준 정보시스템' 등의 구축도 지속적으로 추진해 왔다. 2005년 국가 재난관리 정보화 기본계획(2005~2009년)을 마련해 '국민이 편하고 안전한 한국 실현(u-Safe Korea)'이라는 목표로 국가재난관리를 위한 정보화를 지속적·체계적으로 추진했으며, 2006년 '국가 재난관리 정보시스템(NDMS) 구축을 시작했고, 범정부 재난관리 네트워크 구축, 시·도 긴급구조 표준시스템 구축 등 다양한 국가재난관리 정보화 사업을 추진하고 있다(한국정보사회진흥원, 국가정보화백서, 2004, 2006, 2007).

정부의 다양한 노력에도 불구하고 재난으로 인한 피해가 지속적으로 증가함에 따라 과학적이고, 체계적인 재난관리 체계의 강화를 위해서는 최근에 급속히 진보되고 있는 유비쿼터스 컴퓨팅 정보기술의 활용이 필수적이라 할 수 있다. 특히 정보통신, 원격감지 시스템, 컴퓨팅 분야에서의 혁신적인 발전은 이전에는 불가능했던 정보 보급은 가능하게 하고 있으며, 재난관리 분야에서도 업무 처리의 효율성을 증진시키고, 다른 한편으로는 좀 더 합리적인 의사결정을 하기 위해서 재난정보 시스템에 유비쿼터스 컴퓨팅 정보기술 활용의 필요성이 제기돼 왔다(이호준, 2003: 63).

1999년 Cyber Korea 21과 2005년 U-Safe Korea 계획을 수립해 재난관리 분야에 정보시스템을 구축했지만 중앙정부에서 결정하고 시행하는 바람에 일선 재난관리 부서의 실정에 잘 맞지 않는 일이 벌어지기도 했다. 또한 2008년 지령관제 GPS 시스템과 유비쿼터스 119신고 시스템을 도입해 시행되고 있지만 그 효과성은 그다지 크게 나타나지 않고 있다.

이 연구에서는 재난관리, 유비쿼터스 정보기술(UIT) 등의 개념을 탐색적으로 살펴보고 재난관리 효과성의 영향 요인을 실증적으로 분석하는 데 목적을 두고 있다. 연구의 대상은 재난 대응에 제일 먼저 재난 현장을 접하는 전국 10개 소방서의 소방공무원이다. 연구의 방법은 재난관리의 측정지표를 개발하기 위해 문헌연구, 인터뷰, 설문조사 등을 실시하였다. 이 연구 결과는 향후 재난관리에 유비쿼터스 정보기술을 활용하는 데 효과적인 재난관리를 위한 정책 방향을 제공할 수 있을 것으로 기대된다.

II. 이론적 배경

1. 재난관리의 의의

1) 재난관리의 의의

사회적 위험이나 재난으로부터 안전한 삶을 누리고자 하는 인간의 욕구는 물리적 풍요와 더불어 삶의 질에서 보면 가장 기본적인 구성 요소라는 점에서 안전한 삶을 위해 재난과 위험을 회피하거나 방지하고 통제하는 재난관리 행정체계는 풍요로운 사회의 가장 기본적인 행정 체계의 하나다. 따라서 재난관리 행정 체계는 그러한 기본적인 행정 체계의 하나로서 위험과 재난이 발생하는 복합적인 원인으로 인해 매우 복합적인 내용을 가지게 된다(임현진 외, 2003: 95).

사회적 불안 요인의 다각화로 안전한 삶에 대한 관심이 증대되고 있고 이는 빈번한 재난 발생으로 최근 사회 안전문제에 대한 부정적인 인식이 확산되는 추세다. (한국전산원, 2006: 216)

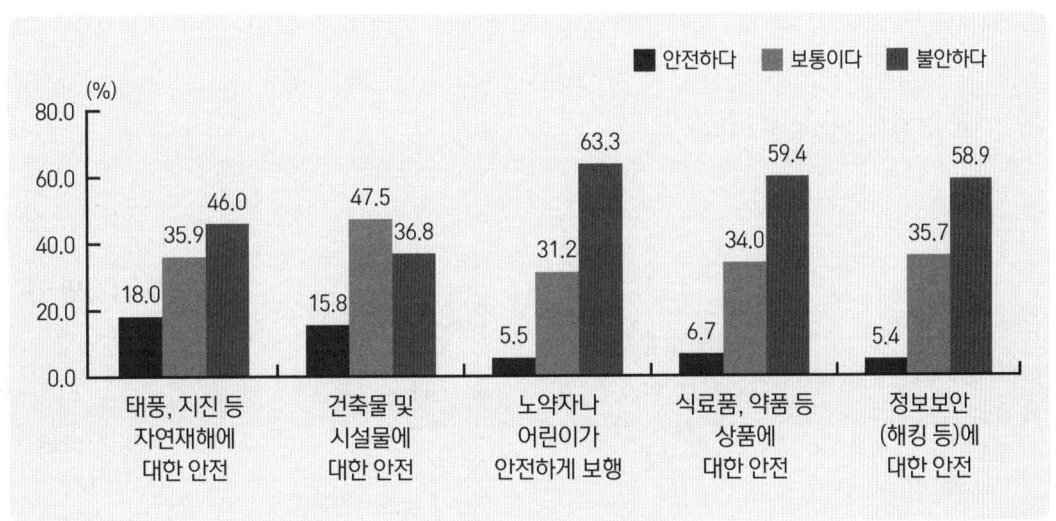

[그림 5-1] 사회 안전에 대한 인식

재난관리 행정 체계(disaster management system)는 재난을 예방하고 그 위험으로부터 국민의 생명과 재산을 보호하고 재난시설의 위험에 대한 안전관리와 재난의 조기 수습 대응 체계를 구축해 재난이 발생할 때 신속한 초동 대처로 각종 피해의 최소화를 궁극적인 목표로 하는 행정 체계의 하나다. 이러한 재난관리 행정 목표를 달성하기 위한 재난관리 행정 체계는 재난관리를 담당하는 조직으로 구성된 체계이고, 재난 발생이라는 환경에 대비해 국민의 생명과 재산을 보호할 목적으로 재난과 관련된 기관의 상호 협력과 조정을 통해 재난을 예방하고 대비하며, 재난이 발생할 때 대응하고 복구하는 행정 체계다. 그러므로 재난관리 행정 체계는 가장 기본적인 정부 기능을 담당하는 행정 체계의 하나인 것이다(권건주, 2003: 44).

재난관리 행정 체계는 일반행정 체계의 하위 체계로서 재난관리의 목표를 효율적으로 달성하기 위해 기구를 구성하고 유지하며, 환경과 끊임없이 상호 작용하는 하나의 체계다. 또한 재난관리 행정체계는 재난환경에 적응하는 기능과 조직 내부의 부문 요소들의 활동을 원활히 조직하고, 요소들 간의 활동을 상호 조정·통합하는 기능을 수행하게 된다(이재은 외, 2006: 221).

재난관리의 패러다임 변화는 1980년대~1990년대 중반에는 재난관리법 제정과 풍수해대책법 전면개정, 전담부서 신설 등 재난관리 기능을 대폭 확충했다. 1990년대 후반은 중앙재난관리 기능과 기구축소, 지방재난관리 전담부서를 폐지하는 등 성장후유기로 평가된다.

2000년대 초반에는 선진국 진입에 안전이 필수 요건임을 인식하고, 법·제도·운영 시스템 등을 개선하는 노력을 시도했다. 참여정부(2003년)의 출범과 함께 재난 및 안전관리 기본법 제정과 소방방재청 개청, 지방 전담부서 신설 등 재난관리시스템 일원화 및 관련 법령 정비로 국가재난관리 혁신을 꾀했다([그림 5-2]참조).

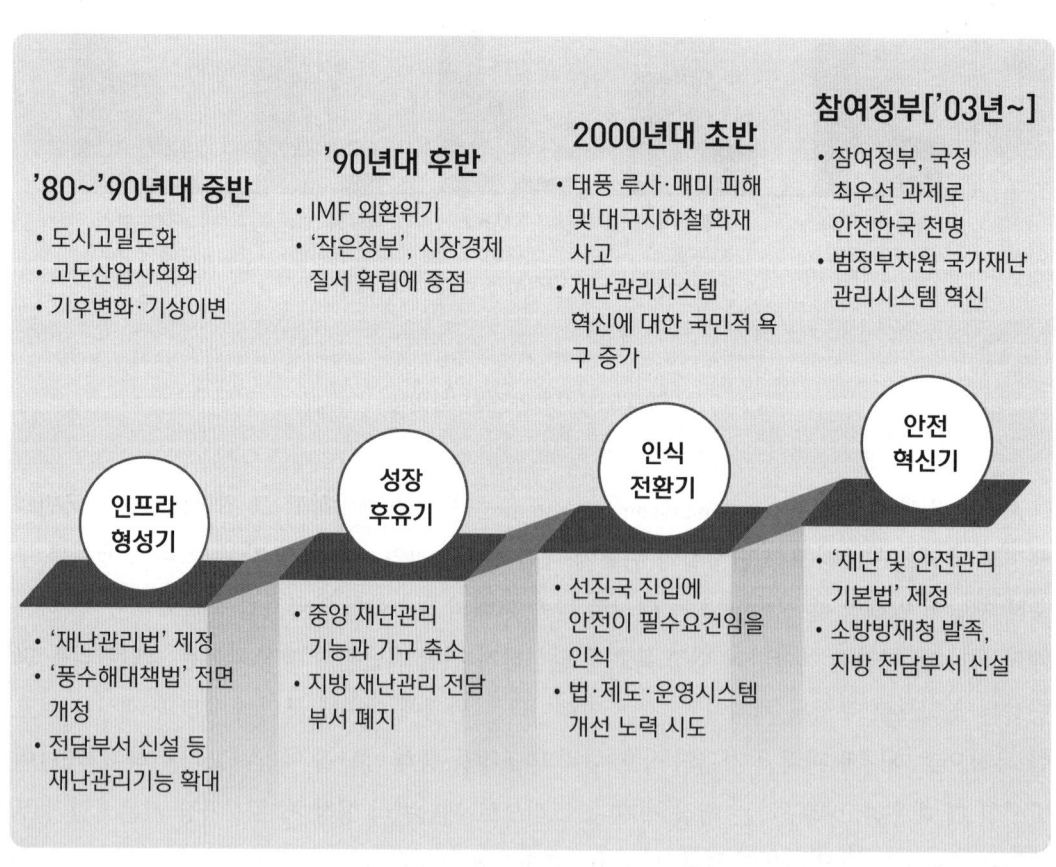

[그림 5-2] 재난환경과 재난관리시스템 변화 추이

2) 재난관리의 과정

재난은 예방(mitigation), 대비(preparedness), 대응(response), 그리고 복구(recovery)의 4단계 과정으로 분류된다(Petak, 1985: 3; McLoughlin, 1985: 166). 이러한 단계는 자연재난을 염두에 두고 분류한 것이지만 특성이 다른 인적 재난관리(Zimmerman, 1985: 29)에도 적용될 수 있다. 앞의 두 단계는 재난 발생 이전의 단계이며, 뒤의 두 단계는 재난 발생 이후 단계다.

이와 같은 재난관리의 4단계는 상호 단절적인 과정이라기보다 상호 순환적인 성격을 가지고 있다. 예방, 대비, 대응 및 복구의 과정은 각 과정이 별개로 이뤄지는 것이 아니고 시간적인 활동 순서다. 또한 각 과정의 활동 결과 및 내용은 다음 단계의 활동에 영향을 미치며 최종의 복구활동의 결과 및 노력 그리고 경험은 최초의 예방 단계에 환류돼 장기적인 재난관리 능력을 향상시키는 데 도움을 준다.

따라서 이러한 재난관리의 단계가 하나의 관리 시스템 속에서 각각의 고유한 기능을 가지고 있는 하부 시스템으로 작용하게 되도록 하고, 통합적으로 관리될 때에만 효과적인 재난관리가 이뤄질 수 있다. 또한 이 4단계의 통합 외에도 재난관리의 총체성으로 인해 여기에 참여하는 각종 기관, 각 수준의 지방정부의 조정과 통제 등 필요한 활동 시스템을 갖추는 노력도 필요하다.

(1) 예방 단계

예방(mitigation)은 인간의 건강과 안전, 그리고 사회 복지를 위협하는 위험이 존재하는 곳에서 무엇을 해야 하는지를 결정하고, 위험 감소 계획을 집행해, 자연재난과 인적 재난으로부터 인간의 생명과 재산에 대한 장기적인 위험의 정도를 감소시키려는 활동을 의미한다. 따라서 재난이 실제로 발생하기 전에 재난 촉진 요인을 미리 제거하거나 재난 요인이 가급적 표출되지 않도록 억제 또는 예방하는 활동을 의미한다(Petak, 1985: 3; McLoughlin, 1985: 166).

이러한 재난 예방 활동은 장기적이고 일반적인 재난 감소를 다루는 활동이기 때문에, 주로 지역사회가 장래 직면하게 될 재난을 극복할 수 있는 능력을 증진시키는 데 초점을 두고 있고, 재난의 종류에 따라 목표가 변화한다는 특징이 있다. 예방활동은 복구 과정을 통해 개발된 정책이나 사업계획들에 의해 개선될 수 있으며, 따라서 대비, 대응, 복구 단계와 직·간접적인 관련성을 지니고 있다고 볼 수 있다(Rubin & Barbee, 1985: 61-62).

(2) 대비 단계

대비(preparedness)는 재난이 발생할 때 재난 대응 능력을 향상하기 위한 운영 능력을 개발하려는 활동으로 정의할 수 있다. 대비 단계는 구체적으로 다음과 같은 활동들로 구성돼 있다(Clary, 1985: 20; Petak, 1985: 3; McLoughlin 1985: 166). 첫째, 재난이 발생할 때 재난 대응을 집행하는 과정에서 활용하게 될 중요 자원들을 미리 확보한다. 둘째, 재난 발생 지역 내외에 있는 다양한 재난대응기관의 사전 동원을 확보한다. 셋째, 재난으로 인한 재산상의 손실을 줄이고 주민의 생명을 보호하기 위해 재난 대응 훈련을 한다. 넷째, 재난 대응계획을 사전에 개발하고 재난을 관리하는 데 필요한 계획이나 경보 체계 및 다양한 수단을 준비하는 일련의 활동이다.

대비 단계에서 특히 주의해야 할 영역으로는 재난이 발생하기 이전에 각 재난관리 기관 간의 조정과 협력이 이뤄져야 할 것이다. 조직 및 지역 간 조정의 문제가 야기되는 분야로서, 조정을 어렵게 만든 사회적·경제적·정치적 장벽의 문제를 극복할 경우에 비로소 조정과 협력의 문제가 해결될 수 있다. 그리고 대비 단계는 자원의 신속한 배분이 이뤄지게 하기 위한 재난관리 우선순위 체계를 설정하는 것이 중요하다(Tierney, 1985: 77-84).

(3) 대응 단계

대응(response)은 실제로 재난이 발생한 경우 재난관리 기관이 수행해야 할 각종 임무 및 기능을 적용하는 활동 과정으로 파악할 수 있다. 대응 단계는 예방 단계, 대비 단계와 상호 연계함으로써 제2의 손실이 발생할 가능성을 감소시키고 복구 단계에서 발생할 수 있는 문제들을 최소화시키는 재난관리의 실제 활동 국면을 의미한다 (Drabek, 1985: 85; Petak, 1985: 3).

효과적인 대응 단계를 집행하기 위해서는 우선 대응 단계의 효율적인 의사결정 구조의 문제와 조직 구성원의 역할 문제를 살펴봐야 한다. 즉, 재난에 대해 효율적으로 대응하기 위해서는 집권화되고 공식적인 의사결정 구조보다는 유연한 의사결정 구조를 유지하는 것이 효과적이다. 그리고 조직구성원의 대응활동에서의 구체적인 역할을 사전에 부여해 놓는 것이 필요하다. 특히, 재난관리 업무를 일상 업무로 수행하고 있거나 관련이 있는 조직보다는 관련이 없는 조직의 경우 재난의 대비 조직 구성원 각자의 업무를 정의하는 것이 더욱 중요하다(Mileti & Sorensen, 1987: 13-21).

(4) 복구 단계

복구(recover)는 재난이 발생한 직후부터 피해 지역이 재난이 발생하기 이전의 상태로 회복될 때까지의 장기적인 활동 과정인 동시에, 초기 회복 기간으로부터 그 지역이 정상적인 상태로 돌아올 때까지 지원을 제공하는 지속적인 활동이다. 재난 복구 단계의 활동은 피해 지역이 원상 복구를 하는 데 필요한 원조 및 지원 활동으로 전형적인 배분정책의 영역에 속하는 활동으로 볼 수 있다(Petak, 1985: 3).

복구 단계에서 활동 주체로는 중앙정부, 지방정부 그리고 민간 부문의 조직이다. 이들은 각각 개별적으로 활동을 하기보다는 서로가 혼합되고 함께 공동으로 기능을 협력할 때 효율적으로 복구활동을 수행할 수 있으며, 공공 부문뿐만 아니라 민간 부문의 적극적인 참여가 있을 때 효과적인 복구활동이 가능하다(Perry, 1991: 8-14).

2. 유비쿼터스 119신고시스템

유비쿼터스 119신고시스템은 2007년 10월부터 2008년 7월까지 28억 6천만 원을 투입해 시스템을 구축하고 2개월간 안정화시켜 개통한 U-119시스템으로 전국에 서비스를 제공하는 U-안심콜·텔레매틱스 연계 시스템, 인천소방방재본부에서 외국인을 대상으로 시범 운영하는 헬프미119시스템, 전남소방본부에서 독거노인 등 100가구를 대상으로 시범 운영하는 119자동신고시스템 등이다.

1) 유비쿼터스 119신고시스템 내용

(1) 유비쿼터스 119신고시스템의 의의

유비쿼터스 119신고시스템은 유비쿼터스 기술을 적용한 사회 안전망을 기반으로 사회적 안전 취약계층에 대한 안전서비스 체계 구축을 목적으로 하고 있다. 구체적인 추진 목표는 다음과 같다.

첫째, 노인 및 장애인 등 사회적 안전 취약계층에 대한 안전복지 서비스 체계 구축을 통해 독거노인 및 장애인 등 사회적 안전 취약계층이 겪을 수 있는 신체적 불편 및 불안을 맞춤형 복지서비스를 제공함으로써, 언제 어디서나 맞춤형 안전 복지 서비스를 제공하기 위해 수혜 대상자 정보를 관리해 개인별 특성에 따른 초기 응급 대응의 효과성 향상을 목표로 한다.

둘째, 현장 대응 역량 강화를 위한 위치정보 활용 및 정보 연계를 강화해 응급 구조·구급 및 응급환자의 위치 정보를 정확하게 파악해 병원도착 전 응급처치 시간 단축으로 인한 소생률을 향상시킨다.

셋째, 유비쿼터스 기술을 적용한 사회 안전망 인프라 구축을 통해 정확한 위치 정보 제공 인프라를 활용한 사회안전망 인프라를 구축하고, 텔레매틱스 및 무선 자동센싱 기술을 바탕으로 한 사회안전망 인프라 확대 적용 및 시범서비스 시스템을 구축한다.

U-119서비스의 자발적 국민 참여로 브랜드 역량을 강화해 공공서비스에서 가장 만족스러운 서비스로 인정받고 있는 119서비스에 대해 국민의 자발적 참여 채널을 확보해 지속적 브랜드 역량 강화를 꾀한다.

(2) 유비쿼터스 119신고시스템 구성

유비쿼터스 119신고시스템은 기존의 신고 체계에 구호대상자 및 재난 취약계층에게 고품질 맞춤형 서비스를 제공하기 위한 유비쿼터스 안심콜 시스템, 무선센서를 활용한 119자동신고시스템, 다양한 구조·구급 신고대응을 위한 텔레매틱스 센터 연계 시스템, 긴급 상황에 처해있는 외국어 사용자와 상황실 간의 의사소통을 지원해 주는 HelpMe 119시스템으로 구성돼 있다.

첫째, 안심폰 시스템은 수혜 대상자 특성에 따른 맞춤형 안전서비스를 제공하고, 수혜 대상자의 개인정보를 보호하기 위한 안정적이고 신뢰성을 갖춘 데이터베이스(DB)를 구축한다. U-안심폰 시스템은 웹을 기반으로 하며, 전국 서비스가 가능하도록 구축한다.

둘째, 119자동신고 접수 시스템은 자동신고 단말기를 통한 사고정보를 119상황정보시스템에 전달함으로써 소외계층에 대한 안전복지 서비스를 제공한다.

셋째, 텔레매틱스 연계 표준시스템은 자동차나 운전자의 사고정보를 텔레매틱스 센터와 연계해 긴급구조 서비스를 제공하기 위한 연계 시스템을 구축한다.

넷째, HelpMe 119시스템은 외국어 사용자의 언어문제를 해결하기 위한 응대 시스템을 구축한다.

① 유비쿼터스 안심콜 시스템

유비쿼터스 안심콜 시스템은 개인의 여러 정보를 등록해 본인 또는 대리인이 전화로 신고할 경우 미리 등록한 정보를 바탕으로 신속하고 적절하게 빠른 응급처치로 국민들의 삶과 질을 한 차원 높게 제공하는 서비스다.

즉, 질병자·노약자 등의 전화번호와 질병 등 신상정보를 평소에 인터넷을 통해 등록하고 DB화한 후, 119에 신고를 할 때 해당 번호로 등록된 정보가 출동대에 자동으로 통보돼 맞춤형 응급처치·이송, 보호자 통보 등이 가능하도록 함으로써 응급환자의 소생률을 높이고 보호 서비스가 제공될 수 있도록 하는 시스템이다.

기대 효과는 언제 어디서나 지역에 관계없이 서비스를 제공받을 수 있고, 홈페이지를 통해 수혜자 정보관리의 편리성을 제공한다. 또한 개인 맞춤형 서비스를 통한 빠른 응급처치로 환자 소생률을 제고하고, 통계 정보를 다양하게 분석, 체계화해 안전정책에 효율적으로 반영한다.

② 119자동신고시스템

거동이 불편하거나 위험 상황을 인지하기 어려운 독거노인 등을 위해 댁내에 설치한 센서(화재·가스감지기) 및 게이트웨이(전화기)를 원격 관리하고, 화재 또는 가스가 누출할 때 자동으로 119 신고 되어 신속한 화재·구조·구급활동이 전개될 수 있도록 하는 시스템이다.

사회경제적 양극화에 따른 소외계층에 대한 안전복지 서비스를 제공하고, 사고 위험이 발생할 때 구조·구급의 신속한 대응 지원과 독거노인 및 장애인 환경을 고려한 시스템을 구축하는 효과를 기대한다.

③ 텔레매틱스 연계 시스템

텔레매틱스(현대·기아자동차) 가입 차량의 사고로 에어백이 전개되거나 SOS 버튼을 누르면 사고 차량의 위치, 현재상황, 소유자 등 정보가 사고 장소 인근 소방관서에 자동 전달됨으로써 신속한 인명 구조 활동 전개를 지원하는 시스템이다.

기대 효과는 정확한 사고 위치 확인을 통한 빠른 현장출동 서비스와 텔레매틱스 장착 차량에 대한 자동신고 서비스지원, 표준 인터페이스 개발 및 연계 시스템을 통한 설치, 운영 등이다.

④ HelpMe 119시스템

외국인이 119에 신고할 때 통역이 연결되기 전까지 사용 외국어, 현재 상황 등 기본 정보를 자동으로 획득하고 안내함으로써 외국인에 대한 신속·정확한 119신고 접수·처리를 지원하는 시스템이다.

기대 효과는 외국어 사용자가 언어 소통 장애 없이 언제 어디서나 119안전서비스 제공과 통역 봉사자 연결 지연 및 처리 불능 상황에 대한 능동적인 대처가 가능하도록 한다. 현장 상황에 따른 외국어 기반의 ARS 서비스를 제공한다.

2) 유비쿼터스 119신고시스템에 대한 심층 인터뷰 분석

이 연구에서는 양적 연구의 한계를 극복하기 하기 위해 질적인 연구의 방법으로 심층 인터뷰를 실시했다. 인터뷰 대상은 소방공무원 중 전산담당자들로 실시했다. 소방 분야에 도입된 유비쿼터스 119신고시스템과 지령관제 GPS 시스템에 대한 전반적인 견해를 알아보고자 하는 목적으로 실시했다. 그 조사 방식으로는 정보화담당 소방공무원 20명과 전화인터뷰를 실시했다.

(1) 유비쿼터스 119신고시스템 활용 실태

유비쿼터스 119신고시스템 사용에 대해 대부분의 응답자가 사용하고 있으나 사용 실적이 저조하다는 의견을 제시했다. 아직 시행 초기 단계이므로 적용 범위를 확대해 나갈 필요가 있다고 하겠다. 앞으로 잘 활용하면 많은 장점이 있을 것으로 기대하고 있다. 또한 독거노인, 장애인, 기초생활수급자 등 사회적 취약계층을 중심으로 공급하는 것도 바람직하다고 하겠다.

(2) 유비쿼터스 119신고시스템의 장점

유비쿼터스 119신고시스템의 장점에 대해 수혜자의 인적 사항, 질환(과거 병력), 전화번호, 위치 등이 상세하므로 출동한 소방대원의 적극적 대응이 가능하다고 의견을 제시했다. 또한 장소에 구애받지 않고 정확하고 자세한 상황정보를 수집할 수 있어 수혜자, 소방관서에 많은 도움이 될 것으로 기대하고 있다.

(3) 유비쿼터스 119신고시스템 문제점

유비쿼터스 119신고시스템의 문제점 및 해결 방안에 대해 홍보 부족으로 사용 실적이 저조하고, 데이터의 부족으로 수혜자에 대한 상세한 정보 부족과 정보의 최신성 부족 등을 문제점으로 지적했다. 이에 대한 해결 방안으로는 홍보의 필요성을 제기했으며, 주기적인 자료의 업데이트로 상세한 정보와 정보의 최신성을 확보해야 된다는 의견을 제시했다.

(4) 지령관제 GPS 시스템 활용 실태

지령관제 GPS 시스템 사용에 대해 대부분의 응답자가 사용하고 있으나 정보 전송 속도가 늦어 참고만 하고 있는 것으로 나타났다. 또한 일반전화 가입자의 경우 정확한 주소를 바탕으로 지리정보를 전송하고 있으나 휴대전화의 경우 기지국의 위치를 지리정보로 전송하고 있어 많은 오차가 있다. 따라서 GPS 휴대전화로 점차 전환이 필요하며, 지도를 제공하는 업체에 따라 정보력이 많이 차이가 나고 있으므로 실제와 같은 지도를 제공하는 업체의 선정이 필요하다.

(5) 지령관제 GPS 시스템 문제점 및 해결 방안

지령관제 GPS 시스템 문제점 및 해결 방안에 대해 차량의 시동을 걸어야 부팅되기 때문에 약 1~2분 정도 소요돼 재난지도 전송이 늦어지는 문제점과 휴대전화의 경우 인근 기지국 지도를 전송해 정확성이 떨어지는 문제점을 지적했다. 이에 대한 해결 방안으로는 상시 접속 상태를 유지해 속도지연의 문제점을 개선하고, 시스템 프로그램에서 불필요한 기능을 삭제하고, 프로그램 단순화를 통해 부팅 시간을 줄이는 방안을 제안했다. 또한 휴대전화에 의무적으로 GPS 칩을 내장할 수 있는 법적 제도를 마련해야 한다고 제안했다.

(6) 향후 정책 제언

향후 소방 행정에 유비쿼터스 정보기술 적용과 관련해 정책 제언에 대해 시민이 쉽게 이해할 수 있도록 지속적인 홍보 필요와 재난정보의 정확성을 높일 수 있게 첨단기술을 지속적으로 활용할 필요가 있다고 제언했으며, 유비쿼터스 정보기술 사업 추진이 일선 소방서 실정에 맞게 추진해야 한다고 제언했다.

3) 재난관리와 유비쿼터스 정보기술(UIT)에 대한 선행연구

김선경 외(2003)는 방재 분야의 유비쿼터스(Ubiquitous) 정보기술 활용 방안의 연구에서 정보 인프라 측면과 정보시스템 측면으로 나눠 유비쿼터스 정보기술(UIT) 활용 방안을 제시했는데, 정보 인프라 측면은 지식 인프라, 상호 연결 인프라, 통합 인프라를 강조했으며, 정보 시스템 측면은 신속정확성, 통합조정성, 정보 획득, 접근 용이성을 강조했다.

문성호(2005)는 유비쿼터스 공간의 소방 대상물 관리 연구에서 소방 대상물의 상태를 담고 있는 상황인식 정보를 이용해 소방 대상물이 화재 등 재난 상황에 적절하게 반응하게 하고 소방 대상물의 상황인식 정보를 시간과 장소를 초월해 접속해 정보 획득이 용이하도록 하는 모델을 제안하고 있다.

정헌(2005)은 유비쿼터스 환경에 적합한 소방시설에 대한 연구에서 GIS, GPS, 영상 재난감지기, 소방용 로봇, 광역 재난처리 시스템 등을 제안해 재난정보의 수집을 용이하도록 하고, 신속하게 재난에 대응할 수 있는 방안을 제안했다.

〈표 5-1〉 객관적 지표에 의한 재난관리 UIT

연구자	측정지표
김선경 외(2003)	• 지식 인프라, 상호 연결 인프라, 통합 인프라, 신속정확성, 통합조정성, 정보 획득·접근용이성
문성호(2005)	• 상황 인식 정보, 정보 획득 용이성
정헌(2005)	• 재난정보 수집 용이성, 신속성
최영균(2006)	• 신속성, 정확성
김미경 외(2004)	• 정보의 상호작용성, 효율성, 신속성
노삼규 외(2008)	• 소방시설관리, 교육훈련, 비상대응계획서 작성, 화재 시 피난, 화재 상황 모니터링, 화재 진압 및 구조 정보 제공, 지역 단위 정보 수집분석
한국전산원(2005)	• 인지도, 활용도, 이용 의도, 사용 촉진 및 저해 요인
김현성(2004)	• 인지도, 활용도, 서비스 제공, 장애 요인
한은정(2007)	• 인지도, 상호작용성, 인지 태도, 수용 의도
조기영 외(2006)	• 인지도, 필요도, 활용도, 애로 사항, 활성화 방안
이성호 외(2006)	• 상호작용성, 사용용이성, 유용성, 사용 의도

최영균(2006)은 소방행정에 RFID 도입에 관한 연구에서 유비쿼터스 정보기술의 하나인 RFID를 도입해 신속한 출동과 정확한 정보를 바탕으로 재난 활동 능력을 향상시키는 방안을 제안했다.

김미경 외(2004)는 유비쿼터스 위치 기반 재난구조 시스템의 연구에서 이동체 물체에 대한 위치를 감지해 그 위치에 따른 서비스를 하는 것이 아닌 고정된 위치에 센서를 두고 각 센서들을 무선 네트워크로 구성한 다음 네트워크로 구성된 각 센서들 간에 정보를 주고받을 수 있도록 하고, 화재가 발생하면 센서들의 정보를 활용해 효율적이고 신속한 재난구조 시스템을 제안했다.

노삼규 외(2008)는 유비쿼터스 건물 화재 안전관리의 연구에서 유비쿼터스 정보기술(UIT)을 이용하여 건물정보, 화재위험정보 등을 제공하고 화재 진행 상황을 모니터링해 소방관들에게 화재 발생 위치 및 확대 정보를 제공해 화재 진압 및 인명 구조의 효율성을 높일 수 있다고 제안했다. 또한 소방시설관리, 교육훈련, 비상대응계획서 작성, 화재가 발생할 때 피난, 화재 상황 모니터링, 화재 진압 및 구조 정보 제공, 지역 단위의 관련 정보 수집분석 등에 응용할 수 있어 화재 안전의 수준을 향상시켜 화재로 인한 피해가 감소할 수 있는 방안을 제안했다.

이 밖에도 한국전산원(2005)은 유비쿼터스 이용 현황과 수요 조사에서 인지도, 활용도, 이용 의향, 사용 촉진 및 저해 요인을 분석했다. 한편 김현성(2004)은 유비쿼터스 공공행정 서비스 수요 실증분석에서 인지도, 활용도, 서비스 제공 장애 요인 등을 분석했다. 한은정(2007)은 유비쿼터스 미디어 상호작용성이 수용 의도에 미치는 영향분석에서 인지도, 상호작용성, 인지 태도, 수용 의도를 분석했다. 조기영 외(2006)는 중소기업 유비쿼터스 수요 조사에서 인지도, 필요도, 활용도, 애로 사항, 활성화 방안을 분석했다. 이성호 외(2006)는 유비쿼터스 속성이 소비자 수용에 미치는 영향 연구에서 상호작용성, 사용 용이성, 유용성, 사용 의도 등을 분석했다.

앞에서 재난관리에 관한 재난관리의 유비쿼터스 정보기술(UIT) 도입에 대한 연구의 선행연구를 검토해 봤다. 지금까지 살펴본 선행연구는 재난관리의 영향 요인을 도출하는 데 유용한 기초 자료가 될 것이다. 그러나 기존의 연구들은 다음과 같은 연구의 한계점을 가진다.

유비쿼터스 정보기술(UIT)을 재난관리에 접목하려는 연구는 많았지만 유비쿼터스 정보기술에 대한 재난관리 담당자의 인식 연구가 부족했다(김선경 외, 2003: 97-118; 김미경 외, 2004: 145-148; 정헌 2005: 487-527; 문성호 2005: 80; 최영균, 2006: 39-44; 노삼규 외, 2008: 80-89). 유비쿼터스 정보기술을 재난관리에 도입하면 재난 현장에서 활동하는 소방공무원들은 어떤 인식을 가지고 있는지에 대한 연구가 전혀 없었다. 유비쿼터스 정보기술 활성화 저해 요인으로 낮은 인지도를 지적하고 있다(한국정보과학회, 2005). 유비쿼터스 정보기술 인지도는 유비쿼터스 정보기술 활용에 매우 중요한 영향을 미친 것으로 나타났다(김현성 2006: 73). 따라서 재난 현장에서 활동하고 있는 소방공무원을 대상으로 유비쿼터스 정보기술에 대한 인식을 통해 유비쿼터스 정보기술을 재난관리에 활용하는 데 문제점은 무엇이며, 활성화 방안은 무엇인지를 연구할 필요가 있다.

따라서 이 연구는 유비쿼터스 정보기술(UIT)을 재난관리에 접목할 때 재난 현장에서 활동하는 소방공무원의 인식에 대한 연구와 유비쿼터스 정보기술이 재난관리의 효과성에 영향을 미치는 요인이 무엇인지 제안한다.

III. 연구의 설계와 분석 틀

이 장에서는 재난관리 효과성에 대한 이론적 논의, 유비쿼터스 정보기술(UIT)과 선행연구 등에 근거하여 연구 분석모형을 설정했다. 이 연구에서 사용된 변수는 선행연구의 내용에서 주로 논의된 지표를 변수로 선정하고 이를 근거로 분석의 틀을 구성했다. 연구 목적을 달성하기 위한 독립변수는 인지도, 활용도, 적합성, 정보 획득 용이성, 사용 의도 등을 선정했다.

1. 연구의 설계

이 연구에서는 재난관리 효과성에 영향을 미치는 독립변수를 객관성 있게 추출하기 위해 〈표 5-2〉에서 정리한 선행연구를 기초로 선정했다. 이 연구에서 재난관리 효과성에 영향을 미치는 유비쿼터스 정보기술(UIT)을 도출했다. 선행연구에서 논의했던 주요 요인을 종합하면 유비쿼터스 정보기술 요인의 주요 변수는 인지도, 활용도, 적합성, 정보 획득 용이성, 사용 의향 등을 변수로 도출했다. 위에서 논의한 내용을 토대로 세부적으로 측정지표를 정리하면 〈표 5-2〉와 같다.

〈표 5-2〉 재난관리 UIT 요인의 세부 측정지표

평가 영역	측정 지표	세부측정 지표
재난관리 UIT 요인	인지도	유비쿼터스 정보기술에 대한 인지
		유비쿼터스 119신고시스템에 대한 인지
	활용도	유비쿼터스 정보기술 사용 여부
		지령관제 GIS시스템 재난 현장 접근에 도움
	적합성	UIT 활용 재난 현장 상황 판단의 신속성
		UIT 활용 재난 현장 정보의 정확성
	정보획득 용이성	다양한 재난정보 수집 용이
		신고자에게 의존하지 않고 재난정보 적시 수집
	사용 의향	UIT가 많이 적용된다면 활용할 의향
개인적 특성		성별, 나이, 재직 기간, 계급, 근무 형태, 근무 지역
재난관리 효과성		재난관리의 원활한 집행 정도

2. 연구의 분석 틀

이 연구는 유비쿼터스 정보기술(UIT)과 재난관리의 효과성에 근거해 연구모형을 설정했다. 선행연구에서 사용된 연구 모형에서 주로 논의되는 영향 요인을 중심으로 연구의 모형을 설정하는 데 토대로 삼았다. 이러한 주요 요소들을 종합해 변수를 선정하고 분석의 틀을 구성했다. 이 연구는 유비쿼터스 정보기술(UIT)이 재난관리 효과성에 어떤 영향을 주는지 확인하려는 목적을 가지고 있다. 연구 목적을 달성하기 위한 유비쿼터스 정보기술의 변수는 인지도, 활용도, 적합성, 정보 획득 용이성, 사용 의향 등으로 선정했다. 이를 알기 쉽게 나타내면 [그림 5-3]과 같다.

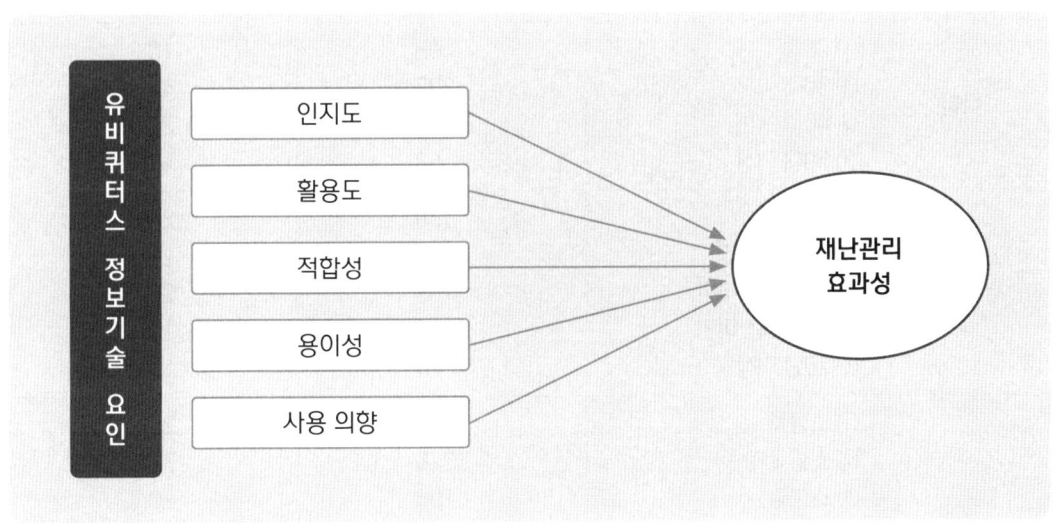

[그림 5-3] 연구의 분석틀

Ⅳ. 재난관리 효과성의 실증분석

1. 인구사회학적 배경

분석 결과를 해석하기에 앞서 응답자의 개인적 특성을 먼저 검토하고 분석 결과를 해석하고자 한다. 그 이유는 응답자의 개인적 특성을 파악함으로써 설문지의 응답이 어떤 영향을 끼쳤는지를 유추할 수 있기 때문이다.

먼저 성별로 살펴보면 남자 소방공무원 621명(94.1%)으로 여자 소방공무원 39명(5.9%)보다

〈표 5-3〉 응답자의 인구사회학적 배경

내용	분류	응답자 수(명)	비율(%)
성별	① 남자	621	94.1
	② 여자	39	5.9
	합계	660	100.
나이	① 20대	68	10.3
	② 30대	282	42.7
	③ 40대	250	37.9
	④ 50대 이상	60	9.1
재직 기간	① 5년 미만	159	24.1
	② 5~10년 미만	144	21.8
	③ 10~15년 미만	188	28.5
	④ 15~20년 미만	95	14.4
	⑤ 20년 이상	74	11.2
계급	① 소방사	170	25.8
	② 소방교	226	34.2
	③ 소방장	196	29.7
	④ 소방위	41	6.2
	⑤ 소방경	25	3.8
	⑥ 소방령 이상	2	.3
근무 형태	① 소방(화재 진압)	256	38.8
	② 운전	193	29.2
	③ 구급	56	8.5
	④ 구조	40	6.1
	⑤ 행정	115	17.4
근무 지역	① 서울	181	27.4
	② 경기	164	24.8
	③ 부산	189	28.6
	④ 강원	126	19.1

압도적으로 많았고, 연령별로는 30대가 282명(42.7%)으로 가장 많이 나타났다. 한편, 재직 기간은 10~15년이 188명(28.5%)으로 가장 많은 응답 분포를 보였으며, 계급별로는 소방교가 226명(34.2%)으로 가장 많았으며, 그다음으로는 소방장이 196명(29.7%), 소방사가 170명(25.8%), 소방위가 41명(6.2%), 소방경이 25명(3.8%), 소방령 이상이 2명(0.3%) 순으로 나타났다. 근무형태는 소방(화재진압)이 256명(38.8%)으로 가장 많았으며, 지역별 응답 분포는 부산이 189명(28.6%)으로 가장 많았으며, 서울이 181명 (27.4%), 경기가 164명(24.8%), 강원이 126명(19.1%) 순으로 나타났다.

2. 재난관리 응답 분포 분석

1) 유비쿼터스 정보기술에 대한 인지도

유비쿼터스 정보기술(UIT)에 대한 인지 정도를 묻는 질문에서 분석 결과를 살펴보면, 전체 660명의 응답자 중에서 보통이라고 응답한 비율이 232명(35.2%)이고, 잘 모른다가 229명(34.7%)으로 나타났고, 평균이 2.79로 나타나 유비쿼터스 정보기술에 대한 인지 정도는 대체로 낮은 것으로 조사됐다. 이러한 결과로 미뤄 볼 때 유비쿼터스 정보기술을 도입해 시행하는 초기이기 때문에 소방공무원들의 인지 정도가 낮은 것으로 미뤄 짐작할 수 있다. 앞으로 지속적인 교육과 홍보 등을 통해 꾸준히 인지도를 높이는 방안이 제시돼야 할 것이다(〈표 5-4〉 참조).

〈표 5-4〉 유비쿼터스 정보기술에 대한 인지도

변수	분류	빈도	비율(%)	평균	표준편차
UIT 인지도	① 전혀 그렇지 않다	42	6.4	2.79	.935
	② 그렇지 않다	229	34.7		
	③ 보통이다	232	35.2		
	④ 그렇다	140	21.2		
	⑤ 매우 그렇다	17	2.6		

그리고, 유비쿼터스 119신고시스템에 대한 인지 정도를 묻는 질문에서 분석 결과를 살펴보면, 잘 모른다라고 응답한 응답자가 254명(38.5%)이고, 보통이다가 209명(31.7%), 알고 있

다가 130명(19.7%)으로 나타나 유비쿼터스 119신고시스템에 대한 인지 정도는 대체로 낮은 것으로 조사됐다. 이러한 결과는 유비쿼터스 정보기술을 도입해 시행하고 있는 초기인 것으로 파악된다. 그러나 인트라넷에 배너로 홍보하고 있으며, 문서로 시달되어 모든 소방공무원이 공람한 것을 감안하면, 유비쿼터스 119신고시스템에 대한 관심이 적은 것으로 파악된다(《표 5-5》 참조).

《표 5-5》 유비쿼터스 119신고시스템에 대한 인지도

변수	분류	빈도	비율(%)	평균	표준편차
UIT 119신고시스템 인지도	① 전혀 그렇지 않다	47	7.1	2.73	.957
	② 그렇지 않다	254	38.5		
	③ 보통이다	209	31.7		
	④ 그렇다	130	19.7		
	⑤ 매우 그렇다	20	3.0		

2) 유비쿼터스 정보기술 활용도에 대한 인식

유비쿼터스 정보기술(UIT), 즉 지령관제 GPS 시스템, 전자태그(RFID), 텔레매틱스 등 활용 정도를 묻는 질문에서 분석 결과를 살펴보면 거의 사용하지 않는다고 응답한 응답자가 219명(33.2%)이고, 보통이다가 159명(24.1%), 전혀 사용하지 않는다가 154명(23.3%)으로 나타나 유비쿼터스 정보기술에 대한 활용 정도는 대체로 낮은 것으로 조사됐다. 특이한 점은 97명(14.7%)이 약간 사용한다고 응답했으며, 31명(4.7%)은 많이 사용한다고 응답했다. 이러한 결과로 미뤄 볼 때 소수의 소방공무원들은 유비쿼터스 정보기술을 활용한 것으로 파악된다. 출동 차량에 지령관

《표 5-6》 유비쿼터스 정보기술 활용도

변수	분류	빈도	비율(%)	평균	표준편차
UIT 활용도	① 전혀 그렇지 않다	154	23.3	2.44	1.136
	② 그렇지 않다	219	33.2		
	③ 보통이다	159	24.1		
	④ 그렇다	97	14.7		
	⑤ 매우 그렇다	31	4.7		

제 GPS시스템이 장착돼 시동을 걸면 자동 부팅되는 것을 의무적으로 사용하고 있음에도 활용도가 낮은 것은 부팅 시간과 정보 전송 속도가 너무 늦어 잘 활용하지 않는 것으로 파악된다(〈표 5-6〉 참조).

지령관제 GPS 시스템을 활용하면 재난 현장 접근에 도움이 되는 정도를 묻는 질문에서 분석 결과를 살펴보면 보통이다라고 응답한 응답자가 257명(38.9%)이고, 도움이 된다가 191명(28.9%), 거의 도움이 되지 않는다가 134명(20.3%)으로 나타나 유비쿼터스 정보기술에 대한 활용에 도움 정도는 대체로 긍정적으로 조사됐다. 이는 지령관제 GPS 시스템을 활용한다면 재난 현장에 신속하게 접근할 수 있는 것으로 파악된다. 현재 사용하고 있는 지령관제 GPS 시스템은 기기의 부팅 속도와 정보의 전송 속도가 느려 활용하는 데 어려움이 있는 것으로 나타났다(〈표 5-7〉 참조).

〈표 5-7〉 지령관제 GPS 시스템 활용도

변수	분류	빈도	비율(%)	평균	표준편차
지령관제 GPS 활용도	① 전혀 그렇지 않다	26	3.9	3.17	.969
	② 그렇지 않다	134	20.3		
	③ 보통이다	257	38.9		
	④ 그렇다	191	28.9		
	⑤ 매우 그렇다	52	7.9		

3) 유비쿼터스 정보기술 적합성에 대한 인식

유비쿼터스 정보기술(UIT)이 활용된다면 재난 현장의 상황 판단을 좀 더 신속하게 할 수 있는지에 대한 질문에서 분석 결과를 살펴보면, 그렇다가 287명(43.5%)으로 가장 많았으며, 보통이다가 229명(34.7%)으로 나타나 유비쿼터스 정보기술이 활용된다면 재난 현장 상황 판단을 좀 더 신속하게 할 수 있을 것으로 응답해 유비쿼터스 정보기술에 대한 적합성은 대체로 긍정적인 것으로 조사됐다. 이는 앞의 인지도와 활용도에서는 낮은 빈도를 나타내는 반면 적합성에 높은 빈도를 나타내는 것은 유비쿼터스 정보기술을 활용하면 재난 현장에 신속하게 접근할 수 있을 것이라는 기대 심리로 파악된다(〈표 5-8〉 참조).

유비쿼터스 정보기술이 활용된다면 재난 현장에서 정보의 정확성이 더욱 높아질 수 있는지에 대한 질문에서 분석 결과를 살펴보면 그렇다가 295명(44.7%)으로 가장 많았으며, 보통이다가 231명(35.0%)으로 나타나 유비쿼터스 정보기술이 활용된다면 재난 현장에서 정보의 정확성이 더욱 높아질 수 있을 것으로 응답해 유비쿼터스 정보 기술에 대한 적합성은 대체로 긍정적인 것으로 조사됐다. 재난 현장은 불안정하고 급박하기 때문에 현장 상황에 따라 대응방법이 달라져야 할 만큼 재난현장 정보는 재난관리에 매우 중요하다. 이러한 사항 때문에 소방공무원들은 유비쿼터스 정보기술이 재난관리에 매우 적합하다고 인식하고 있는 것으로 나타났다(〈표 5-9〉 참조).

〈표 5-8〉 유비쿼터스 정보기술 적합성(신속성)

변수	분류	빈도	비율(%)	평균	표준편차
적합성 (신속성)	① 전혀 그렇지 않다	22	3.3	3.46	.905
	② 그렇지 않다	61	9.2		
	③ 보통이다	229	34.7		
	④ 그렇다	287	43.5		
	⑤ 매우 그렇다	61	9.2		

〈표 5-9〉 유비쿼터스 정보기술 적합성(정확성)

변수	분류	빈도	비율(%)	평균	표준편차
적합성 (정확성)	① 전혀 그렇지 않다	15	2.3	3.48	.865
	② 그렇지 않다	62	9.4		
	③ 보통이다	231	35.0		
	④ 그렇다	295	44.7		
	⑤ 매우 그렇다	57	8.6		

4) 정보 획득 용이성에 대한 인식

유비쿼터스 정보기술을 활용한다면 다양한 재난정보를 쉽게 수집할 수 있는지에 대한 질문에서 분석 결과를 살펴보면, 그렇다가 306명(46.4%)으로 가장 많았으며, 보통이다가 227명(34.4%)으로 나타나 유비쿼터스 정보기술이 활용된다면 재난 현장의 정보 획득이 좀 더 용이한 것으로 응답해 정보 획득 용이성은 대체로 긍정적인 것으로 조사됐다(〈표 5-10〉 참조).

〈표 5-10〉 정보 획득 용이성

변수	분류	빈도	비율(%)	평균	표준편차
정보 획득 용이성	① 전혀 그렇지 않다	15	2.3	3.49	.852
	② 그렇지 않다	59	8.9		
	③ 보통이다	227	34.4		
	④ 그렇다	306	46.4		
	⑤ 매우 그렇다	53	8.0		

유비쿼터스 정보기술을 활용한다면 신고자에게 의존하지 않고 재난정보를 적시에 수집할 수 있는지에 대한 질문에서 분석 결과를 살펴보면, 보통이다가 269명(40.8%)으로 가장 많았으며, 그렇다가 233명(35.3%)으로 나타나 유비쿼터스 정보기술을 활용한다면 신고자에게 의존하지 않고 재난정보를 적시에 수집할 수 있을 것으로 응답해 정보 획득 용이성은 대체로 긍정적인 것으로 조사됐다. 재난정보는 그 특성상 신속하고 정확하게 상황실에 전달돼 재난 현장에서 활동하고 있는 모든 대원에게 전파해야 한다. 따라서 소방공무원들은 유비쿼터스 정보기술을 활용하면 재난정보의 획득이 적시에 수집될 것이라고 인식하고 있는 것으로 파악된다(〈표 5-11〉 참조).

〈표 5-11〉 정보 획득 적시성

변수	분류	빈도	비율(%)	평균	표준편차
정보 획득 적시성	① 전혀 그렇지 않다	20	3.0	3.24	.886
	② 그렇지 않다	103	15.6		
	③ 보통이다	269	40.8		
	④ 그렇다	233	35.3		
	⑤ 매우 그렇다	35	5.3		

5) 유비쿼터스 정보기술 지속 사용 의향에 대한 인식

향후 유비쿼터스 정보기술(UIT)이 지금보다 더 많이 적용된다면 이를 사용할 의향이 있는지에 대한 질문에서 분석 결과를 살펴보면, 그렇다가 341명(51.7%)으로 가장 많았으며, 보통이다가 185명(28.0%)으로 나타나 유비쿼터스 정보기술을 지속적으로 사용할 의향에 대해 대체로 긍정적인 것으로 조사됐다. 유비쿼터스 정보기술은 매우 복잡하고 사용하기 어렵다고 인식할 수 있으나 소방공무원들은 재난정보의 신속성, 정확성, 정보획득 용이성 등 때문에 향후 유비쿼터스 정보기술을 확대 도입해도 사용할 의향이 있는 것으로 파악된다(〈표 5-12〉 참조).

〈표 5-12〉 UIT 사용 의향

변수	분류	빈도	비율(%)	평균	표준편차
UIT 사용 의향	① 전혀 그렇지 않다	16	2.4	3.62	.861
	② 그렇지 않다	46	7.0		
	③ 보통이다	185	28.0		
	④ 그렇다	341	51.7		
	⑤ 매우 그렇다	72	10.9		

6) 재난관리 효과성에 대한 인식

재난관리 효과성에 대한 질문의 응답 분포를 살펴보면, 보통이다가 382명(57.9%)으로 가장 많았으며, 다음으로는 그렇지 않다가 151명(22.9%)으로 나타났고, 평균은 2.85로 재난관리 효과성에 대해 부정적으로 인식하고 있는 것으로 조사됐다(〈표 5-13〉 참조).

〈표 5-13〉 재난관리 효과성에 대한 인식

변수	분류	빈도	비율(%)	평균	표준편차
재난관리 효과성	① 전혀 그렇지 않다	25	3.8	2.85	.720
	② 그렇지 않다	151	22.9		
	③ 보통이다	382	57.9		
	④ 그렇다	101	15.3		
	⑤ 매우 그렇다	1	.2		

이는 재난현장 초기 대응 과정에 다양한 조직이 필요하지만 현장에는 소방기관밖에 없는 것이 현실이다. 재난관리는 다조직의 협력으로 대응해야 효과적이지만 유관기관의 협력이 잘 이뤄지지 않고 있다. 유관기관의 역할은 재난 초기보다 후기의 재난복구 과정에서 중요한데 이 역할도 잘 수행되지 않는 경향이 있다. 또한 전문성이 떨어진 민간단체가 섣불리 재난 대응에 참여했을 경우 또 다른 위험에 직면할 수 있다. 소방조직 자체 내 고위직 역시 현장의 동향 보고나 받으려

고 하거나 상급기관의 눈치 보기에 급급하고 지나친 보고위주의 업무 처리가 오히려 재난 대응에 걸림돌이 되고 있는 것으로 파악할 수 있다.

3. 변수 간의 상관관계분석

분석에 사용된 주요 변수 간의 관련성을 분석하기 위해 상관관계분석(correlation analysis)을 실시했다. 이 연구의 주요 변수 간의 상관관계를 분석한 r값과 유의 수준을 나타낸 것으로, 대부분 유의미하다고 해석할 수 있고 방향성도 모든 변수에서 (+)의 상관관계를 가지고 있는 것으로 나타났다. 이러한 상관관계분석에서 상관관계가 지나치게 높으면 다중공선성(multicollinearity)의 문제를 가질 수 있다. 대부분의 상관관계가 0.8 이상으로 넘어서게 되면 회귀계수의 분산이 증가하기 시작하며, 0.9 이상을 넘어서게 되면 회귀계수의 분산이 급속히 커지고 다중공선성의 문제가 발생할 수 있기 때문에 회귀분석을 실시하지 않는 것이 좋다(남궁근, 1999: 457-458). 〈표 5-14〉의 상관관계에서 0.8 이하의 상관관계를 보여 주고 있어 회귀분석을 실시해도 무방하다고 판단된다.

〈표 5-14〉 변수 간의 상관관계분석

변수	X(1)	X(2)	X(3)	X(4)	X(5)
인지도 (X1)	1				
활용도 (X2)	.429**	1			
적합성 (X3)	.317**	.488**	1		
정보 획득(X4)	.319**	.413**	.787**	1	
사용 의향(X5)	.284**	.410**	.726**	.728**	1

* $p < 0.05$, ** $p < 0.01$

4. 다중회귀분석

재난관리의 효과성에 대해 영향을 미치는 관계를 알아보기 위해 각 독립변수들의 영향력을 검토하기 위해 다중회귀분석(multiple regression analysis)을 실시했다. 〈표 5-15〉는 5개의 독립변수와 재난관리의 효과성에 대한 회귀분석의 결과로, 각 독립변수가 재난관리 효과성에 직접적인 영향을 미치는 정도와 방향을 알 수 있다. 회귀모형의 결정계수(R^2)는 회귀분석이 종속변수를 얼마나 잘 설명하는지를 나타내 주는데, 〈표 5-15〉에서 R^2=0.710으로 전체 분산 중에서 약 71.0%를 설명해 주고 있다. 수정된 R^2값은 조정된 상관관계를 의미하며, 수정된 R^2=0.640으로 나타났다. F=10.055, p=0.000으로 회귀모형의 타당성은 유의미한 것으로 나타났다. 공차는 0.310~0.791로 모두 0.1 이상이었으며, VIF는 1.264~3.225로 10 이하의 값을 가지고 있고, Durbin-Watson=1.752로 나타났기 때문에 자기상관이나 다중공선성은 없다고 할 수 있다.

한편, 모든 독립변수의 유의도가 0.05보다 커 재난관리 효과성에 유의미한 영향을 미치는 요인이 없거나 있다 하더라도 미미한 정도로 판단된다.

〈표 5-15〉 다중회귀분석 결과

변수	비표준화 계수		표준화계수	t	유의 확률	공선성 통계량	
	B	표준 오차	β			공차 한계	VIF
(상수)	1.882	.140		13.481	.000		
인지도 (X1)	.062	.033	.079	1.858	.064	.791	1.264
활용도 (X2)	.045	.038	.054	1.172	.242	.674	1.483
적합성 (X3)	.014	.057	.016	.239	.811	.310	3.225
정보 획득(X4)	.081	.058	.092	1.392	.164	.325	3.077
사용 의향(X5)	.088	.049	.106	1.786	.075	.406	2.466

R^2 = 0.710 수정된 R^2 = 0.640 F = 10.055 유의 확률 = .000 Durbin-Watson = 1.752

V. 결론

이 연구의 종속변수인 재난관리 효과성에 대해 소방 공무원들은 부정적인 인식을 보이고 있는 것으로 나타났다. 독립변수의 응답 분포를 살펴보면, UIT 요인에서 낮은 인식을 하고 있는 것으로 나타났으며, 적합성, 정보 획득 용이성, 사용 의향은 높은 인식을 하고 있는 것으로 나타났고, 활용도에 대해서는 중립에 가깝게 인식하고 있는 것으로 나타났다. 유비쿼터스 정보기술(UIT)에 대해 인지도가 낮게 응답 분포를 보였는데 U119신고시스템에 대한 홍보 또는 교육에 대해 문제점이 있는 것으로 보인다. 그리고 활용도, 적합성, 정보 획득 용이성, 사용 의향은 높은 인식을 하고 있는 것으로 나타났는데, 앞으로 재난관리 분야에 UIT를 계속 사용하고, 적용 분야도 확대할 때 큰 문제점이 없을 것으로 보여진다.

소방공무원들은 유비쿼터스 정보기술(UIT)의 인지도와 활용도에서 낮은 빈도를 보였지만 적합성, 정보 획득 용이성, 사용 의향에서는 평균 이상의 빈도를 나타내고 있어 유비쿼터스 정보기술에 대한 기대는 크다고 볼 수 있다. 휴대전화 위치추적의 경우 오차 범위가 있지만 실종자 수색에 많은 성과를 가져왔다. 만약 모든 휴대전화에 미국처럼 의무적으로 GPS칩을 내장한다면 오차 범위가 불과 몇 미터(m) 이내로 실종자 수색에 큰 효과를 가져올 것이다. 현재 활용하고 있는 지령관제 GPS 시스템은 현장에 거의 도착할 때 지도정보가 전달돼 현장 도착에 큰 도움이 되지 못하고 있는 실정이지만 정보 전달에 신속성만 확보된다면 큰 효과를 기대할 수 있다. 인터뷰 설문에서도 지령관제 GPS 시스템에 대해 차량에 시동을 걸어야 부팅되기 때문에 약 1-2분 정도 소요돼 재난지도 전송이 늦어지는 문제점을 지적했다. 이에 대한 해결 방안으로는 상시 접속 상태를 유지해 속도 지연의 문제점을 개선하고, 시스템 프로그램의 불필요한 기능을 삭제하여 프로그램을 단순화해 부팅 시간을 줄이는 방안을 제안한다.

이 연구는 연구 결과의 일반화에 일정한 한계를 가지고 있다. 이는 연구의 표본집단이 4개 시·도의 10개 소방서로 한정되는 데서 오는 표본집단의 대표성 문제와 표본 선정 시 재난관리를 담당하고 있는 다양한 조직이 배제돼 있어 다양성에서 오는 표본집단의 횡단적 특성이 제기될 경우 연구 결과를 좀 더 구체적으로 해석하고 적용하는 데 많이 제한될 수 있다.

제6장

재난관리를 위한 유비쿼터스 정보기술 활성화 방안

개요

　재난의 환경은 매우 복잡·다양한 양상을 띠고 있으며, 예측 불가능한 재난의 발생으로 인해 대규모 인적·물적 피해를 입고 있다. 특히, 최근에는 기상이변 현상으로 말미암아 대홍수와 혹서, 가뭄, 혹한, 지진 등 대규모 자연재난이 세계 전역에 걸쳐 발생하고 있는 실정이다. 9·11 테러사건 이후 대부분의 국가는 국민의 생명과 재산의 보호는 물론 국가 안전망을 구축하기 위한 노력을 꾸준히 진행하고 있다. 이 연구는 재난 대응 기관인 소방서에서 현재 사용하고 있는 재난정보 시스템의 실태를 분석하고, 재난관리를 위한 유비쿼터스(Ubiquitous) 정보기술 활성화 방안, 즉 재난정보 데이터베이스 구축, 재난주기 통보, 위험성 분석, 시설물정보 시스템, 재난방송 시스템, 위치 추적 시스템, 재난 피해 수집 시스템 등을 재난 단계별로 제시해 안전한 국민의 삶을 실현하고자 했다.

I. 서론

재난으로 인한 피해가 지속적으로 증가함에 따라 효율적이고 과학적이며 체계적인 재난관리 체계의 강화를 위해서는 최근에 급격히 진보되고 있는 유비쿼터스 컴퓨팅 기술의 활용이 필수적이라 할 수 있다. 특히 정보통신, 원격감지 시스템, 컴퓨팅 분야에서의 혁신적인 발전은 이전에는 불가능했던 정보 보급을 가능케 하고 있으며, 재난관리 분야에서도 업무 처리의 효율성을 증진시키고, 다른 한편으로는 좀 더 합리적인 의사결정을 하기 위해서 재난정보 시스템에 유비쿼터스 컴퓨팅 기술 활용의 필요성이 제기돼 왔다.

1995년 재난관리법 시행 이후 각종 시설물 등에 대한 안전 점검 등 재난관리 시책을 강화해 왔지만 대형 재난이 하루하루 다른 형태로 끊임없이 발생하고 있어 적절하고 신속한 대처를 위해 고도로 발전하고 있는 정보통신기술, 즉 유비쿼터스 컴퓨팅 기술을 재난관리 분야에 접목해 재난의 예방, 대비, 대응, 복구 능력을 강화할 필요성이 점차 증대됐다.

정보통신기술을 활용해 국가안전관리 시스템을 구축하기 위한 노력은 1996년 국무총리실에서 안전관리부서와 합동으로 기본계획 작성, 1998년 국민의 정부 국정계획 100대 중점 자료로 채택, 1999년 재난관리법상 추진 근거 조항 신설(법 제18조 제1항과 시행령 20조), 1999년에 수립한 Cyber Korea 21의 중점 과제 선정 등으로 구체화돼 관련 정보화 시스템 구축 작업이 체계적으로 진행됐다. 한편, 정보통신 기술을 활용한 국가 안전관리 대응 능력 강화를 위해 1996년 이후부터 2004년 '재난 응용 시스템', '시·도 소방본부 긴급구조 표준 정보시스템' 등의 구축이 지속적으로 추진해 왔다.

또한 기존의 재난 대응 시스템 일제 정비 및 선진 재난관리 체계 구축에 대한 국민적 요구 증대와 재난 환경 변화와 새로운 기술 개발 등을 고려한 국가 재난관리 중장기 정보화 전략과 비전 제시 필요에 따라 재난관리 총괄기관인 소방방재청 주관으로 통합적 관점에서 국가 재난관리 정보화 기본계획을 수립하고, 2005년부터 추진해 2008년 완료했다.

최근 생체 인식(biometric authentication) 등과 같은 유망기술은 재난관리 서비스와 관련해 주목을 받을 것으로 전망하고 있어, 유비쿼터스 네트워크 사회에서 재난관리 서비스를 위한 기초기술로서 보편화되고 있다.

따라서 이 연구의 목적은 재난 대응 기관인 소방서의 재난정보 시스템의 실태를 분석하고, 이를 토대로 안전한 사회를 구축하기 위한 재난정보의 유비쿼터스 정보기술의 활성화 방안을 도출하는 데 있다.

Ⅱ. 재난정보 시스템 실태분석 및 연구의 분석 틀

1. 재난정보 시스템 실태분석

1) 재난정보 시스템 현황

재난 대응 기관인 소방서의 재난정보 시스템을 중심으로 현황을 살펴보겠다. 소방서의 긴급구조 재난상황실에서는 119위치정보 시스템, 위성정보시스템, 전자결재시스템, 화상회의시스템, 무선통합 제어시스템, 산불감시시스템, 무선페이징 시스템 등을 운용하고 있다(〈표 6-1〉 참조).

〈표 6-1〉 주요 재난관리 정보시스템

시스템	사용 목적 및 기능
119위치 정보시스템	119신고 접수, 신고자의 전화번호 및 주소를 실시간으로 확인해 초기 출동 태세 확립
위성정보 시스템	재난 현장에서 위성중계차로 무궁화2호 인공위성을 이용해 영상정보·전화·FAX·화상회의·디지털TV 방송 등 정보 실시간 전송
일제(비상) 동보시스템	소방재난본부에서 소방서 및 소방학교에 일제전화·FAX 사용 및 대형 재난이 발생할 때 직원 비상발령 운영 시스템
화상회의 시스템	소방재난본부·소방서 및 소방학교에 초고속 통신망을 이용해 각종 업무회의 진행
무선통합 제어시스템	소방서에서 운용하는 중계소 및 기지국을 통합 제어하는 무선통신 현장지휘 제어 시스템
산불감시 시스템	산악지역에 무인카메라를 설치하고, 원격지에서 유·무선통신을 이용해 산불 발생 유무를 확인하고, 산불발생시 신속하게 대처하는 시스템
무선페이징 시스템	독거노인, 응급환자, 장애인 등이 위급 상황이 발생할 때 간단한 버튼조작으로 119에 자동신고돼 긴급구조 활동을 하는 시스템

2) 재난정보 시스템 실태분석

재난관리 대응 기관인 소방서에서 다양한 재난정보 시스템을 사용하고 있으나 온라인(On-line) 한계, 오프라인(Off-line) 한계, 데스크탑(desktop) 한계, 실시간 데이터 수집, 시스템 연계, 정보 공유 등 다양한 문제점이 있다.

(1) 온라인 한계

기존의 유선 정보기술에서 서비스를 이용할 수 있는 장소는 회선에 연결된 단말기기가 설치된 장소뿐으로 공간적 및 지리적 제약이 있고, 개인이 일반적으로 이용할 수 있는 현재의 정보통신 서비스에서는 용량 부족과 과부하로 인한 성능 저하 등의 통신 용량의 제약이 있다. 기존의 정보기술에서는 제공 회사나 인프라에 따라 이용할 수 있는 단말·서비스·콘텐츠의 사양 등 서비스 선택의 자유가 제한돼 있으며, 또한 기존의 정보기술 환경에서는 대부분이 통신 서비스별 사용 단말의 종류가 제한돼 있다.

(2) 오프라인 한계

재난 대응 기관인 소방서에서 사용하고 있는 재난정보 시스템은 대부분 오프라인 방식을 채택하고 있다. 따라서 재난관리에 있어 오프라인의 한계인 인원, 시간, 장소, 관리적 제한점을 안고 있다. 그러나 정보통신기술의 발달로 한계가 극복되고 있다. 사용자 측면에서 언제라도 필요한 재난자료를 쉽고, 편리하게 이용할 수 있게 다양한 접근 가능성을 제공해야 한다.

(3) 데스크탑 한계

데스크탑 컴퓨터를 기반으로 정보시스템이 주축을 이루고 있는 재난정보 시스템의 가장 큰 문제점은 정보 흐름의 단절로 정보의 내용 또한 상당히 제한적이며, 무엇보다도 실제 상황(물리 공간)에서의 정보와 온라인 상황(전자 공간)의 정보가 실시간 연계가 안 되는 문제점이 있다.

(4) 실시간 데이터 수집 미흡

재난정보 시스템들이 네트워크로 연결되지 않고 각 시스템별로 운영함으로써 실시간 데이터 수집이 곤란하며, 각 재난정보 시스템이 내외부적으로 분산돼 있어 실시간 데이터 수집이 어렵다. 각 재난정보 시스템을 어떤 식으로든 네트워크로 연결하고, 데이터베이스(DB)화해야만이 재난정보를 활성화할 수 있다.

(5) 시스템 연계 부족

정보통신기술이 다양해짐에 따라 같은 목적의 시스템에 다양한 방식의 기술을 이용해 다른 규격으로 구현함으로써 제품 간 상호 연계성이 확보되지 못하고, 각 시스템 통신망의 상이함에 따른 호환 기능이 미흡해 업무 협조의 문제, 사용자 편의성 저하 등의 여러가지 부작용이 있다.

(6) 재난정보 공유 미흡

유관기관 간의 정보 공유는 재난관리 조직이 통합되지 못하고 분산돼 각각의 기관별로 재난에 대응해 재난관리 체계의 문제점을 드러내고 있다. 정보 공유의 미흡은 중복되거나 불필요한 자원을 동원함으로써 정보의 혼선으로 인한 의사결정의 착오를 야기할 수 있다. 재난정보 시스템의 상호 공유와 관련 기관 간의 유기적인 협조 체계는 더욱더 필요하다. 그러나 재난관리와 관련된 정보시스템은 각 부처별로 독자적으로 개발했기 때문에 종종 같은 현상을 서로 다른 용어나 서로 다른 측정 방법을 사용해 자료를 처리한다.

(7) 재난자원 관리 미흡

재난정보 시스템은 재난에 대한 분석과 예측, 통계분석 등 각종 재난정보를 체계적으로 관리해 재난 발생 시 정보 제공 및 의사결정을 지원하는 기능을 한다. 그러나 재난관리 업무 특성상 많은 양의 재난 관련 정보를 축적해 그 정보를 바탕으로 재난의 추이를 분석하고 의사결정을 신속하게 도와주는 실시간 시스템 구축이 미흡한 실정이다.

2. 분석 틀

이 연구의 내용 분석은 재난대응 기관인 소방서를 중심으로 재난정보 시스템의 실태분석을 실시하고, 재난관리의 유비쿼터스기술을 활성화해 안전한 사회를 구축하기 위한 분석이다. 재난정보의 실태분석은 온라인 한계, 오프라인 한계, 데스크탑 한계, 실시간 데이터 수집, 시스템 연계, 정보 공유, 자원관리 등 재난 대응 기관인 소방서의 재난정보 시스템을 분석한 결과다.

재난정보의 유비쿼터스 기술을 활용해 안전한 사회를 구축하기 위한 분석 역시 재난 대응 기관인 소방서의 재난정보 시스템의 유비쿼터스 정보기술(UIT)을 재난 단계별, 즉 예방, 대비, 대응, 복구 단계별로 활용하기 위한 분석이다. 재난 예방 단계에서는 자료의 데이터베이스(DB) 구축, 재난주기 통보, 재난 위험성 분석 등 요인을 도출했다. 재난 대비 단계에서는 산불감시 시스템, 시설물 정보 시스템, 출동 차량 관제 시스템, 재난예보·경보 시스템, 재난방송 시스템 등 요인을 도출했다. 재난 대응 단계에서는 요구조자 위치 추적 시스템, 수해 대응 시스템, 응급의료 시스템, 소방관 위치 확인 시스템, 교통정보 시스템, 현장지휘 시스템 등 요인을 도출했다. 재난 복구 단계에서는 재난 피해 상황 수집 시스템, 자료 분석 시스템, 유관기관 동원 시스템, 재난 현장 의료 지원 시스템 등 요인을 도출했다.

따라서 이 연구는 재난정보 시스템의 실태분석과 재난정보의 유비쿼터스 기술을 활용해 안전한 사회를 구축하기 위한 각각의 분석을 실시하고, 이상의 논의를 도식화해 [그림 6-1]과 같이 나타냈다.

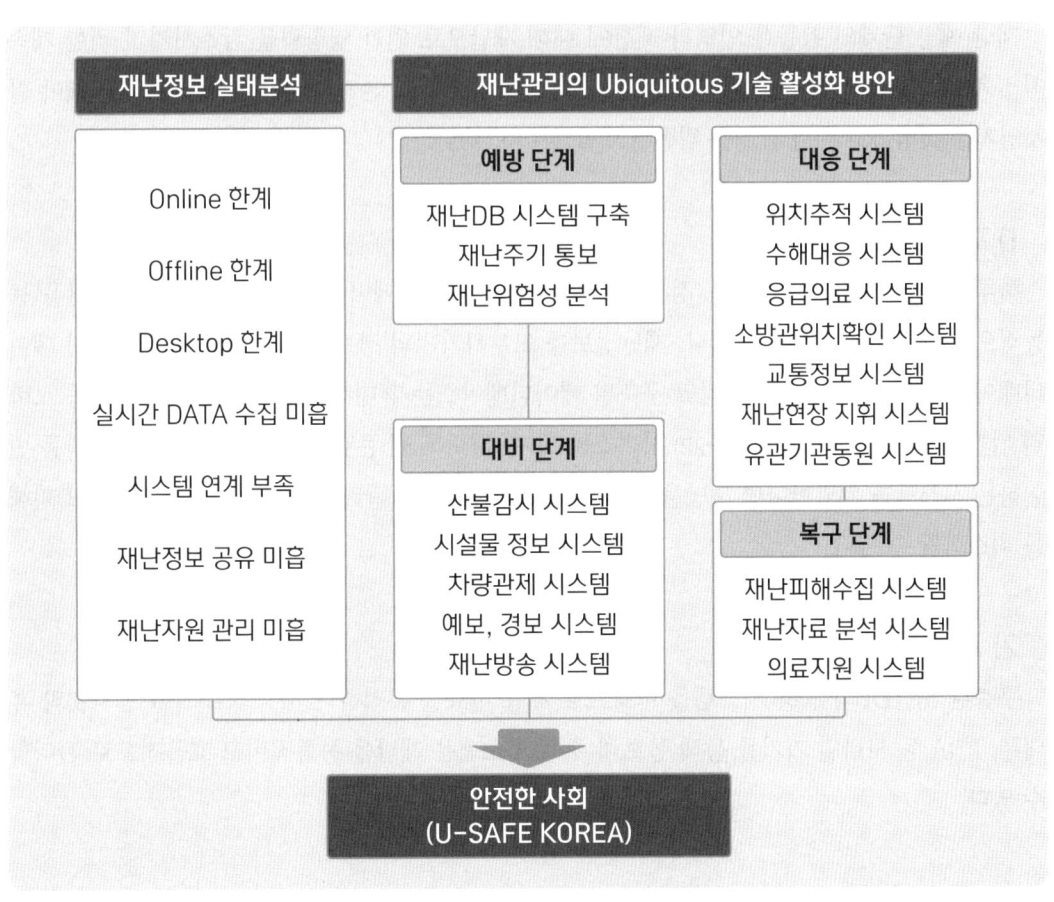

[그림 6-1] 연구의 분석틀

III. 유비쿼터스 정보기술 활성화 방안

재난관리 분야에 첨단기술인 유비쿼터스 정보기술(UIT)의 활용은 재난주기 통보를 통해 동일 재난에 대한 예방이 가능하고, 실시간으로 재난정보를 획득해 능동적으로 재난관리가 가능하다. 다음은 재난관리 분야에 유비쿼터스 정보기술의 활성화 방안을 재난 단계별로 제안했다.

1. 재난 예방 단계

재난 예방 단계의 활동은 인명과 재산에 대해 재난으로 인한 영향력을 감소시키기 위한 계속적 노력이라 할 수 있다. 또 예방 단계는 사회에 대한 위험이 존재하는 영역에서 무엇을 해야 할 것인지를 결정하고 위험 감소를 위한 노력을 하는 단계다.

1) 재난 DB시스템 구축

하루가 다르게 변화하고 있는 정보사회에서 재난 자료의 데이터베이스(DB) 구축은 재난을 능동적으로 관리하는 데 필수적이다. 재난정보를 고부가가치의 정보 콘텐츠로 재가공해 통합 데이터베이스를 구축해야 한다. 그리고 구축된 데이터베이스는 휴대전화, PDA, 텔레매틱스 등 모바일 기기를 통해 디지털 양방향(P2P) 서비스를 할 수 있도록 웹 콘텐츠를 모바일 콘텐츠로 자동 변환하는 시스템을 개발한다면 재난을 능동적이고 효율적으로 관리해 재난이 발생했을 때 그 피해를 최소화할 수 있다.

2) 재난주기 통보

구축된 재난DB와 응용 시스템을 바탕으로 재난 자료를 분석하여 재난의 주기를 인터넷과 휴대폰, PDA 등 모바일 기기를 통해 통보해 주는 시스템은 재난을 능동적이고 효율적으로 관리할 수 있다.

3) 재난 위험성 분석

건물, 교량, 하천 등 지형지물에 부여된 전자식별자(Unique Feature Identifier: UFID)는 사람의 주민등록번호와 동일한 개념으로 지형지물을 데이터베이스에 UFID를 주 검색기로 사용함으로써 재난의 위험성을 분석할 수 있다. 또한 대상물에 대해 고유한 번호를 부여하고 식별자 하나로 그 객체의 위치와 내용을 정확히 파악할 수 있는 유비쿼터스 정보기술이다. 따라서 위치정보, 관리기관 등의 정보뿐만 아니라 실시간 정보의 관리를 위한 센서 및 통신기술을 결합한 지리정보시스템(Geographic Information System: GIS)과 연계됨으로써 지상의 지형지물과 시설물, 지하 시설물 및 지하공간에 대한 재난 위험성을 효과적으로 분석할 수 있다.

2. 재난 대비 단계

재난 대비 단계는 재난이 발생했을 때 대응활동을 사전에 준비해 대응 능력을 높이기 위한 활동이다. 즉, 재난으로 인한 인명 및 재산 피해를 최소화하기 위해 재난 대응 훈련을 하고, 재난이 발생했을 때 행동요령 등 재난에 대비하는 내용을 교육하는 활동이다. 재난 대비 활동에서 강조해야 할 점은 재난발생 이전에 유관기관 간의 협력 체계를 구축해 재난이 발생했을 때 일사불란한 행동이 매우 중요하다.

1) 산불감시 시스템

산불감시 시스템은 산악지대에 무인카메라를 설치하고, 원격지에서 유·무선통신을 이용해 카메라를 제어하면서 감시영상을 통해 산불을 감시하는 매우 효과적인 시스템이다. 하지만 이제 한 걸음 더 나아가 차세대 네트워크(Next Generation Network: NGN)[1]는 산불 예방에 더욱더 중요한 역할을 하게 될 것이다. 이러한 초고속 광역망을 통해 사람이 산불 발생을 신고하기 전에 내장된 카메라 등을 통해 조기에 발견된 산불에 대해 빠른 초동 조치를 한다.

2) 시설물 정보 시스템

건물, 문화재, 도로, 교량, 하천, 호수, 해안 등 인공 및 자연 지형지물에 부여되는 UFID는 사람의 주민등록번호와 동일한 개념으로 지형지물을 관리기관별로 데이터베이스에 UFID를 주 검

---

1) 차세대 네트워크(Next Generation Network: NGN) 프로젝트는 전화망(PSTN), 인터넷, ATM, FR, 전용망, 무선망 등의 서로 다른 망을 하나의 공통된 망으로 구조를 단순화해 음성과 데이터를 통합한 다양한 멀티미디어 서비스를 통합적으로 제공할 수 있는 차세대 통신 네트워크를 말한다.

색기로 사용함으로써 국가 기반 시설물들을 통합 관리할 수 있다. 또한 센서 반응과 지능형 칩이 내장된 임베디드 시스템이 시설물과 시설물 관리 설비의 문제를 재난이 발생하기 전에 파악해 관리자에 전달함으로써 재난을 효과적으로 관리하는 시스템이다.

3) 출동 차량 관제 시스템

출동 차량 관제 시스템은 출동 차량에 RFID(Radio Frequency Identification) 태그를 부착해 소방 차량의 출동, 귀서, 현재 위치 등의 신호가 상황실로 수집돼 출동 차량을 관제하는 시스템이다. RFID 태그는 무선칩을 내장하고 무선으로 데이터를 송수신해 데이터 수집을 자동화한다.

또한 GPS를 이용 출동 차량 내에서 현재 출동 차량의 위치 등 재난 신호가 발생한 위치를 조회해 최단시간 내에 신속한 출동이 가능하다. 더불어 상황실에서 출동차량의 위치를 파악하여 현재 이동 중인 출동 차량의 위치와 재난 신호가 접수된 위치를 인접거리의 출동 차량에 별도의 지령을 전달해 좀 더 신속한 출동으로 재난에 효과적 대응이 가능하다.

4) 재난예보·경보 시스템

재난예보·경보 시스템은 한 번의 문자방송으로 다수의 휴대전화 사용자에게 한글 230자 정도의 내용을 실시간으로 전달하는 재난정보 제공 서비스로 전국 어디서나 휴대전화만 있으면 TV, 라디오 등 방송매체보다 빠르게 재난문자 정보를 확인해 재난에 신속하게 대처할 수 있다. 또한 CBS(Cell Broadcasting Service)[2]를 기반으로, 긴급 재난 발생 시 해당 지역에 있는 가입자 대상으로 메시지를 발송한다.

재난예보·경보 시스템은 첨단 IT를 활용한 재난정보 전달 체계의 구축으로 도시는 물론 산간, 도서지역과 이동 중인 열차, 고속버스, 차량에서도 실시간으로 각종 재난정보의 신속한 전달로 국가재난관리에 크게 기여할 것이다.

5) 재난방송 시스템

재난방송 시스템은 재난방송을 온라인 시스템으로 재난발생과 예측 상황을 TV, 위성방송, 휴대전화에 지상파 DMB를 통해 긴급 재난방송을 서비스하는 시스템이다. 또한 재난 상황을 신속

---

2) CBS(Cell Broadcasting Service)는 기지국 기반 문자방송 서비스를 휴대폰에 특정 수신 ID를 입력, 기지국으로부터 데이터 정보를 수신할 수 있도록 한 이동통신기술 응용 서비스이다. 한 번의 메시지 전송으로 다수의 가입자에게 동일한 내용의 메시지를 동시에 전달할 수 있는 대량 문자 방송형 기술이다.

하고 정확하게 공중파를 이용해 재난방송을 송출하는 시스템이다. 특히, 지상파 DMB 재난방송은 2004년 남아시아 쓰나미 피해 이후 재난경보 체계의 중요성이 부각돼 국제전기통신연합(ITU) 차원에서 재난방송 표준화를 추진하고 있으며, 우리나라도 DMB를 통해 재난경보 시스템의 해외 지원을 위해 그 추진이 본격화되고 있다.

3. 재난 대응 단계

재난 대응 단계의 활동은 인적 자원 피해의 최소화, 물적 자원의 피해 방지와 최소화이며 재난 복구의 전 단계를 말한다. 이 단계의 구체적인 활동은 재난 대응계획의 운영, 재난 대응시스템의 가동, 주민들에 대한 재난 상황의 전파, 응급의료 지원, 재난관리대책본부의 운영, 주민의 대피 및 보호, 이재민에 대한 수용시설의 제공 및 분산, 희생자의 수색 및 구조활동 등으로 나뉜다.

1) 위치 추적 시스템

위치 추적 시스템은 서비스 방식에 따라 이동통신 기지국을 이용하는 기지국 신호 이용 방식(Cell Positioning System: CPS)과 위성을 활용한 위성위치 추적 방식(Global Positioning System: GPS)으로 나뉜다. 기지국 신호 이용 방식은 기지국을 이용해 휴대전화의 위치를 파악하는 기술로 휴대전화와 가장 가까운 곳의 기지국과 연결되지 않을 가능성도 있어 오차 범위가 크다. GPS는 수신기와 3개 이상의 위성을 연결해 정확한 시간과 거리를 측정해 위치를 추적하고 오차 범위가 10m 이내다. 이 밖에도 CPS와 GPS를 함께 사용해 위치 추적의 정확도를 더욱 높인 위치기반 서비스(Location Based Service: LBS)는 한 단계 진화한 상황 인식 서비스로 재난 현장에서 실시간 실제 상황의 시뮬레이션도 가능하다.

2) 수해 대응 시스템

네트워크 기술은 현장의 센서들을 묶어 주는 USN(Ubiquitous Sensor Network) 기술과 현장의 센서 정보를 상황실에 전달하는 원거리 무선통신기술, 상황실과 재난 현장의 구조대원과 통신하는 이동통신기술로 나뉜다. 재난 현장에서 주요 재난 요소인 집중호우, 홍수, 산사태, 태풍에 대응하는 무선 센서 네트워크로 구성된 광범위한 USN의 구축이 필요하다. 이러한 재난 현장의 USN 구축은 현장 상황을 좀 더 상세하고 현장감 있는 재난정보를 종합상황실에 전달한다.

3) 독거노인 응급의료 시스템

응급의료 시스템은 고령화 시대에 대비해 독거노인 응급의료 서비스에 유비쿼터스 컴퓨팅 기술을 활용하는 서비스다. 먼저 독거노인 침대에 센서를 붙이고, 방 안에는 센서가 부착된 인형을 두는 방식으로 유비쿼터스 네트워크 환경을 구축한다. 이렇게 구축된 환경에서 독거노인이 생활하다가 하루 동안 침대와 센서의 반응이 없다면 소방서 상황실과 사회복지기관에 자동적으로 연락되어 독거노인의 응급 상황에 대처하게 된다.

4) 소방관 위치 확인 시스템

도심과 초고층 건물 주변의 유비쿼터스 센서 네트워크가 정착되면 건물 내 지리정보 시스템과 연계해 건물 내 소방관의 위치 추적이 가능한 시스템을 구축할 수 있다. 9·11테러의 경험에서와 같이 고층건물에서 화재가 발생할 때 구조·진압 과정에서 소방관들이 희생되는 경우가 많다. 소방관의 헬멧 안쪽에 RFID 태그를 부착해 지휘관의 단말기에 건물내부의 지도 및 소방관의 위치를 확인함으로써 효과적인 화재 진압 및 구조활동을 할 수 있다.

5) 교통정보 시스템

교통정보 시스템은 다양한 지리정보를 구축하고, 분석 및 디스플레이 과정을 거쳐 공간정보를 제공하는 것으로 지리정보를 컴퓨터를 이용해 수집, 분석, 가공해 도로, 교통, 해양 등 지형과 관계되는 응용 분야에 매우 유익하고 중요한 정보를 제공한다. LBS와 GPS는 이동 중인 사용자에게 무선 및 유선 통신을 이용해 쉽고 빠르게 사용자의 위치와 관련된 다양한 정보를 제공하는 시스템이다. LBS는 긴급 상황이 발생했을 때 재난에 대응하기 위해 위치를 확인, 추적하거나 교통정보, 주변 지역정보를 신속히 다양한 교통상황 정보를 제공한다. 지리공간 정보와 연계해서 실외에는 LBS와 GPS를, 실내에서는 RFID에 기반을 둔 연속된 위치 및 정보의 제공은 재난 대응에 효과성을 높일 수 있다.

6) 재난 현장 지휘 시스템

재난 발생 시 유관기관에 재난 상황을 전파하고 재난 현장의 지휘관을 동시에 호출해서 임무를 부여하는 유비쿼터스 현장 지휘 통제 시스템을 구축한다. 유비쿼터스 재난 현장 지휘통제 시스템은 긴급구조상황실에서 '인터넷PC'와 '이동통신사 멤버링 서비스'를 이용해 유관기관 관계자나 재난 현장 지휘관의 유선전화 또는 휴대전화를 선택적으로 동시 호출해 양방향 통신이 가능한 시스템으로, 급박한 재난 상황에 신속하고 효과적인 대응이 가능하다.

또한 재난 현장에 출입하는 모든 차량에 첨단 RFID 장비를 설치해, 출동 차량을 통제하는 시스템을 도입해야 한다. 긴급출동 차량 RFID 장비는 전자 칩에 차량 정보를 입력, 차량에 대한 정보를 상황실에서 감지해 실시간 모니터링한다.

7) 유관기관 동원 시스템

유관기관 동원 시스템은 재난 발생 시 유관기관에 재난 상황을 전파하고 유관기관을 동원해 임무를 부여하는 시스템이다. 긴급구조 상황실에서 '일제통보장치'와 '이동통신사 멤버링 서비스'를 이용해 유관기관 관계자를 유선전화 또는 휴대전화를 선택적으로 동시에 호출하여 양방향으로 대화할 수 있는 통신 시스템으로 급박한 재난 상황에 신속하고 효과적인 재난 대응 시스템이다.

4. 재난 복구 단계

재난 복구 단계는 재난 상황이 안정되고 긴급한 인명 구조와 재산 보호가 수행되고 난 후에는 재난지역이 재난 전의 정상적인 상태로 회복시키는 단계가 재난 복구 단계다.

1) 재난 피해 수집 시스템

재난 피해 수집 시스템은 재난 현장에서 재난 피해 상황을 PDA 등 모바일 시스템을 통해 입력하면 자동적으로 메인 컴퓨터에 저장돼 재난 피해 상황을 검색, 분류, 분석 등에 활용할 수 있다.

2) 자료분석 시스템

시설물 등에 부착된 UFID를 통해 실시간으로 재난위험성 및 재난 상황 등 재난정보를 재가공해 통합 데이터베이스(DB)를 구축해야 한다. 구축된 DB를 통해 재난정보를 분석해 동일한 사례의 재난을 예방하고, 동일한 재난이 발생했을 경우 능동적이고 효율적으로 재난을 관리해 그 피해를 최소화한다.

3) 재난 현장 의료 지원 시스템

재난 현장 의료 지원 시스템은 원격의료 시스템을 이용해 재난 현장의 응급환자의 체온, 혈압, 맥박, 혈당, 피부 및 점막 검사 등을 지시하면 각종 데이터가 자동적으로 측정돼 실시간으로 의사에게 전달돼 진료를 지원하는 시스템이다.

5. 유비쿼터스 기반 재난관리시스템의 활성화를 위한 제안

국민의 안전에 대한 욕구가 날로 증가하고 있는 가운데 재난관리 분야에 유비쿼터스 정보기술을 활성화하기 위한 다양한 방법이 모색되고 있다. 이 연구에서는 재난관리를 위한 유비쿼터스 정보기술 활용 방안, 즉, 재난정보 데이터베이스 구축, 재난주기 통보, 위험성 분석, 시설물 정보 시스템, 재난방송 시스템, 위치 추적 시스템, 재난 피해 수집 시스템 등을 재난 단계별로 제시했다. 여기에서 재난관리 분야에 도입되고 있는 유비쿼터스 정보기술의 활성화 방안을 중심으로 핵심적인 U-재난 서비스 시스템의 구체적인 방안을 제시하고자 한다.

첫째, 구포대교 등 일부 교량과 터널에 도입되고 있는 유비쿼터스 센서 네트워크 기반의 교량 모니터링 시스템을 더욱 활성화해서 재난에 대한 예방에 만전을 기해야 할 것이다. USN 기반 교량 모니터링 시스템은 진동, 풍향, 풍속, 온도, 유속, 유량 등 교량 구조물의 거동 변화를 원격지에서 감지할 수 있도록 센서가 실시간 자동으로 모니터링해 통보함으로써 효과적이고 안정적으로 재난을 예방하는 시스템이다.

둘째, 현재 설치돼 있는 대부분의 산불 감시 카메라는 관계자가 24시간 영상 모니터링으로 산불 감지에 한계가 있다. 그러나 유비쿼터스 정보기술을 접목해 패턴 인식으로 물체를 정확히 인식하고 지능적인 실시간 분석을 통해 산불의 발화 초기에 감지해 산림의 산불에 의한 소실 방지 및 산림환경의 오염을 방지하는 효과가 있다.

셋째, 숭례문 화재 이후 문화재에 대한 재난관리가 관심의 대상이 되고 있다. 문화재를 재난으로부터 보호하기 위해서는 일본처럼 유비쿼터스 센서 네트워크와 RFID 등을 설치해 조기경보 및 초기 진압할 수 있도록 문화재에 유비쿼터스 정보기술 활용이 활성화돼야 한다. 문화재를 재난으로부터 보호하기 위해 유비쿼터스 센서 네트워크를 구축해 주요 문화재의 산사태 및 낙석 등 절토 사면 또는 도난 및 유실, 화재 등을 실시간으로 감지해 안전과 기능적 정상 유무를 파악해 문화재를 재난으로부터 안전하게 관리해야 한다. 또한, 문화재의 기울기 정도, 변위, 진동, 압력, 온도 및 습도, 부식 정도를 실시간 감지한 정보를 관리자에게 전달해 실시간으로 문화재를 재난으로부터 안전하게 관리할 수 있다.

넷째, 재난 대응 기관인 소방서의 재난 상황을 관제하는 긴급상황관제 시스템은 긴급출동지령 시스템에 접수된 재난이 종결되기까지 재난 상황을 관제하는 시스템이다. 출동 지령 이후의 현장무선통신, 출동차량관제 및 재난관련 정보를 일괄적으로 관리하는 시스템의 활용이다. 그러나 소방 차량의 시동 후 부팅으로 약 1~2분 정도의 지연으로 재난정보 전송 지연의 문제점과 휴대전화의 경우 인근 기지국 위치를 전송해 재난정보의 정확성이 떨어지는 문제점이 있다. 따라서 상시 접속 상태를 유지해 속도 지연의 문제점을 개선하고, 시스템 프로그램의 불필요한 기능을 삭제해 프로그램 단순화를 통해 부팅 시간 지연을 최소화해야 한다. 또한 휴대전화에 의무적으로 GPS 칩을 내장해 오차 범위의 최소화를 위한 법적 제도를 마련해야 한다.

다섯째, 주요 시설물에 대한 지진, 붕괴, 화재, 침수 등 재난을 실시간으로 원격 감시해 자동으로 재난관리 기관에 통보하는 재난원격감시 시스템의 구축이다. 주요 시설물 재난원격감시 시스템은 시설물 등에 부착된 UFID와 센서 네트워크 기반의 시스템이 원격지에서 재난을 실시간으로 모니터링함으로써 사고가 발생할 때 대형 참사 위험성을 줄이고, 피해를 최소화해, 신속·정확한 대처가 가능한 효과적인 재난관리시스템이다.

이 밖에도 유비쿼터스 정보기술의 급성장과 함께 재난관리 분야에 다양한 유비쿼터스 정보기술의 활용은 신속하고 정확하게 대응해 효과적인 재난관리를 수행할 수 있다. 다음은 유비쿼터스 기반 재난관리시스템의 구성도를 다음 [그림 6-2]와 같이 나타내었다.

이어서 이 연구의 결과를 바탕으로 재난정보의 유비쿼터스 정보기술 활성화를 위해 인프라의 단계적 확대가 가능한 핵심 서비스를 선정해 방안을 제시하고자 한다.

먼저 인프라 강점을 이용해야 한다. 국내 정보기술(IT) 인프라 강점을 바탕으로 누구나 기기, 시간, 장소에 구애받지 않고 다양한 재난정보의 디지털 서비스를 제공받을 수 있는 안전한 사회를 구축하는 비전을 제시하고 이를 실현하기 위해 유무선 네트워크 구축, 네트워크 서비스 표준 모델 개발 등을 마련해야 한다.

둘째, 유관기관 간 재난·재해 정보 시스템의 연계가 구축돼야 한다. 재난 관련 기관 간에 재난 관련 기관이 중복, 개별 운영 중인 재난정보 시스템 간 연동으로 재난정보 시스템의 효율적인 운영이 필요하다.

셋째, 안전한 사회를 구축하기 위해 재난정보의 유비쿼터스 기술 활성화를 위해 법·제도적 기반 마련이 선행돼야 한다. 위치 추적 시 GPS 칩 내장은 기지국 신호 이용 방식보다 정확한 위치 추적이 가능하지만 법·제도적 저해 요인이 있어 저해 요인들을 개선하고 인프라를 구축하기 위한 법·제도적 지원 방안이 필요하다.

넷째, 재난정보의 유비쿼터스 기술 활성화를 지원하는 관학 협력 체제 구축이 필요하다. 유비쿼터스 시대의 끊임없는 진화를 통해 안전한 사회를 구축하기 위해 공공기관과 연구기관과의 상호 공동 활용을 위한 협력 구축은 필수적이다.

다섯째, 현장 중심의 체계적인 통합 재난관리 체계 구축이 필요하며, 모든 U-재난 서비스를 수용할 수 있는 식별 체계 및 U-센서 프로파일 등의 표준화가 선행된 재난정보의 유비쿼터스 기술이 활성화돼야 한다. 따라서 현장 중심 재난정보 시스템의 유비쿼터스 기술을 활성화해 재난관리를 능동적으로 한다. 이를 통한 U재난 서비스 간의 상호연동성 확보가 가능한 통일된 표준 센서 식별 체계의 개발과 공동 활용을 위한 U-서비스 통합 재난정보자원관리 시스템 구축 등으로 능동적이고 안정적인 재난관리 체계로 상호 연동 가능한 유기적 재난관리시스템의 초석을 마련한다.

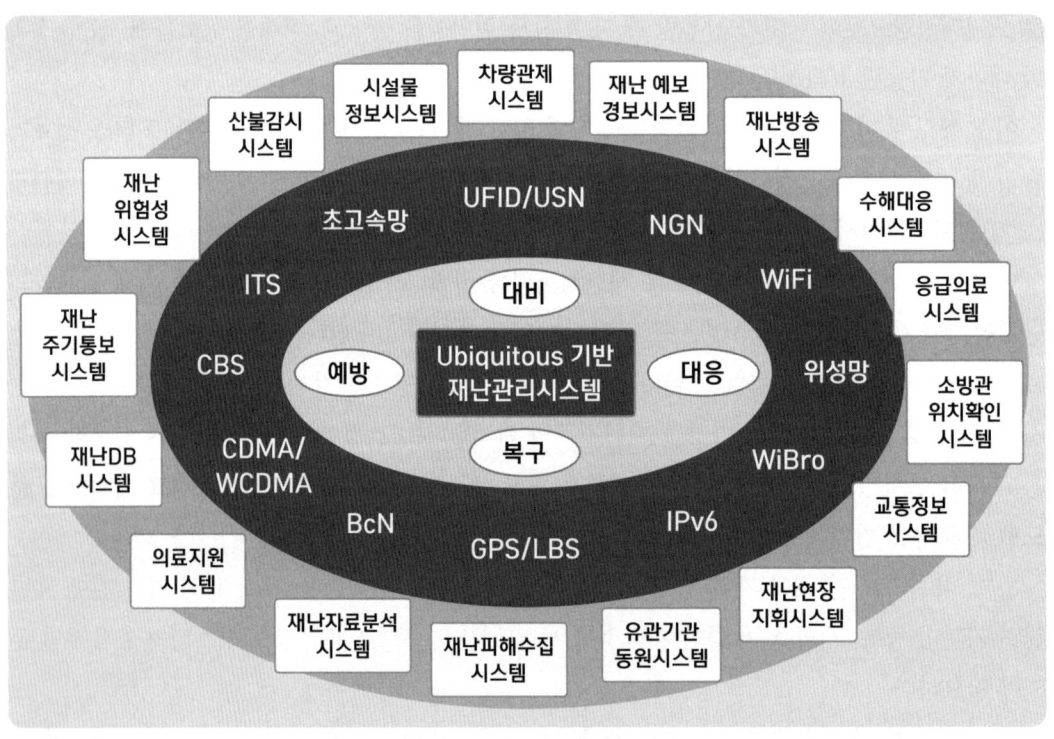

[그림 6-2] 유비쿼커스 기반 재난관리 정보시스템

Ⅳ. 결론

이 연구는 재난 대응 기관인 소방서 재난정보 시스템의 실태를 분석하고, 재난관리 분야에 첨단기술인 유비쿼터스 정보기술의 활용으로 신속하고 정확한 출동으로 효과적인 재난관리 체계 구축 기반을 제안했다.

첫째, 재난관리 단계별로 유비쿼터스 정보기술 활용 방안을 제안했는데, 재난 예방 단계에서는 재난 데이터베이스 시스템 구축, 재난주기 통보, 재난 위험성 분석 등을 제안했다. 재난 대비 단계에서는 산불 감시 시스템, 시설물 정보 시스템, 출동차량 관제 시스템, 재난예보·경보 시스템, 재난방송 시스템 등을 제안했다. 재난 대응 단계에서는 위치 추적 시스템, 수해 대응 시스템, 독거노인 응급의료 시스템, 소방관 위치 확인 시스템, 교통정보 시스템, 재난 현장 지휘 시스템, 유관기관 동원 시스템 등을 제안했다. 재난 복구 단계에서는 재난 피해 수집 시스템, 자료분석 시스템, 재난 현장 의료 지원 시스템 등을 제안했다.

둘째, 핵심적인 U-재난서비스 시스템의 구체적인 방안으로, 교량과 터널에 유비쿼터스 센서 네트워크 기반의 모니터링 시스템을 제안했으며, 유비쿼터스 정보기술을 접목해 패턴 인식으로 물체를 정확히 인식하고 지능적인 실시간 분석을 통해 산불 감시 시스템을 제안했다. 유비쿼터스 기반의 유비쿼터스 센서 네트워크와 RFID 등을 활용해 문화재 재난관리시스템을 제안했으며, 주요 시설물에 대한 지진, 붕괴, 화재, 침수 등 재난을 실시간으로 원격 감시해 자동으로 재난관리 기관에 통보하는 재난 원격감시 시스템을 제안했다.

셋째, 유비쿼터스 정보기술을 재난관리 분야에 활성화하기 위한 정책적인 방안으로, 국내 정보기술(IT) 인프라 강점을 이용해야 하고, 유관기관 간 재난·재해 정보 시스템 연계가 구축돼야 한다. 안전한 사회를 구축하기 위해 재난정보의 유비쿼터스 기술 활성화를 위해 법·제도적 기반 마련이 선행돼야 하고, 재난정보의 유비쿼터스 기술 활성화를 지원하는 관학 협력 체계 구축이 필요하다.

제7장
유해화학물질 사고의 재난 대응 체계 개선 방안

개요

　이 연구는 효과적인 재난 대응 연구의 출발점으로서 재난관리, 재난 대응 체계, 소방조직의 재난 대응 체계 등의 개념을 탐색적으로 살펴보고, 위험물질 사고의 효과적인 재난 대응 체계의 개선 방안을 실증적으로 분석하는 데 목적을 두고 있다. 재난관리, 재난관리 과정, 재난 대응의 중요성, 재난 대응의 특성, 소방조직의 재난 대응 체계, 재난 대응 선행연구, 위험물질 재난 대응 선행연구, 위험물질 재난 대응 사례분석에 대해서 논했다. 이를 바탕으로 재난 대응 체계에 관한 선행연구와 사례분석 등의 요인들을 종합해 분석틀을 제시했다. 연구 결과 첫째, 소방관서 상황실 요원은 재난 현장 정보를 자세하게 수집해 유관기관과 출동한 소방관에게 화학물질 재난정보를 제공해야 한다. 둘째, 재난 대응 시 화학물질에 피부가 노출되지 않도록 화학사고 대응장비를 확보해 효과적인 재난 대응 체계를 확립해야 한다. 셋째, 효과적인 재난 대응 체계를 확립하기 위해 지휘관은 재난관리 컨트롤타워의 역할을 수행할 수 있어야 한다. 넷째, 질병 노출을 방지할 수 있는 보건안전에 대한 세부적인 행동지침을 마련한 효과적인 재난 대응 체계를 확립해야 한다. 다섯째, 다조직의 재난 대응에서 공동 목표 달성을 위해서는 조직 간의 협업을 통해 효과적인 재난 대응 협력 체계를 구축해야 한다. 여섯째, 재난 대응기관은 신속하게 주민 대피 명령을 실시해 효과적인 재난 대응 체계를 구축해야 한다.

I. 서론

 2012년 9월 27일 경상북도 구미시, 2013년 1월 15일 충청북도 청주시, 2013년 1월 27일 경기도 화성시 등에서 잇달아 화학물질 불화수소산(이하 불산)이 누출돼 많은 인명 피해와 재산 피해가 발생했다. 정부는 재난 대응 과정에서 많은 문제점이 노출돼 관련 기관의 재난 대응 체계에 대한 전반적인 재정비에 들어갔다. 특히 소방조직의 화학물질 재난 대응에서는 전문 인력과 화학 보호 장비의 부족, 초기 대응의 미숙 등 많은 문제점이 드러났다. 재난이 발생하면 재난 현장에 제일 먼저 도착해서 재난에 대응하는 공공조직은 소방조직이다. 소방조직의 재난 대응 능력과 전문성의 향상을 위해 재난 대응 과정을 분석해 대응 능력을 개선할 필요성이 있다.

 현대 사회는 사회 체계의 복잡성이 증가하고 산업화가 진행됨에 따라 위험도 함께 증가하고 있다. 사회가 발전하고 사회 체계가 복잡해짐에 따라 동시적으로 위험이 증가하는 사회, 생활 자체가 항상 위험에 둘러싸여 있는 사회, 위험의 생활화가 일상적이고 정상적인 것으로 보이는 사회를 위험사회라고 볼 수 있다. 안전을 위협하는 위험, 건강을 위협하는 위험, 풍요를 위협하는 위험 등을 위험으로만 보기 때문에 위험사회와 위험을 부정적으로 인식하려는 경향이 있다. 따라서 위험이 없으면 안전이 있을 수 없으므로 안전과 위험은 서로 배타적이기보다는 상대적인 것으로 이해해야 한다. 결국, 우리가 살고 있는 사회는 안전사회를 추구하는 동시에 위험사회로 볼 수 있다(Beck, 1992). 위험사회는 곧, 안전한 사회를 추구하는 동시에 좀 더 발전된 사회를 만들기 위한 또 다른 사회의 모습으로 볼 수 있다(이재은 외, 2006: 25).

 최근 재난의 환경은 발생 빈도의 급격한 증가와 규모의 대형화, 재난 유형의 다양화의 양상을 띠고 있으며, 예측 불가능한 재난의 발생으로 인해 대규모 인적·물적 피해를 입고 있다. 특히, 최근에는 자연재난, 인적 재난, 사회재난이 개별적으로 발생하기보다는 복합적이고 대규모적인 양상으로 발전하고 있다.

 재난으로 인한 피해는 좀 더 대형화되고 복잡해지고 있으며, 피해 복구는 이제 공적 영역만이 담당하기에는 큰 부담으로 작용하고 있다. 또한 재난의 발생 추이가 지속적으로 증가하고 있어 이에 대한 체계적인 재난관리 방안을 마련하는 것이 시급한 과제다(한국전산원, 2005).

 우리나라에서 발생한 재난은 근대화에 수반되는 위험과 전근대적인 의식과 근대적 물질문명의 결합을 통한 위험이 동시적으로 나타난 결과다. 한국적 위험 특성을 고려한 위험사회론은 근대화된 사회에서 나타난 위험, 위험에 대한 무관심이나 잘못된 인식에서 비롯된 위험에 대해 관심과 주의를 기울이고 초점을 둬야 할 것이다.

정부는 효과적인 재난 대응을 위해 2003년 2월 대구지하철 화재 사고를 계기로 재난관리 시스템에 문제가 있다는 사회적 지적에 따라 13개 부처에서 분산 관리함으로써 빚어지는 업무의 혼선과 중복 등 심각한 문제가 발생한다는 인식에 따라 2004년 6월 1일 소방방재청을 출범시켰다. 또한 각종 재난으로부터 국민의 생명·신체 및 재산을 보호하기 위해 재난 및 재해 등으로 다원화돼 있던 재난 관련 법령을 통합해 「재난 및 안전관리 기본법」을 제정하는 등 재난 대응에 다각적인 노력을 기울이고 있다.

사회의 발전으로 새로운 개념의 복합재난이 등장하게 됐고, 재난의 환경은 급격하고 다양하게 변화하고 있으며 대처를 어렵게 하고 있다. 이러한 복합재난과 신재난에 효과적으로 대응할 수 있는 재난 대응 체계가 필요하다. 재난 현장에는 다양한 기관·단체가 참여하고 있지만 재난 대응 과정에서 다조직의 협력 부족 등 효과적인 재난 대응 체계를 확립하는 데 많은 어려움이 있다(채진, 2012). 재난은 그 특성상 초기 대응에 실패할 경우 많은 인명과 재산 피해를 가져올 수 있어 재난 대응 체계 확립이 매우 중요하다.

따라서 이 연구는 재난 대응 체계 연구의 출발점으로서 재난관리, 재난 대응 체계, 소방조직의 재난 대응 체계 등의 개념을 탐색적으로 살펴보고, 실증적인 분석을 통해 화학물질 사고의 효과적인 재난 대응 체계의 개선 방안을 제시하는 데 목적을 두고 있다. 이를 위한 구체적인 연구 목표를 살펴보면 다음과 같다.

첫째, 화학물질 사고의 재난 대응 체계의 개선을 위해 재난 대응 효과성에 영향을 주는 신고접수, 출동, 현장 도착, 철수 등의 다양한 변수를 실증적으로 검증하는 것이다. 이 연구 결과는 소방조직의 재난 대응 체계의 종합적인 접근으로 화학물질 사고의 재난 대응 체계에 대한 연구의 방향을 제공할 것으로 기대된다.

둘째, 불산누출사고 현장에 출동한 3개 시 소방공무원 등의 인식을 살펴봄으로써 좀 더 효과적인 재난 대응 체계를 위해 우선적으로 고려해야 할 요인이 무엇이 있는지를 밝혀보고자 한다.

이 연구 결과는 향후 소방조직에서 화학물질 사고에 대한 효과적인 재난 대응을 위한 방향을 제공할 수 있을 것으로 기대된다. 또한 소방교육기관의 재난 대응 교육의 초점을 어디에 둬야 할 것인지에 대한 잠정적인 해답을 제공하게 될 것이다.

II. 재난 대응의 이론적 배경

1. 재난 대응의 의의

재난관리란 재난으로 인한 피해를 최소화하기 위해 재난의 예방, 대비, 대응, 복구와 관련해 행하는 모든 활동이다. 재난 대응은 재난이 발생한 경우 재난관리 담당기관들이 수행해야 할 각종 임무 및 역할, 기능을 수행하는 활동 과정이다. 대응 단계는 예방 단계, 대비 단계와 상호 연계함으로써 재난으로 인한 피해를 최소화하고, 대응 단계 종료 후 발생할 수 있는 2차 재난을 최소화하는 재난관리의 실제 활동을 의미한다. 재난 대응에서는 경보, 피난, 대피, 응급의료, 희생자 탐색, 인명 구조, 응급의료, 재산보호 기능 등이 대응 과정에 필수적인 기능이다.

1) 재난 대응의 특성

재난이 발생할 때 재난관리 기관이 수행해야 할 각종 임무 및 기능을 실제 적용하는 과정인 재난 대응 체계에서는 관할권 분쟁, 표준 절차의 부재, 대응기관의 다양성, 각기 분산된 대응활동이 문제점으로 지적되고 있다. 이는 재난 대응 체계의 특성에 주로 기인하는데, 재난 대응 체계의 특성에 대해 이재은 외(2006)는 해결의 어려움, 돌발성, 대상의 광범위성, 반복성, 시 공간의 무제약성, 발생 원인의 복잡성 등을 들고 있고, 채경석(2004)은 공공재, 경제성 가외성, 결과 위주, 현장 위주, 불확실성, 상호작용성, 복잡성, 누적성 등을 제시하고 있다. 페리(Perry, 1991)는 불확실성(uncertainty), 긴급성(urgency), 집중성(convergence), 비상심리(emergency consensus), 주민 역할 변화, 계약과 일반적인 관계의 붕괴나 약화 등을 재난 대응 체계의 특징으로 제시한다. 따라서 이러한 재난 대응 체계의 특성을 이해하는 것은 재난 현장지휘 체계를 수립하는 데 필수적이다.

2) 재난 대응의 내용

「재난 및 안전관리 기본법」에서는 재난관리를 재난의 예방, 대비, 대응 및 복구를 위해 행하는 모든 활동이라 정의하고 있다(동법 §2). 이처럼 재난관리 체계는 재난의 예방, 대비, 대응 및 복구와 관련된 정책들을 개발하고 집행하는 단계들로 구성돼 있다(Petak, 1985; 이재은, 1998; 류상일, 2007).

재난의 예방(mitigation)이란 재난발생을 사전에 억제하기 위한 일련의 활동이며, 재난 발생에 위험을 감소하기 위한 단계다. 재난의 대비(preparedness)는 재난 대응의 능력을 제고하기 위해 사전에 재난 대응을 미리 연습, 훈련하는 활동이다. 즉, 대비 단계는 재난의 대응 시 필요한 중요 자원들을 미리 확인하고, 지역 내외에 있는 대응기관들의 협조 동의를 구하고 기능 조정을 하며, 재난 손실과 인명 구조 활동가를 훈련시킬 뿐만 아니라 대응계획개발 등의 기능을 수행한다. 재난의 대응(response)은 재난 발생 시 재난관리 주관기관이 수행해야 할 각종 임무, 역할, 기능을 실제 적용하고, 2차 재난 발생 가능성을 감소시킴으로써 재난 대응 종료 후 발생 가능한 문제들을 최소화하는 재난관리의 실제 활동이다. 그리고 재난의 복구(recovery)는 재난 발생 이전 상태로 원상 회복하는 장기적인 과정으로 응급복구와 항구복구로 나눌 수 있으며, 재난 피해자가 일상적인 생활로 돌아올 때까지 지원을 제공하는 지속적 과정이다(위금숙 외, 2009).

재난이 발생할 때 효과적인 현장지휘 체계와 가장 관련이 깊은 재난 대응을 살펴보면 다음과 같다. 페탁(Petak, 1985)은 재난 대응을 "2차 재난 발생 가능성을 감소시킴으로써 재난 종료 후 발생 가능한 문제들을 최소화하는 재난관리의 실제 활동"이라고 했다. 황윤원(1989)은 "돌발사고의 발생 중에 취하는 활동들을 포함하는 국면으로서, 인명 구조, 재산 피해의 최소화 혹은 복구를 촉진시킬 수 있는 제반 행정활동을 갖게 되는데, 그 예로서 긴급대피 계획의 실천, 공중에의 긴급한 명령 및 지시, 구급 의료시설, 피해자 보호, 피난처 제공, 대비 구조 및 탐색 등"으로 설명하고 있다. 정윤수(1994)는 재난 대응 단계에서는 예방과 대비 단계의 정책인 대응계획이 실행되며, 응급의료 체계가 가동되고, 재난대책본부와 같은 비상기구가 작동되는데, 구체적인 비상 대응활동으로는 재난 현장에서의 수색과 구조, 피해 지역의 안전 확보, 필요한 경우 주민의 소개, 응급의료, 구호품의 보급, 비상대피소 설치 등을 들고 있다. 대비 단계에서 마련된 관련 기관들 간의 협조망의 작동이 순조롭게 진행돼야 한다. 이재은(1998)은 "재난 대응은 재난이 발생할 경우 재난관리기관이 수행해야 할 각종 임무와 역할 및 기능을 적용하는 활동 과정으로 파악했으며, 예방 단계와 대비 단계가 상호 연계함으로써 2차 재난 발생의 가능성을 감소시키는 활동"이라고 했다.

재난 대응 단계를 효과적으로 관리하기 위해서는 예방과 대비 단계에서 수립한 대응 단계의 기능과 역할 수행이 무엇보다 중요하다. 일반적으로 재난 대응 조직의 주요한 임무는 인명을 보호하고 재난 피해의 확산을 방지하기 위한 것이므로 대응조직은 재난에 효과적으로 대응할 수 있는 지식(knowledge), 기술(skill), 능력(ability)을 갖춰야 한다(Siegel, 1985). 그러나 통상 재난 대응 단계에서 지휘권 분쟁, 표준 절차의 미비, 대응기관의 다양성, 각기 분산된 대응활동이 문제점으로 지적된다(Drabek, 1985).

2. 소방조직의 재난 대응 체계

소방조직의 목적은 화재를 예방·경계하거나 진압하고 화재, 재난 재해, 그 밖의 위급한 상황에서의 구조·구급활동 등을 통해 국민의 생명·신체 및 재산을 보호함으로써 공공의 안녕 및 질서 유지와 복리 증진에 이바지함이다. 재난이 발생하면 최초 신고를 접수하는 기관이며, 재난의 특성에 알맞은 출동대가 출동해서 현장에 도착하면 상황 판단으로 지원 출동과 대응 규모를 결정한다. 재난 대응 활동은 인명 피해의 최소화와 재산 피해의 경감, 인명 구조 활동에 의한 생명과 신체 보호 등의 일련의 활동이다(정군식·김한수, 2010; 경기도소방학교, 2014).

1) 신고 접수 단계

누구든지 재난의 발생이나 재난이 발생할 징후를 발견했을 때에는 즉시 그 사실을 시장·군수·구청장, 긴급구조기관, 그 밖의 관계 행정기관에 신고해야 한다. 신고를 받은 시장·군수·구청장과 그 밖의 관계 행정기관의 장은 관할 긴급구조기관의 장에게, 긴급구조기관의 장은 그 소재지 관할 시장·군수·구청장에게 통보해 응급 대처 방안을 마련할 수 있도록 조치해야 한다(재난 및 안전관리기본법 제18조).

화재를 발견한 자는 소방기본법 제19조(화재 등의 통지)에 의해 소방서 등으로의 통지 의무가 부과돼 있으며, 119번 신고는 종합방재센터 또는 소방서 상황실에 연결된다. 신고 접수는 소방기관이 화재 등의 통보를 받고 확인한 것으로서 소방대가 행하는 소방활동의 기점이 된다(박종철, 2014).

따라서 화재 통보가 늦으면 화재 진압 활동에 착수하는 시간도 늦어지게 되고, 화재는 연소가 확대돼 피해도 늘어날 뿐만 아니라 소방활동도 어려워지게 되므로 신속하고 정확한 신고가 무엇보다 중요하다. 재난기관이 재난을 접수하는 방법은 여러 가지가 있으나 119신고 전화에 의한 것이 대부분을 차지한다(경기도소방학교, 2014).

최근에는 휴대전화의 신고가 증가하고 있는 실정이며, 소방법에 규정한 일정 대상물에서는 자동화재탐지설비 등과 연동한 자동화재속보설비에 의한 통보 등 다양화되는 경향을 나타내고 있다. 신고 접수 단계의 활동 내용은 재난 위치 파악, 재난 규모 등 현장 정보 수집, 출동 명령, 응원 요청, 유관기관 정보 공유 등이다(이정일, 2010).

2) 출동 단계

재난 신고를 접수하고 출동대가 현장에 도착할 때까지의 일련의 행동이 재난 출동 단계다. 소방청장, 소방본부장 또는 소방서장은 화재, 재난 재해, 그 밖의 위급한 상황이 발생했을 때에는 소방대를 현장에 신속하게 출동시켜 화재 진압과 인명 구조·구급 등 소방에 필요한 활동을 하게 해야 한다(소방기본법 제16조).

출동 단계의 활동 내용은 출동로 선정, 장비 적재, 재난정보 제공, 의사소통 등이다(경기도소방학교, 2014). 첫째, 출동로는 재난 현장으로 안전하고 단시간에 도착할 수 있는 도로를 선정하는 것을 원칙으로 한다. 둘째, 재난의 개략적인 내용이 파악되면 재난의 양상, 재난 발생 시간대의 관내 도로 교통 상황, 기상 조건 등 재난 대응활동에 필요한 제반 요인을 확인하고 필요한 장비를 준비해 이후 전개되는 재난 대응활동에 지장이 없도록 조치해야 한다. 개인보호장비 선택 시 화학적 및 열에 대한 위험이 고려돼야 한다(NFPA 471). 셋째, 출동 명령에 의해 각 소방대가 출동한 후에도 119신고 등을 바탕으로 재난 현장의 정보를 수집해야 한다. 따라서 각 출동대에 대해 재난 장소의 변경이나 구체적인 재난 상황 정보를 제공할 수 있도록 노력해야 한다. 넷째, 재난 대응 시 원활한 의사소통은 재난관리의 효과성을 높여 준다. 소방관의 원거리 무선통신 등 다양한 재난 현장의 의사소통에 관한 방안을 고려해야 한다(NFPA, 297).

3) 현장 도착 단계

각 출동대의 현장 도착 시간에는 소방서, 119안전센터 등의 소재지로 볼 때 동시에 출동한 경우라도 당연히 차이가 있다. 각각의 출동대는 도착 즉시 재난 대응활동을 전개해야 한다. 따라서 각 출동대는 도착 순위에 따라서 각각의 임무를 효과적으로 처리하기 위해 서로 긴밀하게 연계해 재난 대응활동을 해야 한다.

출동 단계의 활동 내용은 재난 상황 판단, 현장지휘소 운영, 자원 배치, 재난 상황 보고, 비상소집 등이다. 첫째, 재난 현장 출동대원은 재난 현장에 진입하기 전에 가능한 모든 재난 상황 정보를 수집해 재난 상황을 파악해야 한다. 둘째, 중앙긴급구조통제단장 또는 지역긴급구조통제단장이 재난 현장에서 기관별 지휘소를 총괄해 지휘 조정 또는 통제하는 등의 재난 현장 지휘를 효과적으로 수행하기 위해 현장지휘소를 설치 운영한다. 셋째, 자원 배치의 우선순위 결정 기준으로 활용되는 것으로 ① 인명구조(rescue), ② 외부 확대 방지(exposure), ③ 내부 확대 방지(confine), ④ 대응(response), ⑤ 재발 방지를 위한 점검 조사(overhaul) 등 다섯 가지의 원칙이 있다. 넷째, 재난의 확대, 부상자의 발생, 구조대상자의 추가 발견, 필요한 장비의 추가 등 변화하는 현장 상황에 따라 미리 정해진 통신 요령에 의해 신속하게 재난상황실에 보고해야 한다. 다섯째, 비상소집은 화재, 재난 등이 발생하거나 발생할 우려가 있는 경우 또는 다수의 소방 수요가 발생해 소방력을 동원해 소방활동을 강화할 필요가 있는 때 소집한다(경기도소방학교, 2014).

4) 대응 단계

재난 대응 단계는 재난의 피해를 최소화하고 인근 지역으로 피해의 확산을 방지하기 위해 소방대 편성, 자원관리, 인명 구조, 대피명령, 2차 피해 방지, 긴급구조통제단 가동, 재난 대응 협력, 재난 현장 안전관리 등의 활동이 요구된다(김국래·유병욱, 2013; Petak, 1985; 경기도소방학교, 2014).

첫째, 소방대 편성은 재난 현장 조직 편성을 위한 임무 부여 수준으로 크게 전략 수준, 전술 수준, 임무 수준으로 구분할 수 있는데, 재난의 성격이 복잡하거나 대규모인 경우 이러한 각각의 작전 수준은 권한위임의 원칙에 따라 하위 단위 지휘관으로 편성된다.

둘째, 재난자원을 효과적으로 관리하기 위해서는 자원을 용량과 용도에 맞게 분류하고, 자원의 상태를 관리해야 한다. 전술자원은 세 가지 형태로 관리한다. 즉, 투입된 자원, 대기자원과 휴지자원이다. 자원의 상태가 변화된 경우에는 바로 현장지휘관에게 보고한다.

셋째, 재난 현장에서의 인명 구조는 재난으로 인해 생명, 신체에 위험이 있어 자력으로 탈출 또는 피난할 수 없는 사람을 안전한 장소로 구조 또는 위험한 상황으로부터 구조하는 것을 말한다.

넷째, 시장·군수·구청장과 지역통제단장은 재난이 발생하거나 발생할 우려가 있는 경우에 사람의 생명 또는 신체에 대한 위해(危害)를 방지하기 위해 필요하면 해당 지역 주민이나 그 지역 안에 있는 선박, 자동차, 사람 등에게 대피명령을 해야 한다.

다섯째, 재난 현장에서 활동하는 대원은 2차 위험을 방지하기 위해 재난활동 및 안전 확보에 필요한 범위를 경계구역으로 설정하고 안전선(fire line)을 이용해 일반인의 출입을 차단해야 한다.

여섯째, 지역별 긴급구조에 관한 사항의 총괄 조정, 해당 지역에 소재하는 긴급구조기관 및 긴급구조지원기관 간의 역할 분담과 재난 현장에서의 지휘 통제를 위해 시·도의 소방본부에 시·도 긴급구조통제단을 가동하며, 시·군·구의 소방서에 시·군·구 긴급구조통제단을 가동한다.

일곱째, 「재난 및 안전관리 기본법」에서 특별시 광역시·도·특별자치도와 시·군·구의 재난 및 안전관리 업무에 협조해야 한다고 규정하고 있어 다양한 기관들의 재난관리의 협력을 강조하고 있다. 상이한 임무를 지닌 다조직이 재난 발생 시 재난관리에 관여하게 된다(Waugh & Sylves., 1996).

여덟째, 재난 현장은 위험 요소가 복합된 환경에서 소방활동을 해야 하므로 재난 현장에서는 안전 통제선을 설정해 소방활동의 행동 한계 지역으로 운영하고 있다.

5) 철수 단계

재난 현장 철수 단계는 재난 대응활동의 최종 활동이고 재난 대응활동에 사용한 기구를 수납 점검함과 동시에 재난 대응을 위한 행동이다. 재난 현장 철수는 지휘자의 명령에 따라 전 대원이 협력해 신속하고 일사불란하게 행동해야 한다. 철수 단계의 활동 내용은 보건 안전, 재출동 준비, 현장 보존, 소방활동검토회의(AAR: After Action Review) 등이다.

첫째, 최근 화학물질 유출 사고 등 재난의 발생이 증가함에 따라 소방공무원의 건강과 안전을 위협하는 요인이 증가하는 추세에 있고, 소방공무원이 충격적인 사고현장의 수습 등 위험에 장기적 반복적으로 노출되고 있어 소방공무원의 근무환경의 특성을 고려한 보건안전에 대한 대책이 시급하다(NFPA, 1500).

둘째, 재난 현장에 출동한 소방대는 재난 현장에서 철수해 기구의 손상, 분실 등의 유무를 신속하게 점검하고 다음 출동에 대비해야 한다. 그리고 출동 차량의 연료, 윤활유를 보급한다.

셋째, 재난 현장 보존의 목적은 물질적인 면에서는 재산 보호임과 동시에 재난 원인 조사를 용이하게 하고, 나아가 범죄행위를 전제로 한 수사에 협력하기 위한 것이므로 가능한 한 재난 현장을 재난 직전의 상태로 유지시키는 것이다.

넷째, 소방활동검토회의(AAR)는 소방활동을 실시한 사항으로 상황 종료 후 검토회의를 진행했으나 지금은 화재·구조·구급출동 등 재난에 따른 모든 출동 사항에 대해 실시하도록 하고 있다. 소방활동검토회의(AAR)는 소방활동을 마친 후 진압 상황 등의 전 과정을 재검토한 후 잘된 점, 잘못한 점, 미흡한 점 등에 대해 토론을 하고, 그 결과에 대한 원인 분석을 통한 예방 대책을 강구하기 위한 활동으로 실시 종료 후 소방활동검토회의 실시 결과기록부에 정리한다(경기도소방학교, 2014).

3. 선행연구

1) 재난 대응 선행연구

고기봉 외(2012)는 소방의 재난 대응 체계 개선 방안 연구에서 2011년 7월 27일 0시 08분경 강원도 춘천시 신북읍 천전리 마적산 산지당골에서 발생한 산사태 사례 분석을 통해 의용소방대원에 대한 전문교육 실시 및 활용 방안 강구, 유관기관 초기 재난 대응 능력 향상 및 협조 체계 구축, 산사태 재난 대응 전문교육 강화, 상황관리 및 현장 지휘체계 강화, 신속한 현장응급의료소의 설치 운영, 적절한 자원대기소의 설치 운영, 적절한 통제선의 설치 운영, 적절한 언론 통제, 개인 구조장비 및 중장비 연료의 충분한 확보, 휴대용 무전기 및 충전기의 충분한 확보, 재난 대응에 필요한 소방 예산의 확보 등을 제안했다. 채진(2012)은 다조직의 재난관리 협력 체계 분석에서 재난의 환경은 매우 복잡하고 다양한 양상을 띠고 있으며, 최근에는 구제역, 고병원성 조류인플루엔자 및 대규모 전파를 동반해 폐사(廢死)를 일으키는 가축 질병 등 신종 가축 질병이 세계 전역에 걸쳐 발생하고 있다. 재난은 그 속성상 발생 원인이 복잡하고, 다양하기 때문에 효과적인 재난관리를 위해서는 다조직(multi-organizational)이 협력을 통해 현장 중심의 재난관리가 필요하다. 구제역 방역활동을 사례로 다조직의 재난관리 협력 체계를 분석하여 향후 재난관리 참여기관들의 협력 체계 구축을 위한 개선 방안을 도출했다.

한승현 외(2009)는 지방정부의 재난 대응 체계에 관한 비교 연구에서 한국과 일본에서 발생한 해양 유류 유출 사고를 중심으로 분석했다. 연구의 결과, 제도적 측면에서 국내의 지방정부는 일본과 달리 여전히 형식적인 통합 시스템으로 운영되고 있어, 실질적인 유관기관 간 네트워크 형성이 부족했다. 결과적으로 재난 대응 측면에서 일본은 지방정부 주도하에 유관기관 및 전문기관의 협조를 얻는 반면, 우리나라의 지방정부는 제도적 한계로 인해 전문기관은 물론 민간 부문의 유기적 공조 협력 체계도 구축하지 못했다고 한다.

박대우(2010)는 소방조직 재난 대응활동에서의 사회적 자본 분석에서 소방조직 재난 대응활동의 효과성 증대를 위한 사회적 자본의 확충 방안을 도출하고 재난 대응 활동에서 독립변수와 종속변수와의 관계를 분석하는 연구를 했다. 재난관리와 사회적 자본의 관계를 파악하기 위해 1995년 삼풍백화점 붕괴사고와 2003년 대구지하철 화재사고를 통한 사회적자본이 소방조직의 재난활동에 어떤 영향을 미치는지를 분석했다.

권건주(2009)는 지역 재난 현장 대응조직의 역할에 관한 연구에서 대규모 재난이 발생할 때 재난을 수습하는 재난 현장 대응조직인 재난안전대책본부, 긴급구조통제단, 비상지원본부, 현장지휘대를 비교 분석한 결과, 첫째, 예방 단계에서는 사전 안전 점검 기능을 강화하고, 둘째, 대비 단계에서는 현장 체험 위주의 교육훈련과 재난체험훈련장을 신설하고, 셋째, 대응 단계에서는 재난 관련 책임기관 간의 재난기관별 역할 분담에 따른 통합지휘체계가 확립돼야 하고, 넷째, 복구 단계에서는 인적 재난도 자연재난과 같이 사전에 복구비 지원 기준에 대한 법제화가 이뤄져야 한다고 했다.

류상일(2007)은 한국의 재난 대응 기능 간 우선순위 분석에서 우리나라의 기존 재난 대응 기능 수행에 관해 소프트웨어적 개선 방안을 모색하고자 재난 대응 시 수행하는 기능을 도출하고, 기능 간 중요도와 우선순위를 분석했다. 이를 통해 향후 재난 대응 시에 신속성과 효과성을 제고하기 위해서 어떤 기능이 중요한지를 밝혔다. 연구의 결과, 재난 대응 기능 중 재난지역 정비와 2차 재난 방지 및 시민 이동을 중요하게 인식하고, 전체적으로 질서 유지 기능이 상대적으로 다른 기능에 비해 중요하다고 인식하고 있었다. 다음으로 재난 피해가 없는 안전지역을 미리 확보해 두는 것이 중요하다고 여겼으며, 재난 대응을 위한 장비를 확보하는 것을 중요하게 인식하고 있다.

2) 화학물질 재난 대응 선행연구

산업사회는 물질적 풍요로움을 가져왔지만 우리 사회의 곳곳에 위험을 상존하게 했다. 우리나라의 산업 발전은 돌진적 성장을 이뤘지만 안전관리 시스템 부재로 지속 가능한 성장을 방해하고 있다. 우리나라에서 화학물질에 대한 연구는 2000년 대 초부터 이뤄지고 있다. 초기에는 사고 사례 접근이 중심이 됐으나 점차 재난 대응 방안의 연구가 이뤄지고 있다.

김동영 외(2013)는 경기도 화학물질 관리 체계 개선 방안 연구에서 2012년 구미 휴브글로브, 2013년 화성 삼성전자 불산누출사고를 계기로 화학물질에 대한 안전과 국민 건강에 대한 관심 고조, 최근 발생한 일련의 화학물질 누출사고를 계기로 화학물질 현황분석과 관리 체계 보완이 필요하다고 지적하고 있다.

문제점으로는 화학물질 사고 발생 시 전문성 있는 조직 활용이 미흡하고, 화학물질 취급사업장은 형식적인 자체 방재계획을 수립하고 있다. 구매가 어려운 응급의약품은 사업장 사고 대응 시 현실적인 제약 요소로 작용하고 있다.

화학물질 관리 체계 개선 방안은 다음과 같다. 첫째, 환경 위해시설 관리 감독 강화 방안으로 시·도, 시·군·구의 관리 감독 강화, 지방정부 보건환경연구원의 화학물질 계측, 감시 기능 보완, 사업장 단위 자체 방재계획 수립 및 운영 실효성 제고, 시설관리 규정 보완, 관리 대상 시설의 조사 및 법정 규모 미만의 시설에 대한 관리 확대, 운송 차량에 대한 관리 감시 기능 보완, 관련 정보 체계의 구축과 지역사회 공유 등이다. 둘째, 사고 대응 체계 보완 방안으로 중앙정부와 지방정부의 역할 분담과 공조 체계 확보, 사고 발생 후 처리 체계 개선 등이다. 셋째, 화학물질에 의한 건강 위해성 관리 기반 조성 방안으로 산업단지 등 유해물질 모니터링 체계 보완, 환경위해 시설 정보 체계의 구축과 활용, 유해폐기물 관리 체계와의 연계성 확보 등이다.

최민기 외(2013)는 화학물질 누출사고 사례 및 대응 방안에서 산업과 과학기술이 발전함에 따라 화학물질의 종류와 사용량이 증가하고 있다고 지적한다. 국가생산력에 큰 비중을 차지하고 있는 화학물질은 유통과정, 저장, 사용 등 산업 안전에 위험요인이 상존한다. 화학물질 누출사고는 인명 피해뿐만 아니라 재산 손실을 가져오고 지역주민의 건강과 안전에 영향을 미친다.

화학물질 누출사고 사례의 문제점은 다음과 같다. 첫째, 구미 불산누출사고는 작업자들이 신속한 작업을 위해 안전수칙을 제대로 지키지 않고 작업을 진행했고, 작업 순서 매뉴얼을 지키지 않았으며, 안전보호장구도 갖추지 않았다. 안전관리를 책임져야 할 책임자가 현장을 제대로 관리하지 못했다. 둘째, 상주 염화수소 누출사고는 유독물질을 다루는 공장의 경우 법정 인력이 필요하지만 고정비용을 최소화하기 위해 공장 내 불산, 질산, 황산 등을 반출하면서 필요 인력을 줄였다. 사고 당시 유독물질을 관리하는 근로자는 두 명에 불과했고 공장시설물 등을 점검, 관리하기엔 턱없이 부족한 인력이다.

화학물질 누출사고 대응 방안으로는 첫째, 관계기관 통합적 대응 방안으로 화학물질을 다루는 각 기관은 서로 합리적 대응 방안을 모색해 유기적인 사고 대비를 해야 한다. 둘째, 철저한 사전 관리 방안으로 현장근로자에게 안전교육, 보호장구 착용 확인, 설비 확인, 사고 대응 매뉴얼, 화학물질 취급 매뉴얼 등을 충분히 숙지하도록 하고 사전교육을 해야 한다. 셋째, 안전 분야 전문가 양성 방안으로 유관기관이 지원을 통해 신속한 대응을 도와야 한다. 넷째, 제도적 개선 방안으로 화학물질 사고는 소규모 업체에서 발생하더라도 대형 재난으로 발전될 가능성이 있으며, 환경적으로 회복이 어려운 만큼 관리·감독 대상을 5인 미만인 소규모 사업장까지 확대해야 할 것이다.

강미진(2008)은 화학물질 사고에 의한 중대사고 예방제도 효율화 방안 연구에서 국내 화학물질 중대사고 예방제도에 관련해 많은 연구가 수행됐으나, 운영방안 중 이행실태 평가에 대한 일부 사항만을 반영해 개정됐을 뿐, 대부분의 연구 결과는 법률로써 제도화되지 못했다고 지적했다.

화학물질 중대사고 예방을 위해 법률적 체계의 효율화 방안으로는 첫째, 현행 산업안전보건법 제49조의 2를 개정하거나 별도의 중대사고 예방에 관한 규칙을 제정하고, 둘째, 사업주가 "중대사고 예방규정"을 작성, 수립해 이행하도록 하며, 셋째, 중대사고 예방 시스템은 최소한 매 5년 주기로 검토하고 재평가해 문서로 재작성하도록 했고, 넷째, 사업장 내에서 중대사고 예방 업무를 주도적으로 수행할 수 있도록 담당자를 지정하도록 했으며, 다섯째, 정부기관의 의무 사항으로 "위험구역 설정 및 관리"를 추가하고, 여섯째, 지속적인 중대사고 모니터링 및 중장기 정책과 계획을 수립하도록 했고, 일곱째, 중대사고의 정의를 확대해 수정할 것을 제안했다. 이와 관련해 산업안전보건법 제10조를 일부 수정해 공정·사고를 보고하고, 사업장에 누출될 우려가 있는 위험물질의 종류와 양을 신고하거나 보고하도록 하는 규정을 새로 신설할 것을 제안했다.

예방제도에 따른 사업주의 의무 사항인 구성 요소를 합리적으로 보완하고 수정하는 방안으로 첫째, 문서화된 중대사고 예방 규정을 추가하며, 둘째, 공정위험성 평가서를 작성할 때 필요한 위험성평가 기법을 제한하지 않고, 다만 어떤 기준을 만족하는 기법을 사용해야 한다는 형태로 수정하도록 하며, 셋째, 공정안전자료 목록을 자율화하고, 넷째, 비상조치계획에 인근 사업장의 영향을 고려한 비상 대응 시나리오를 포함하도록 제안했다.

윤이 외(2007)는 환경부의 화학사고 대응 현황 및 주요 정책연구에서 화학물질은 현대 사회의 경제 발전과 산업화의 원동력으로 궁극적으로 인류의 삶의 질을 향상시키는 데 공헌해 왔지만, 화학물질을 취급하는 공장, 화학물질을 운반하는 과정에서 발생하는 사고는 다수의 인명 피해를 유발할 뿐만 아니라 2차 오염에 따른 치명적인 환경 파괴를 초래할 수 있다고 지적한다.

국내에서 발생하는 주요 화학물질 사고는 대규모 산업단지가 위치한 지역에서 발생한 사고가 대부분이며, 대량 취급시설에서의 화학물질 사고는 근로자뿐만 아니라 인근 사업장, 주민에게도 크게 영향을 미친다.

화학물질 사고 예방 및 대응정책 방안은 다음과 같다. 화학사고 사전 예방 및 안전관리 강화 방안으로 첫째, 화학물질별 유해성과 위험성을 확인하고 유형별로 분류해 유형별 적정관리 방안을 마련해야 한다. 둘째, 화학물질 사고이력 관리 시스템 구축을 통해 사고 관련 정보를 공유함으로써 화학물질 사고 대처 및 예방을 위한 정책 수립과 제도 개선, 예방정책 수립에 필요한 기초자료로 활용해야 한다. 셋째, 화학물질 사고 후 영향조사 제도 시행을 통해 만성적으로 나타날 수 있는 피해의 정확한 예측을 위해 사고지역을 중심으로 인체 및 환경에 대한 모니터링을 지속적으로 수행해야 한다. 넷째, 화학사고의 예방을 위해 화학물질의 영업 등록 기준을 강화하고, 취급 시설의 정기 수시 검사 대상을 확대하며, 화학물질을 취급하는 시설은 화학물질의 유해성과 위험성 등을 위해 화학물질의 관리 및 취급시설 기준 등을 강화해야 한다.

화학사고 감시 대응 체계 구축 방안으로 첫째, 화학물질 사고 발생 시 현장 대응기관에 사고 물질에 대한 종합적인 사고 대응정보를 신속·정확하게 제공하기 위해 개발된 화학물질 사고 대응정보시스템(CARIS)을 확대 운영해야 한다. 둘째, 화학물질 운송차량 관리 시스템 구축을 통해 운송 차량 적재물품 이력을 관리하고 위치기반 시스템을 통해 화학물질 운송 차량의 이동을 실시간 모니터링할 수 있어야 한다. 또한 운송 차량을 실시간 관제함으로써 차량의 불법적인 이동을 감시해 사고를 사전에 예방하고, 비상시는 소방, 경찰, 지자체 등에 긴급사고 정보를 신속하게 제공함으로써 피해 확대 방지에 노력해야 한다. 셋째, 화학사고 감시 체계 구축 운영을 통해 24시간 화학사고 모니터링 체계를 구축해 사고를 관제해야 하고, 운송 차량 관리 시스템, CARIS와 연계해 화학물질을 취급하는 공장 및 운송시설의 사고에 종합적인 대응을 할 수 있어야 한다.

화학사고 대응 능력 제고 및 인프라 확충 방안으로 첫째, 화학사고 관리조직 및 장비 확충을 통해 사고 현장에 출동하는 대응 요원을 화학물질로부터 보호하기 위해 화학보호복 등 개인보호장비를 확보하고, 사고물질을 현장에서 식별 탐지 및 측정하는 다양한 형태의 분석장비를 확보해야 한다. 둘째, 최근 화학사고가 빈번하게 발생하고 있으며, 화학사고에 대한 교육 수요가 지속적으로 증가하고 있지만 기관마다 별도의 교육 프로그램을 운영하여 사고대응 과정에서 혼란이 예상됨에 따라 화학사고 대응을 위한 표준교육 프로그램 개발이 시급하다. 셋째, 국내 유통 중인 화학물질을 성질에 기초하여 물질 유형별로 분류하고 현장 대응에 필요한 탐지 측정 방법 등 대응기술을 연구·개발해야 한다.

김창섭(2002)은 재난에 대비한 화학물질 사고처리 체계에 관한 연구에서 화학물질 사고는 직접비보다 간접비의 크기가 산정할 수 없을 정도로 심각한 사고이며, 예측과 대비가 어렵다. 또한 다양한 사고를 통해 시련을 경험한 후 사회적으로 예방과 다양한 대안들이 제시되고 있지만 안전불감증으로 인해 실행되지 못하고 탁상공론을 반복하고 있다고 지적한다.

화학물질 사고처리의 문제점으로는 위험물 사고의 유형은 하나의 형태로만 국한시키기 어렵고 다양한 상황이 복합적으로 얽혀 있으며, 다양한 기관과 부서에 걸쳐 재난 대응이 이뤄지고 있어 사고의 책임을 지는 기관이 불분명하므로 사고처리에만 의존하고 있다. 현실적으로 사고 전담 부서에 현장지휘체계, 위험물질 정보 공유 등이 부족해 신속한 대응이 어렵다.

화학물질 사고처리 개선 방안으로 첫째, 위험물질 분류는 산업안전보건법의 분류와 화학물질관리법의 분류하고 있지만 위험물안전관리법에 근거를 둬 국제적 흐름과 부합돼 재난 대응 시 모든 위험물질을 포함하는 단일화된 기준으로 분류돼야 한다. 둘째, 위험물의 전문적인 재난 대응은 소방조직에서 담당하되 신속한 사고대응을 위해 그 기능과 역할을 확대 독립하는 등 제도적인 기틀을 확립해야 한다. 셋째, 사고가 발생할 때 전문적인 대응을 하기 위해서는 통합 위험물관리센터와 같은 기구를 설립해 사고 전담 처리반이 활용할 수 있는 위험물질의 성상, 대응 요령 등의 데이터베이스를 확보해 화학물질 사고에 대비한 시나리오를 작성해야 한다. 넷째, 산업의 발전에 따라 소방의 역할이 더욱 강조되는 선진국들의 사례와 비교해 볼 때 부족한 인력과 장비를 보강할 필요가 있으며, 소요 비용에 대해서는 별도의 소방기금을 마련해야 할 것이다. 또한 원인자 부담 원칙과 수익자 부담 원칙을 기초로 한 실용적인 연구가 필요하다.

3) 선행연구의 비판적 검토

지금까지 화학물질 재난 대응에 대한 연구는 실태분석(강미진, 2008; 윤이 외, 2007; 김창섭, 2002), 사례분석(김동영 외, 2013; 최민기 외, 2013)에 초점이 맞춰져 있다고 할 수 있다. 선행연구는 실태분석과 사례분석을 통해 처방적 연구가 중심을 이루고 있어 실제 화학물질 사고 재난 현장에 출동한 대원을 대상으로 실증적 연구가 필요하다.

그동안 화학물질 사고 사례를 살펴보면 재난 현장에 가장 먼저 도착해 재난 대응을 수행하는 공공조직은 소방조직이다. 소방조직의 재난 대응 능력과 전문성의 향상을 위해 재난 대응 체계를 분석해 대응 능력을 개선해야 할 것이다. 이러한 관점에서 선행연구의 한계점을 살펴보면 다음과 같다.

첫째, 화학물질 재난 대응에 대한 연구의 주류를 이루고 있는 사례연구는 분석 단위가 하나여서 이 대상을 집중적으로 검토하기 때문에 심도 있고 종합적으로 이해할 수 있는 장점이 있다. 반면에 비정형적인 방법을 사용하므로 주관성을 띠기가 쉽고, 소수의 표본을 사용하고, 사례를 주관적으로 선정하며, 특이한 사례를 중심으로 선정하려는 경향이 있기 때문에 이에 대한 결과를 일반화하려고 하는 한계가 있다. 따라서 앞으로 화학물질 재난 대응 체계에 대한 연구에서 이론적 일반화를 위해서는 실증분석을 통해 효과적인 재난 대응에 영향을 미치는 주요 요인이 무엇인지 연구할 필요가 있다.

둘째, 화학물질 사고가 발생하면 재난 현장에 가장 먼저 도착해서 재난 대응을 수행하는 공공기관은 소방조직이다. 재난 대응 전문가인 소방공무원은 화재를 예방·경계하거나 진압하고 화재, 재난, 그 밖의 위급한 상황에서의 구조·구급활동 등을 통해 국민의 생명 신체 및 재산을 보호함으로써 공공의 안녕, 질서 유지와 복리 증진에 이바지함을 임무로 하고 있다. 따라서 재난 현장에서 직접 활동하고, 재난 대응을 기획하는 전문성이 높은 소방공무원을 대상으로 연구가 진행될 필요가 있다.

4. 화학물질 재난의 사례분석

사례분석은 독특한 특성을 가진 개인, 집단, 기관, 지역사회, 프로그램, 정책결정 등 소수 사례에 대한 심층적 종합적 연구를 말한다(남궁근, 2010). 사례분석은 연구하려는 사회적 대상의 독특한 성격을 밝히기 위해 관계자료를 조직화하는 연구 방법으로서 개인, 가족, 사회집단, 사회적 관계와 과정, 또는 문화 등 특정 사회적 단위를 하나의 전체로서 파악하려는 연구 방법이다(Goode, & Hatt, 1981). 최근 화학물질 누출로 많은 인명 피해가 발생하여 사회적으로 이슈가 됐다. 이 사례분석 연구는 주요 화학물질 사고 사례를 분석해 시사점을 도출하는 데 그 의의가 있다.

1) 구미시 불산누출사고

2012년 9월 27일 15시 43분경 경북 구미시 국가산업단지 구미 4공단 LCD액정 세척제 제조 공장에서 불산 탱크로리(20톤)에서 공장 저장탱크로 옮기던 중 작업자의 실수로 8톤의 불산이 누출됐다. 이 사고로 인명 피해 사망 5명, 부상 18명, 이재민 60명, 재산 피해액 약 500억의 피해가 발생했다. 농작물 고사 등 212ha, 가축 3,209마리, 차량 부식 548대, 건물 조경수 등 756건 등의 피해를 입었다. 많은 농작물 피해와 가축의 피해로 주민들은 고통을 받고 있다. 정부는 2012년 10월 8일 구미시 불산누출지역을 「재난 및 안전관리 기본법」 제60조에 의거 특별재난지역으로 선포했다.

구미시 불산누출사고의 시사점(김동영 외, 2013; 소방방재청, 2012)은 첫째, 유독물 등 화학물질 취급 업소에 대한 재난 대응 정보를 사전에 확보할 수 있는 시스템이 없었으며, 소방관서에 허가 사항의 데이터베이스(D/B) 정보 공유 체계가 구축되지 않았다.

둘째, 화학물질 사고 대응정보 시스템(CARIS)을 활용한 피해 범위 설정, 실시간 유해 농도 변화 등 대응 정보 제공 확보 전파가 미흡했다.

셋째, 119구조대원의 화학사고 전문성과 중화제, 화학보호복, 화학물질 분석 제독 차량 부족으로 현장 대응에 한계가 있었다. 화학보호복과 전문가가 없어 사고 발생 8시간 후에야 밸브를 차단했다.

2) 청주시 불산누출사고

2013년 1월 15일 21시 53분경 충북 청주시 청주산업단지 액정평판디스플레이 제조공장에서 근로자가 공장 시설물을 검검하던 중 미끄러져 넘어지면서 팔꿈치로 30cm 가량의 불산용액 PVC관에 부딪혀 배관이 균열되면서 불산 용액이 새어 나와 근로자의 피부에 접촉돼 부상자 1명이 발생한 사고다. 이번 재난 대응에는 인원 34명, 차량 7대가 동원됐다.

청주시 불산누출사고의 경우 신고를 받은 청주서부소방서는 21시 54분 구급대 출동, 21시 55분 구조대 출동, 21시 56분 화재진압대(화학차) 출동, 21시 58분 지휘대 출동 등 재난정보 수집 단계부터 종합적인 대응이 이뤄지지 못하고 부분적으로 구급대, 구조대, 화재진압대, 지휘대 등이 출동해 출동 단계부터 재난 대응에 문제점을 드러냈다. 특히 현장에 출동한 구급대는 화학보호복 등 개인안전장비를 갖추지 않고 있어 불산누출 현장에 응급 환자를 처치하러 들어갔다면 2차 재난이 발생했을 것이다. 119신고 접수 단계에서부터 재난정보의 다각적인 수집이 되지 않았다(소방방재청, 2012).

3) 화성시 불산누출사고

2013년 1월 27일 13시 22분 경기도 화성시 반월동 반도체 생산업체에서 노후 배관 교체작업 중 불산 약 2~3리터가 누출돼 작업 중이던 근로자 사망 1명, 부상 4명이 발생한 사고다. 화학물질 중앙공급시설에서 감지기에 의해 최초 불산누출이 감지돼 밸브 조임 작업으로 조치했으나 23시 38분 재누출이 확인돼 하단 밸브를 교체했으며, 다음날인 1월 28일 04시 48분 누출이 확인돼 밸브 조임 작업을 했다. 07시 40분경 작업자 5명이 고통을 호소하여 동탄 한림대병원 등 자체 이송했고, 부상 정도가 심한 박○○(남, 36세)는 서울한강성심병원으로 재이송했으나 13시에 사망했다.

화성시 불산누출사고의 경우 반도체 생산업체에서 불산이 누출돼 인명 피해 사고 발생 후 소방서에 신고하지 않고 사고 내용을 자체 소방대에 의해 수습하려다 피해가 커졌다(소방방재청, 2012). 사고 발생 15시간이 넘는 동안 소방서 등 어떤 외부기관에도 사고 사실을 전혀 알리지 않았던 것으로 드러났다. 반도체 제조공장에서 1km가 되지 않은 곳에 주택가가 있는데도 불구하고 주민 대피 조치가 전혀 이뤄지지 않았다. 또한 CCTV 확인 결과 일부 작업자들이 화학보호복 등 안전장구를 갖추지 않고 작업을 하는 등 안전수칙을 제대로 지키지 않았던 것으로 드러났다.

III. 연구의 설계

1. 연구의 분석틀

지금까지 재난관리, 재난관리 과정, 재난 대응의 중요성, 재난 대응의 특성, 소방조직의 재난 대응 체계, 재난 대응 선행연구, 화학물질 재난 대응 선행연구, 화학물질 재난 대응 사례분석에 대해서 논했다. 이를 바탕으로 재난 대응 체계에 관한 선행연구와 사례분석 등, 지금까지 문제시되고 있는 요인들을 종합해 [그림 7-1]과 같은 분석틀을 제시했다. 종속변수는 재난 대응의 효과성에 관한 내용, 즉 신속성, 효과성, 대응성, 피해 최소화, 생명과 재산 및 안전 보호, 현장 지휘 체계 등을 측정지표로 사용했다. 독립변수는 신고 접수 단계, 출동 단계, 현장 도착 단계, 대응 단계, 철수 단계를 사용했다.

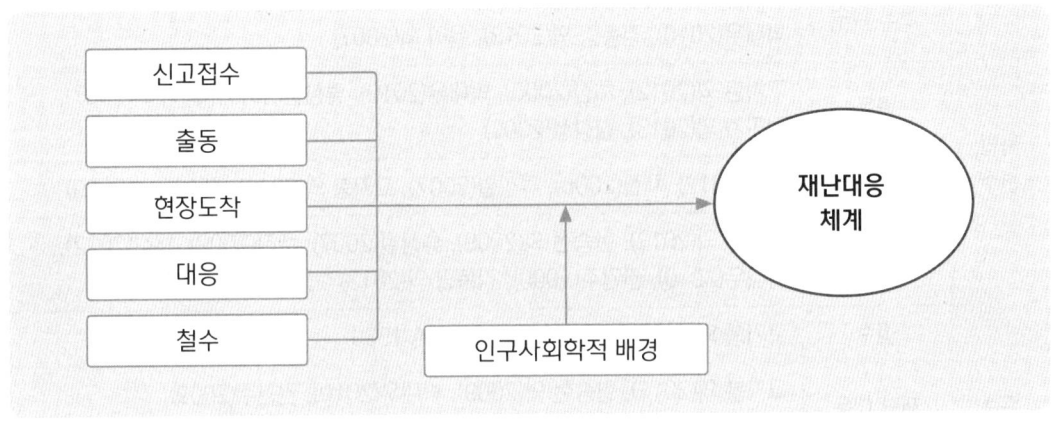

[그림 7-1] 연구의 분석틀

독립변수는 첫째, 신고 접수 단계는 119신고 접수, 출동 지령, 상황정보 수집, 유관기관 응원 요청, 재난정보 공유 등을 사용했다. 둘째, 출동 단계는 출동로 선정, 재난 대응 정보 제공, 화학물질 재난 대응 장비 적재, 보호장비, 의사소통 등을 사용했다. 셋째, 현장 도착 단계는 상황 판단, 현장지휘소 설치, 자원 배치, 상황 보고, 재난 현장 정보 수집, 비상소집, 지원 요청 등을 사용했다. 넷째, 대응 단계는 소방대 편성, 자원관리, 인명 구조, 주민 대피명령, 2차 피해 방지, 긴급구조통제단 가동, 유관기관 협력, 현장 안전관리, 지휘관 리더십 등을 사용했다. 다섯째, 철수 단계는 보건안전, 재출동 준비, 현장 보존, AAR(사후 토론) 등을 사용했다.

2. 변수의 선정

이 연구에서는 화학물질 재난 대응 체계에 영향을 미치는 독립변수를 객관성 있게 선정하기 위해 〈표 7-1〉에서 정리한 선행연구와 사례분석을 기초로 선정했다. 화학물질 재난 대응의 효과성에 영향을 미치는 주요 변수를 신고 접수, 출동, 현장 도착, 재난 대응, 철수로 구분해 도출했다.

<표 7-1> 변수 선정에 사용된 선행연구

변수		선행연구
독립 변수	신고 접수	고기봉 외(2012), 류상일(2007), 채진 외(2006), 한승현 외(2009), 박대우(2010), 김동영 외(2013), 윤이 외(2007)
	출동	고기봉 외(2012), 채진(2006), 박대우(2010), 류상일(2007), 윤이 외(2007), 최민기 외(2013), 김창섭(2002)
	현장 도착	채진(2012), 채진(2006), 류상일(2007), 고기봉 외(2012), 한승현 외(2009)
	대응	고기봉 외(2012), 한승현 외(2009), 류상일(2007), 채진(2009), 채진(2012), 박대우(2010), 권권주(2009), 김동영 외(2013)
	철수	고기봉 외(2012), 류상일(2007), NFPA 1500
종속 변수	재난 대응 체계	고기봉 외(2012), 한승현 외(2009), 박대우(2010), 권건주(2009), 강미진(2008), 채진(2012), 이재은(1998), 정윤수(1994), 황윤원(1989), Perry(1991), Petak(1985), McLoughlin(1985)

선행연구에서 논의했던 주요 변수를 종합하면 첫째, 신고 접수 단계의 평가 척도는 119신고 접수, 출동 지령, 상황정보 수집, 유관기관 응원 요청, 재난정보 공유 등을 선정했다. 둘째, 출동 단계의 평가 척도는 출동로 선정, 재난 대응 정보 제공, 화학물질 재난 대응 장비 적재, 보호장비, 의사소통 등을 선정했다. 셋째, 현장 도착 단계의 평가 척도는 상황 판단, 현장지휘소 설치, 자원 배치, 상황 보고, 재난 현장 정보 수집, 비상 소집, 지원 요청 등을 선정했다. 넷째, 대응 단계의 평가 척도는 소방대 편성, 자원관리, 인명 구조, 주민 대피명령, 2차 피해 방지, 긴급구조통제단 가동, 유관기관 협력, 현장 안전관리, 지휘관 리더십 등을 선정했다. 다섯째, 철수 단계의 평가 척도는 보건안전, 재출동 준비, 현장 보존, AAR(사후 토론) 등을 선정했다.

3. 평가 척도의 신뢰도 분석

신뢰도(reliability)란 측정 도구의 정확성이나 엄밀성을 말하는 것으로 신뢰도 분석이란 측정한 변수들의 일관성 있는 결과가 나오는지를 분석하는 것이다(오택섭·최현철, 2004; 우수명, 2002). 이 연구에서는 신뢰도 검증 시 보편적으로 사용되는 내적 일관성을 검증하는 크론바흐 알파(Cronbach's alpha) 검정을 이용했다. 〈표 7-2〉는 주요 변수들의 신뢰도 결과를 나타낸 값이다.

〈표 7-2〉 주요 변수의 신뢰도 분석 결과

변수	세부측정 지표	항목	Cronbach's α	표준화된 Cronbach's α
신고 접수	신고 접수, 출동 지령, 상황정보 수집, 유관기관 응원 요청, 유관기관 정보 공유	5	.809	.955
출동	출동로 선정, 유해화학물질 대응 정보 제공, 화학사고 대응 장비 적재, 보호장비, 무전 등 의사소통	5	.873	.948
현장 도착	현장 상황 판단, 현장지휘소 설치, 자원 배치, 상황 보고, 현장 상황 정보 수집, 비상 소집, 지원 요청	7	.905	.944
대응	소방대 편성, 자원관리, 희생자 탐색, 인명 구조, 주민의 대피명령, 2차 피해 방지, 긴급구조통제단 가동, 유관기관 협력, 현장안전관리, 현장지휘관의 리더십	10	.914	.944
철수	보건 안전 조치, 유류 보충 등 재출동 준비, 장비 적재 등 재출동 준비, 현장 보존, AAR(사후 토론)	5	.810	.955
재난 대응 체계	신속·효과성, 대응성, 피해 최소화, 생명과 재산 및 안전 보호, 현장 지휘 체계 확립	5	.884	.947
전체 변수		37	.957	.957

재난 대응의 효과성에 대한 영향 요인과 그 관계를 분석하기 위한 평가 척도의 신뢰성 검증은 크론바흐 알파 검사로 했다. 크론바흐 알파 검사는 측정 도구의 내적 일관성을 측정하는 가장 보편적인 측정 척도로서 신뢰도 계수 크론바흐 알파 값은 0.0에서 1.0 사이의 값을 갖는데, 이 값이 1.0에 가까울수록 신뢰도가 높다고 해석한다. 신뢰도 계수는 학자마다 상이한 의견이 있지만

신뢰도 계수가 0.7 미만이면 하나의 동일 개념(또는 인정됨)으로 볼 수 없다고 하기도 하며, 탐색적 연구에서는 신뢰도 계수가 0.6 이상이면 된다고 한다. 보통 0.8 이상이면 신뢰도가 높다고 인정한다(노형진, 2007).

이 연구의 경우 〈표 7-2〉에서 보는 것과 같이 크론바흐 알파 값이 0.957로 나타나, 일반적인 사회과학 연구에서 요구하는 0.80을 넘었기 때문에 다항목 척도의 내적 일관성이 유지되는 신뢰성 있는 도구로 인정할 수 있다.

Ⅳ. 화학물질 사고의 재난 대응 체계 실증분석

재난 대응의 효과성에 대해 영향을 미치는 관계를 알아보기 위해 재난 대응 단계별 독립변수의 영향력을 검토하기 위해 다중회귀분석을 실시했다. 재난 대응 단계별 독립변수와 관계의 재난 대응 체계에 대한 회귀분석의 결과는 각 독립변수가 재난 대응의 효과성에 직접적인 영향을 미치는 정도와 방향을 알 수 있다. 이를 살펴보기 전에 추정된 회귀모형이 적절한지를 살펴보기 위해 일반적으로 회귀분석의 기본 가정인 오차항의 정규성, 등분산성, 독립성에 대한 검정을 해야 한다. 이는 오차의 추정치인 잔차를 통한 더빈-왓슨(Dubin-Watson) d 통계치를 통해 판단할 수 있다. 더빈-왓슨 d 통계치에 대한 정확한 임계치(critical value)는 알려져 있지 않으나, 유도 공식에 따르면 d값은 0과 4의 범위를 갖고 있으며, 완전 (+)적 상관일 때($r=+10$)는 대략 0의 값을 갖고, 완전 (-)적 상관일 때($r=-10$)는 대략 4의 값을 갖게 되며, 상관이 없을 때($r=0$)에는 2의 값을 갖는다. 그러므로 더빈-왓슨 d통계치가 2에 접근하면 오차항의 자기상관이 없다고 말할 수 있다(Dillon & Goldstein, 1984; 양병화, 2002).

1. 신고 접수 단계의 다중회귀분석

재난 대응 효과성에 대해 영향을 미치는 관계를 알아보고자 신고 접수 단계의 독립변수들의 영향력을 검토하기 위해 다중회귀분석을 실시했다. 〈표 7-3〉은 독립변수와 재난 대응 효과성에 대한 회귀분석의 결과로, 각 독립변수가 재난 대응 효과성에 직접적인 영향을 미치는 정도와 방향을 알 수 있다.

회귀모형의 결정계수(R^2)는 회귀분석이 종속변수를 어느 정도 설명하는지를 나타내 주는데, 〈표 7-3〉에서 R^2=0.577로 전체 분산 중에서 약 57.7%를 설명해 주고 있다. 수정된 R^2값은 조정된 상관관계를 의미하며, 수정된 R^2=0.572로 나타났다.

한편, 표준화된 회귀계수(Beta)를 비교해 볼 때 재난정보 공유가 가장 영향력 있는 변수이며, 그다음으로는 출동지령, 재난정보 수집 순으로 재난 대응 효과성에 영향력이 있는 변수로 나타났다. 그러나 신고 접수, 유관기관 응원 요청은 유의도 0.05보다 크기 때문에 통계적으로 유의미하지 않은 것으로 나타났다(〈표 7-3〉 참조).

〈표 7-3〉 신고 접수 단계의 다중회귀분석

변수	비표준화 계수		표준화계수	t	유의 확률	공선성 통계량	
	B	표준 오차	β			공차 한계	VIF
(상수)	.765	.101		7.592	.000		
신고 접수	.050	.043	.060	1.182	.238	.429	2.328
출동 지령	.259	.047	.301	5.573	.000	.383	2.611
재난정보 수집	.192	.052	.220	3.679	.000	.314	3.186
응원 요청	-.031	.044	-.038	-.707	.480	.394	2.538
정보 공유	.289	.050	.325	5.783	.000	.355	2.820

R^2 = 0.577 수정된 R^2 = 0.572 F = 103.286 P = .000 Durbin-Watson = 1.991

2. 출동 단계의 다중회귀분석

재난 대응 효과성에 대해 영향을 미치는 관계를 알아보고자 출동 단계의 독립변수들의 영향력을 검토하기 위해 다중회귀분석을 실시했다. 〈표 7-4〉는 독립변수와 재난 대응 효과성에 대한 회귀분석의 결과로, 각 독립변수가 재난 대응 효과성에 직접적인 영향을 미치는 정도와 방향을 알 수 있다.

회귀모형의 결정계수(R^2)는 회귀분석이 종속변수를 어느 정도 설명하는지를 나타내 주는데,

〈표 7-4〉에서 R^2=0.642로 전체 분산 중에서 약 64.2%를 설명해 주고 있다. 수정된 R^2값은 조정된 상관관계를 의미하며, 수정된 R^2=0.637로 나타났다.

한편, 표준화된 회귀계수(Beta)를 비교해 볼 때 화학물질 정보 제공이 가장 영향력 있는 변수이며, 그다음으로는 의사소통, 출동로 선정, 보호장비, 장비 적재 순으로 재난 대응 효과성에 영향력이 있는 변수로 나타났다(〈표 7-4〉 참조).

〈표 7-4〉 출동 단계의 다중회귀분석

변수	비표준화 계수		표준화계수	t	유의 확률	공선성 통계량	
	B	표준 오차	β			공차 한계	VIF
(상수)	.432	.108		4.018	.000		
출동로 선정	.159	.034	.174	4.626	.000	.671	1.491
정보 제공	.250	.041	.292	6.120	.000	.414	2.413
장비 적재	.095	.048	.112	2.007	.045	.301	3.318
보호장비	.116	.046	.142	2.558	.011	.308	3.252
의사소통	.232	.041	.252	5.700	.000	.483	2.069

R^2 = 0.642 수정된 R^2 = 0.637 F =135.687 P = .000 Durbin-Watson = 1.866

3. 현장 도착 단계의 다중회귀분석

재난 대응 효과성에 대해 영향을 미치는 관계를 알아보고자 현장 도착 단계의 독립변수들의 영향력을 검토하기 위해 다중회귀분석을 실시했다. 〈표 7-5〉는 독립변수와 재난 대응 효과성에 대한 회귀분석의 결과로, 각 독립변수가 재난 대응 효과성에 직접적인 영향을 미치는 정도와 방향을 알 수 있다.

회귀모형의 결정계수(R^2)는 회귀분석이 종속변수를 어느 정도 설명하는지를 나타내 주는데, 〈표 7-5〉에서 R^2=0.707로 전체 분산 중에서 약 70.7%를 설명해 주고 있다. 수정된 R^2값은 조정된 상관관계를 의미하며, 수정된 R^2=0.702로 나타났다.

한편, 표준화된 회귀계수(Beta)를 비교해 볼 때 재난 현장 정보 수집이 가장 영향력 있는 변수이며, 그다음으로는 상황 판단, 상황 보고, 자원 배치, 지원 요청, 비상소집 순으로 재난 대응 효과성에 영향력이 있는 변수로 나타났다. 그러나 현장지휘소 운영은 유의도 0.05보다 크기 때문에 통계적으로 유의미하지 않은 것으로 나타났다(〈표 7-5〉 참조).

〈표 7-5〉 현장 도착 단계의 다중회귀분석

변수	비표준화 계수		표준화계수	t	유의 확률	공선성 통계량	
	B	표준 오차	β			공차 한계	VIF
(상수)	.432	.087		4.984	.000		
상황 판단	.203	.047	.229	4.350	.000	.280	3.567
현장지휘소	-.008	.050	-.009	-.167	.867	.255	3.923
자원 배치	.123	.052	.133	2.355	.019	.245	4.084
상황 보고	.147	.050	.160	2.965	.003	.268	3.731
현장정보 수집	.214	.049	.232	4.360	.000	.276	3.623
비상 소집	.083	.041	.095	2.034	.043	.355	2.815
지원 요청	.104	.045	.115	2.300	.022	.312	3.207

R^2 = 0.707 수정된 R^2 = 0.702 F = 129.795 P = .000 Durbin-Watson = 1.827

4. 대응 단계의 다중회귀분석

재난 대응 효과성에 대해 영향을 미치는 관계를 알아보고자 대응 단계의 독립변수들의 영향력을 검토하기 위해 다중회귀분석을 실시했다. 〈표 7-6〉은 독립변수와 재난 대응 효과성에 대한 회귀분석의 결과로, 각 독립변수가 재난 대응 효과성에 직접적인 영향을 미치는 정도와 방향을 알 수 있다.

회귀모형의 결정계수(R^2)는 회귀분석이 종속변수를 어느 정도 설명하는지를 나타내 주는데, 〈표 7-6〉에서 R^2=0.772로 전체 분산 중에서 약 77.2%를 설명해 주고 있다. 수정된 R^2값은 조정된 상관관계를 의미하며, 수정된 R^2=0.766으로 나타났다.

한편, 표준화된 회귀계수(Beta)를 비교해 볼 때 재난 현장 지휘관 리더십이 가장 영향력 있는 변수이며, 그다음으로는 소방대 편성, 현장 안전관리, 주민 대피 명령, 인명 구조 순으로 재난 대응 효과성에 영향력이 있는 변수로 나타났다. 그러나 자원관리, 희생자 탐색, 2차 피해 방지, 긴급구조통제단 가동, 유관기관 협력은 유의도 0.05보다 크기 때문에 통계적으로 유의미하지 않은 것으로 나타났다(〈표 7-6〉 참조).

〈표 7-6〉 대응 단계의 다중회귀분석

변수	비표준화 계수		표준화계수	t	유의 확률	공선성 통계량	
	B	표준 오차	β			공차 한계	VIF
(상수)	.107	.086		1.249	.213		
소방대 편성	.201	.050	.204	4.040	.000	.238	4.197
자원관리	-.004	.044	-.004	-.095	.924	.293	3.414
희생자 탐색	.038	.043	.041	.878	.380	.287	3.488
인명 구조	.089	.044	.094	2.020	.044	.282	3.551
주민 대피 명령	.100	.040	.113	2.501	.013	.299	3.341
2차 피해 방지	.071	.039	.084	1.810	.071	.281	3.556
긴급구조통제단	.050	.041	.053	1.231	.219	.323	3.098
유관기관 협력	.054	.041	.057	1.326	.186	.327	3.054
현장 안전관리	.157	.044	.167	3.600	.000	.284	3.520
지휘관 리더십	.200	.036	.225	5.576	.000	.375	2.666

R^2 =0.772 수정된 R^2 = 0.766 F = 126.653 P = .000 Durbin-Watson = 2.064

5. 철수 단계의 다중회귀분석

재난 대응 효과성에 대해 영향을 미치는 관계를 알아보고자 철수 단계의 독립변수들의 영향력을 검토하기 위해 다중회귀분석을 실시했다. 〈표 7-7〉은 독립변수와 재난 대응 효과성에 대한 회귀분석의 결과로, 각 독립변수가 재난 대응 효과성에 직접적인 영향을 미치는 정도와 방향을 알 수 있다.

회귀모형의 결정계수(R^2)는 회귀분석이 종속변수를 어느 정도 설명하는지를 나타내 주는데, 〈표 7-7〉에서 R^2=0.648로 전체 분산 중에서 약 64.8%를 설명해 주고 있다. 수정된 R^2값은 조정된 상관관계를 의미하며, 수정된 R^2=0.643으로 나타났다.

한편, 표준화된 회귀계수(Beta)를 비교해 볼 때 보건 안전이 가장 영향력 있는 변수이며, 그다음으로는 현장 보존, AAR(사후 토론) 순으로 재난 대응 효과성에 영향력이 있는 변수로 나타났다. 그러나 재출동 준비 1, 재출동 준비 2는 유의도 0.05보다 크기 때문에 통계적으로 유의미하지 않은 것으로 나타났다(〈표 7-7〉 참조).

〈표 7-7〉 철수 단계의 다중회귀분석

변수	비표준화 계수		표준화계수	t	유의 확률	공선성 통계량	
	B	표준 오차	β			공차 한계	VIF
(상수)	.297	.107		2.785	.006		
보건 안전	.390	.041	.417	9.606	.000	.494	2.025
재출동 준비1	.026	.055	.027	.467	.641	.283	3.538
재출동 준비2	.077	.058	.080	1.335	.183	.259	3.855
현장 보존	.209	.052	.220	3.985	.000	.305	3.275
AAR	.160	.044	.176	3.636	.000	.400	2.501

R^2 = 0.648 수정된 R^2 = 0.643 F = 138.928 P = .000 Durbin-Watson = 2.064

V. 화학물질 사고의 재난 대응 체계 개선 방안

1. 신고 접수 단계의 개선 방안

「재난 및 안전관리 기본법」제18조, 「소방기본법」제19조에 따라 재난이 발생할 때에는 그 사실을 긴급구조기관 등에 신고를 해야 한다. 재난 신고는 초기 대응의 신속성을 확보할 수 있어 재난 대응 체계에서 매우 중요하다. 화성시 반도체공장에서 불산누출 사고 시 경기도청과 화성동

부경찰서에서는 이미 누출 사실을 인지하고 있었음에도 불구하고 재난정보를 유관기관과 공유하지 않았다. 회귀분석 결과 재난 대응 체계에 재난정보 공유가 유의한 영향(β=0.325, p=0.000)을 미치는 것으로 나타났다. 이러한 분석 결과를 살펴볼 때 재난 대응 시 재난정보가 공유되지 않아 효과적인 재난 대응을 어렵게 하고 있다. 재난정보는 출동한 대원 간의 공유도 중요하지만, 긴급구조기관, 유관기관, NGO, 시민 등과 공유할 수 있도록 재난 대응 체계가 개선돼야 한다. 김동영 외(2013), 최민기 외(2013), 강미진(2008)의 연구에서도 다양한 기관 간의 정보 공유를 강조하고 있다.

재난정보는 재난 대응 시 초기 의사결정에 중요한 요소다. 재난상황실은 현장에 출동한 대원에게 재난정보를 수집해 끊임없이 제공해야 한다. 이러한 재난정보를 바탕으로 현장활동 임무를 부여하고, 적절한 장비와 전술을 펼칠 수 있다. 구미시 불산누출사고가 발생할 때 119 신고자가 불산이 터져서 사람이 다쳤다고 신고를 했지만, 상황실의 신고 접수자는 불산의 가스 여부를 질문을 하는 등 화학물질 재난 대응에 미숙한 점을 드러냈다. 회귀분석 결과 재난 대응 체계에 재난정보 수집이 유의한 영향(β=0.220, p=0.000)을 미치는 것으로 나타났다. 이러한 분석 결과를 살펴볼 때 재난 대응 시 재난정보를 효과적으로 수집할 수 있도록 재난신고 요령을 홍보하고, 신고 접수를 받는 소방공무원에 대해서도 재난정보 수집에 대한 교육과 훈련이 지속적으로 이뤄질 수 있도록 재난 대응 체계를 개선해야 한다.

2. 출동 단계의 개선 방안

재난상황실은 출동대에게 재난 장소, 재난 상황, 재난 장소 주위의 상황, 인명 피해, 2차 위험 요소 등의 재난정보를 제공해야 한다. 그러나 구미시 불산누출 사고 시 화학물질 사고 대응정보시스템(CARIS)을 활용한 피해범위 설정, 실시간 유해 농도 변화 등 대응 정보 제공 확보와 재난정보 제공이 미흡했다. 회귀분석 결과 재난 대응 체계에 화학물질 재난정보 제공이 유의한 영향(β=0.292, p=0.000)을 미치는 것으로 나타났다. 이러한 분석 결과를 살펴볼 때 재난 대응 시 화학물질 재난정보 제공이 제대로 되지 않아 효과적인 재난 대응을 어렵게 하고 있다. 따라서 재난 현장에 출동하는 대원에게 화학물질 사고 대응정보 시스템(CARIS)을 통해 화학물질 재난정보를 상세하게 제공할 수 있도록 재난 대응 체계를 개선해야 한다. 강미진(2008), 윤이 외(2007)의 연구에서 화학물질 운송과 물질 및 제품에 대한 정보 시스템을 구축해 일반국민까지 제공해야 한다고 강조하고 있다.

　재난 대응 현장에서 의사소통은 의사결정 과정과 구성원 간의 대응활동에서 능률과 효율을 가져와 재난 대응 과정의 수많은 문제를 합리적으로 해결할 수 있도록 한다. 재난 대응 현장은 불확실한 재난환경으로 인해 의사결정에 많은 혼란을 겪을 수 있다. 따라서 대원 간의 원활한 의사소통은 효과적인 재난 대응에 필수적이다. 회귀분석 결과 재난 대응 체계에 의사소통이 유의한 영향(β=0.252, p=0.000)을 미치는 것으로 나타났다. 이러한 분석 결과를 살펴볼 때 재난 현장에서 급박한 의사결정을 지원할 수 있는 대원 간의 의사소통이 원활할 수 있도록 재난 대응 체계를 개선해야 한다.

3. 현장 도착 단계의 개선 방안

　재난 대응을 위해 현장에 도착하면 지휘관은 재난 현장 정보를 수집하고 그에 따라 상황 판단을 해야 한다. 우선 출동 소방력과 재난 상황의 비례에 따라 지원 요청과 응원 요청을 할 수 있다. 재난 현장 정보는 자원 배치의 중요한 요소로 재난 확산 저지에 주력할 수 있는 인적 자원을 배치해야 한다. 회귀분석 결과 재난 대응 체계에 재난 현장의 정보 수집이 유의한 영향(β=0.232, p=0.000)을 미치는 것으로 나타났다. 경기도 화성시 반도체 생산업체에서 불산누출 사고 발생 후 사망자가 발생하기 전까지 15시간 동안 소방서 등 어떤 외부기관에도 사고 사실을 전혀 알리지 않았던 것으로 드러났다. 또한 재난 대응을 위해 출동한 경찰은 물론 소방까지 보안을 이유로 현장 접근을 막아 출동한 소방차의 진입까지 가로막아 40분을 출입구에서 지체했다. 따라서 긴급통행권을 발동해 재난 현장 정보 수집을 할 수 있도록 재난 대응 체계를 개선해야 한다. 김동영 외(2013), 최민기 외(2013), 윤이 외(2007), 강미진(2008)의 연구에서 화학물질의 정보 수집을 통해 신속하고 정확한 재난 대응 방안을 제시하고 있다.

　재난 현장 지휘관의 상황 판단은 초기재난 대응의 성패를 좌우할 만큼 매우 중요하다. 재난 현장은 출동한 소방대원에 위협이 되는 위험이 상존하고 있기 때문에 재난 현장의 상황을 정확히 파악하려는 노력은 필수적이다. 특히 재난 현장 출동대원은 재난 현장에 진입하기 전에 가능한 모든 재난 상황정보를 수집해 재난 상황을 파악해야 한다. 회귀분석 결과 재난 대응 체계에 재난 현장의 상황 판단이 유의한 영향(β=0.229, p=0.000)을 미치는 것으로 나타났다. 구미시 불산누출 현장에 출동한 구급대원은 마스크만 착용하고 응급환자를 이송해 불산가스에 노출됐다. 그리고 대부분의 긴급구조통제단 운영요원은 개인 보호장비가 없어 불산가스에 노출되는 등 재난 현장 지휘관은 상황 판단에 미흡했다. 따라서 재난 현장 지휘관의 상황 판단 향상을 위해 실질적인 훈련을 실시하는 등 재난 대응 체계를 개선해야 한다.

4. 대응 단계의 개선 방안

재난 현장 지휘관 리더십은 재난 현장에서 국민의 생명과 재산의 보호와 안전을 위해 재난 관련 조직이나 사람을 이끄는 역량을 의미하며, 재난 관련 조직의 성과를 결정하는 핵심적인 요소이다. 재난 대응 시 가치 있는 성과를 어느 정도 달성했느냐 하는 것이다. 즉, 인명 피해와 재산 피해 등이 최소화했느냐 하는 것을 의미한다. 재난 대응 과정에 투입된 모든 노력이 결국은 재난 대응 목표를 달성하기 위해서이기 때문에 재난 현장 리더십이 그 성공 여부를 판단하는 일차적 기준이 돼야 하는 것이다. 회귀분석 결과 재난 대응 체계에 재난 현장 지휘관 리더십이 유의한 영향(β=0.225, p=0.000)을 미치는 것으로 나타났다. 구미 불산누출 사고 당시 재난 현장에 대한 접근과 부상자 구조, 응급처치 등 지휘관 리더십 발휘가 미흡했다. 화성 반도체 공장 불산누출 사고 시 공장 관계자가 보안을 이유로 소방차의 진입을 가로막아 재난 대응 체계에 허점을 드러냈다. 따라서 재난 현장 지휘관은 위험하고 불확실한 상황에서 의사결정을 내리는 등 효과적인 리더십을 발휘할 수 있도록 재난 대응 체계를 개선해야 한다(채진, 2012; 이재은, 1998).

재난 현장 지휘관은 재난지역의 생명 또는 신체에 대한 위해를 방지하기 위해 해당 지역 주민이나 그 지역 안에 있는 사람에게 대피하거나 선박·자동차 등을 대피시킬 것을 명할 수 있다. 이 경우 대피명령을 받은 경우에는 즉시 명령에 따라야 한다. 또한 회귀분석 결과 재난 대응 체계에 주민 대피 명령이 유의한 영향(β=0.113, p=0.013)을 미치는 것으로 나타났다. 재난 현장 지휘관은 재난 상황에 따라 신속하게 주민 대피 명령을 할 수 있도록 재난 대응 체계를 개선해야 한다.

5. 철수 단계의 개선 방안

재난 현장은 건강과 안전을 위협하는 요인이 많고, 사고 수습에 따른 위험에 장기적·반복적으로 노출되고 있어 보건 안전에 대해 대책을 수립하고 시행해야 한다. 회귀분석 결과 재난 대응 체계에 보건 안전이 유의한 영향(β=0.417, p=0.000)을 미치는 것으로 나타났다. 구미 불산누출 사고 당시 제대로 된 장비 없이 곧바로 재난 현장에 투입됐던 소방관들은 지금도 심각한 육체적·정신적 후유증을 겪고 있다. 재난 대응을 보건 안전에 대해 걱정 없이 활동할 수 있는 재난 대응 체계를 개선해야 한다.

VI. 결론

이 연구의 결과, 유해화학물질 재난관리 효과성에 대한 인식에 영향을 미치는 정도에 유의 수준 5%에서 유의미한 변수들 중 신고 접수 단계는 유해화학물질 재난정보 공유, 출동 지령, 유해화학물질 재난정보 수집 순, 출동 단계는 유해화학물질 정보 제공, 의사소통, 출동로 선정, 보호 장비, 장비 적재 순, 현장 도착 단계는 유해화학물질, 재난 현장, 정보 수집, 상황 판단, 상황 보고, 자원 배치, 지원 요청, 비상 소집 순, 대응 단계는 지휘관의 리더십, 소방대 편성, 현장 안전관리, 주민 대피 명령, 인명 구조 순, 철수 단계는 보건 안전, 현장 안전, AAR(사후 토론) 순으로 유해화학물질 재난 대응 체계에 영향력이 있는 변수로 나타났다.

따라서 좀 더 구체적으로 유해화학물질 재난 대응 체계에 영향을 미치는 요인들을 중심으로 어떤 정책적 함의를 가질 수 있는지 논해 보도록 한다.

첫째, 유해화학물질 재난 상황정보 수집, 유관기관 재난정보 공유, 유해화학물질 재난정보 제공, 재난 현장 정보 수집은 재난 대응 체계에 통계적으로 유의미한 영향이 있는 것으로 나타났다. 신고 접수 단계에서 신고자로부터 재난 상황정보를 수집해 유관기관과 재난 대응 협력 체계를 구축하기 위해 재난정보를 공유하고, 출동하는 소방관에게 화학물질 재난정보를 제공해 재난 대응 전술을 구상하게 한다. 그리고 현장에 도착한 지휘관은 재난 현장 정보를 수집해 재난 대응 전술의 조정과 필요한 추가 인적 자원과 장비를 요청할 수 있다. 이처럼 재난 대응 체계에서 재난 정보는 매우 중요하다. 따라서 소방관서 상황실 요원은 재난 현장 정보를 자세하게 수집해 유관기관과 출동한 소방관에게 유해화학물질 재난정보를 제공해야 한다. 그리고 재난 현장 지휘관은 재난 상황의 변화에 대응하기 위해 재난정보를 끊임없이 수집해야 한다. 또한 유해화학물질 사고 시 화학물질에 대한 정보를 화학물질 사고대응 정보 시스템에 의존하고 있다. 유해화학물질 취급 업체 정문에 QR 코드, RFID 태그 등 유비쿼터스 정보기술을 재난 대응에 활용해 효과적인 재난 대응 체계를 확립해야 한다.

둘째, 유해화학물질 적응 장비 적재, 보호장비는 유해화학물질 재난 대응 체계에 통계적으로 유의미한 영향이 있는 것으로 나타났다. 유해화학물질 재난 대응 시 가장 중요한 것은 생화학보호복이다. 구미시 불산누출 사고 당시 구미소방서 구조대원은 19명이었으나 생화학보호복은 8벌을 보유하고 있어 11벌이 부족한 실정이다. 화학물질 재난 대응을 위해 화학물질 탐지장비를 확보해야 하지만 소방기관은 이러한 장비를 확보하지 못하고 있는 실정이다. 화학물질 사고의 체계적인 대응을 위해서는 전문적인 장비를 확보해야 한다. 화학물질 사고에 대비한 선제적 대응을 위해 '생화학 인명구조 차량'과 '유해화학물질 누출 방지 장비' 등 장비가 필요하다(채진, 2013). 구미 불산누출 사고 시 화학보호장비가 없어 현장 접근과 밸브 차단 등 재난 대응에 많은 어려움을 겪었다. 유해화학물질 재난 대응 시 화학물질에 피부가 노출되지 않도록 화학사고 대응장비를 확보해 안전한 유해화학물질 재난 대응 체계를 확립해야 한다.

셋째, 유해화학물질 재난 현장 지휘관 리더십은 재난 대응 체계에 통계적으로 유의미한 영향이 있는 것으로 나타났다. 유해화학물질 재난 현장 지휘관은 재난 대응 제약 요인을 제거할 수 있는 권한을 가지고 있을 뿐만 아니라 출동한 소방관 행태의 변화에 중추적인 역할을 할 수 있다. 또한 재난 현장에서 국민의 생명과 재산의 보호, 안전을 위해 재난 관련 조직이나 사람을 이끄는 역량을 의미하며, 재난 관련 조직의 성과를 결정하는 핵심적인 요소다. 재난 대응 시 가치 있는 성과를 얼마나 달성했느냐 하는 것이다. 즉, 인명 피해와 재산 피해 등이 최소화했느냐 하는 것을 의미한다. 따라서 효과적인 유해화학물질 재난 대응 체계를 확립하기 위해 재난 현장 지휘관은 재난관리 컨트롤타워의 역할을 수행할 수 있어야 한다.

넷째, 안전관리, 보건 안전은 유해화학물질 재난 대응 체계에 통계적으로 유의미한 영향이 있는 것으로 나타났다. 유해화학물질 재난 현장은 불안정하고, 불확실한 재난정보로 인해 안전한 재난활동을 담보할 수 없다. 유해화학물질 재난 현장에서의 소방활동은 위험 요소가 복합된 환경이므로 재난 현장에서는 안전 한계선을 설정해 소방활동의 행동 한계 지역으로 운영하고 있다. 소방관이 유해화학물질 재난 현장에서 안전하게 대응활동을 할 수 있도록 안전담당관 제도를 실질적으로 운영해야 한다. 구미 불산누출 사고 당시 화학물질 대응장비를 갖추지 않고 곧바로 재난 현장에 투입됐던 소방관들은 지금도 심각한 육체적·정신적 후유증을 겪고 있다. 따라서 미국의 NFPA 1500과 같은 감염성 등 질병에 노출을 방지할 수 있는 보건 안전에 대한 세부적인 행동지침을 마련해 효과적인 유해화학물질 재난 대응 체계를 확립해야 한다.

다섯째, 유관기관 협력은 유해화학물질 재난 대응 체계에 통계적으로 유의미하지 않은 것으로 나타났다. 그러나 소방공무원들은 유관기관 협력에 대한 응답 분포 조사에서 부정적인 인식을 하고 있는 것으로 나타났다. 「재난 및 안전관리 기본법」 제4조는 국가와 지방자치단체는 재난으로부터 국민의 생명 신체 및 재산을 보호할 책무를 지고, 재난을 예방하고 피해를 줄이기 위해 노력해야 하며, 발생한 재난을 신속히 대응 복구하기 위한 계획을 수립 시행해야 한다고 규정하고 있다. 또한 재난관리책임기관의 장은 소관 업무와 관련된 안전관리에 관한 계획을 수립하고 시행해야 하며, 그 소재지를 관할하는 시·도와 시·군·구의 재난 및 안전관리 업무에 협조해야 한다고 규정하고 있어 다양한 기관들의 재난 대응 협력을 강조하고 있다. 재난이 발생했을 때 재난을 대응하고 복구하기 위한 유관기관과의 공동 목표 달성을 위해 노력해야 한다. 재난 대응 현장에는 많은 기관이 활동하고 있어 협력 체계가 확립돼야 함에도 불구하고 원활한 협력이 이뤄지지 않고 있다. 유해화학물질 재난 대응 협력에 강제성을 부여해 신속한 협력을 확보해야 할 것이다. 다조직의 재난 대응 시 공동 목표 달성을 위해서는 조직 간의 협업을 통해 효과적인 재난 대응 협력 체계를 구축해야 한다.

여섯째, 주민 대피 명령은 유해화학물질 재난 대응 체계에 통계적으로 유의미한 영향이 있는 것으로 나타났다. 「재난 및 안전관리 기본법」 제40조는 시장, 군수, 구청장과 지역통제단장은 재난이 발생하거나 발생할 우려가 있는 경우에 사람의 생명 또는 신체에 대한 위해를 방지하기 위해 필요하면 해당 지역주민이나 그 지역 안에 있는 사람에게 대피하거나 선박, 자동차 등을 대피시킬 것을 명할 수 있다. 이 경우 미리 대피 장소를 지정할 수 있고, 대피 명령을 받은 경우에는 즉시 명령에 따라야 한다. 구미시 불산누출 사고 재난 대응 때 주민 대피명령이 늦어 인근 공장 작업자와 주민이 전신 발진과 객혈, 호흡곤란 증세 등을 호소해 병원 진료를 받았다. 또한 화성시 반도체 공장 불산누출 사고가 발생할 때 사고 사실을 숨기고 인근 주민과 공장 작업자들에게 대피명령을 하지 않아 재난 대응 체계에 많은 문제점을 드러냈다. 따라서 재난 대응기관은 유해화학물질 재난을 대응할 때 재난 대응 체계 구축을 위한 신속한 주민 대피 명령이 실시돼야 한다.

끝으로 이 연구는 연구 결과의 일반화에 일정한 한계를 가지고 있다. 이는 연구의 표본집단이 구미시, 화성시, 청주시, 수원시의 소방공무원으로 한정되는 데서 오는 표본집단의 대표성 문제와 표본 선정 시 유해화학물질 재난 대응을 담당하고 있는 다양한 조직이 배제돼 있어 다양성에서 오는 표본집단의 횡단적 특성이 제기될 경우 연구 결과를 좀 더 구체적으로 해석하고 적용하는 데 제한될 수 있다.

최근에 발생하는 일련의 유해화학물질 사고는 성장 만능주의에 의해 발생했다고 해도 과언이 아니다. 이제 안전문화가 조성되지 않고는 성장을 기대할 수 없다. 지속 가능한 성장을 위해서 재난 대응 시스템이 제대로 작동돼야 한다.

제8장

재난안전 사무의 민간위탁 실태와 정책 방향

- 해양재난관리의 민간위탁을 중심으로 -

개요

정부는 불확실한 재난환경에 신축적으로 대응하고, 정부의 경제적 부담을 덜기 위해서 재난안전에 대한 사무를 민간계약을 통해 위탁관리 방식을 일부 선택하고 있다. 민간위탁은 공공 부문에의 경쟁 요소의 반영을 통한 업무의 효율성 및 생산성의 제고, 민간 부문의 자본과 전문성, 기술·경험 등의 활용을 통한 경제 활성화의 요청에 의해 행정기관이 담당했던 일부 사무의 처리를 민간 부문에 위탁해 처리하게 되면서 등장했다. 이 연구는 재난관리 사무의 민간위탁에 대한 이론적 배경을 탐색적으로 살펴보고, 해양재난 대응 과정에서 드러난 행정사무의 민간위탁 실태분석을 바탕으로 문제점을 살펴본 후 개선 방안을 도출하는 데 있다. 연구의 결과를 다음과 같이 제안한다. 첫째, 행정기관은 위탁사무에 대해 민간위탁의 필요성 및 타당성 등을 정기적·종합적으로 판단해 필요할 때에는 민간위탁을 해야 한다. 그리고 국민의 권리·의무와 직접 관계되는 사무는 위탁할 수 없도록 한다. 둘째, 재난안전 사무의 민간위탁은 신중하게 위탁사무 범위를 결정해야 하고, 책임성 확보를 위해 상시적으로 관리·감독할 수 있는 제도적 장치를 마련해야 한다. 셋째, 국민이 원하는 안전의 핵심인 인명구조에 대한 국가사무는 민간위탁을 금지하고, 신속한 인명 구조 활동을 할 수 있게 해야 할 것이다. 넷째, 예산 절감보다 헌법적 가치인 국민의 안전권은 민간에 위탁할 수 없도록 제도적 장치를 마련해야 할 것이다.

I. 서론

최근의 재난환경은 매우 복잡·다양한 양상을 띠고 있으며, 예측 불가능한 재난의 발생으로 인해 대규모 인적·물적 피해를 입고 있다. 특히 최근에는 자연재난, 인적 재난, 사회재난이 개별적으로 발생하기보다는 복합적이고 대규모적인 양상으로 발전하고 있다. 우리나라에서 발생한 재난은 산업의 발전에 수반되는 위험과 전근대적인 의식, 근대적 물질문명의 결합을 통한 위험이 동시적으로 나타난 결과다(홍성태, 2007: 54-58).

1993년 서해 페리호 침몰, 1994년 성수대교 붕괴, 1995년 삼풍백화점 붕괴, 1999년 화성 씨랜드 화재, 2003년 대구 지하철 화재 등 재난으로 인한 피해가 과거와 달리 더욱 대형화되고 복잡해지고 있으며, 재난 복구는 이제 정부 예산으로도 커다란 부담으로 작용하고 있다. 또한 재난의 발생 빈도가 지속적으로 증가하고 있어 이에 대한 체계적인 재난관리 방안을 마련하는 것이 시급한 과제다. 정부는 효과적인 재난관리를 위해 2003년 2월 대구 지하철 화재를 계기로 재난관리 시스템에 문제가 있다는 사회적 지적에 따라 13개 부처에서 개별적으로 담당해 오던 재난관리업무를 종합적으로 관리하기 위해 2004년 6월 1일 소방방재청을 출범시켰다. 각종 재난으로부터 국민의 생명·신체 및 재산을 보호하기 위해 재난 및 재해 등으로 다원화돼 있던 재난 관련 법령을 통합해「재난 및 안전관리 기본법」을 제정하는 등 다양한 방법으로 노력하고 있다.

정부는 불확실한 재난환경에 신축적으로 대응하고, 정부의 경제적 부담을 덜기 위해서 재난안전에 대한 사무를 민간계약을 통해 위탁관리 방식을 일부 선택하고 있다. 민간위탁은 공공 부문에의 경쟁 요소 반영을 통한 업무의 효율성 및 생산성의 제고, 민간 부문의 자본과 전문성 기술·경험 등의 활용을 통한 경제 활성화의 요청에 따라 행정기관이 담당했던 일부 사무의 처리를 민간 부문에 위탁 처리하게 되면서 등장했다. 1990년대 등장한 신자유주의는 정부의 효율성을 증대하기 위해 공공 부문에 경쟁과 성과라는 시장 원리를 도입했다. 시장경제와 공공관리가 결합돼 전통적인 관료제 패러다임의 한계를 극복하고, 작은 정부를 실현하기 위해 신공공관리론(new public management: NPM)과 함께 민간위탁을 도입하게 됐다. 정부의 사무를 민간에 위탁하는 이유는 경제적인 효율성과 특수한 전문기술을 활용, 국민생활과 밀접한 관계가 있는 단순 행정사무를 신속하게 처리하기 위함이다.

2012년 8월「수난구호법」을 전면 개정해 수난구호 협력단체인 한국해양구조협회를 설립해 해수면에서의 수색구조·구난기술에 관한 교육 및 조사·연구·개발, 행정기관이 위탁하는 사무 등을 수행할 수 있도록 했다. 여기서 주목할 점은 수난구조에서 부수적인 사무뿐만 아니라 재난 대응의 핵심 기능인 인명 구조까지 위탁한 것이다. 해양재난에서 인명 구조 사무를 한국해양구조협회에 위탁했지만 해양구조협회는 인명 구조를 위한 조직과 인적·물적 자원을 직접 보유하지 않고 있다. 2014년 4월 16일 침몰한 세월호 재난대응 과정에 행정사무의 민간위탁은 공공 부문에 사적 자본이 깊숙이 관여하고 있는 것을 볼 수 있다.

이 연구는 재난관리와 행정사무의 민간위탁에 대한 이론적 배경을 탐색적으로 살펴보고, 세월호 침몰 재난 대응 과정에서 드러난 행정사무의 민간위탁 실태분석을 바탕으로 문제점을 살펴본 후 개선 방안을 도출하는 데 있다.

II. 재난관리와 민간위탁의 이론적 탐색

1. 재난관리의 이해

「헌법」제34조 제6항은 "국가는 재해를 예방하고 그 위험으로부터 국민을 보호하기 위하여 노력하여야 한다."고 밝힘으로써 국가는 재난으로부터 국민을 보호할 의무를 천명했다. 이에 따라 정부는 「재난 및 안전관리 기본법」을 제정하고 재난으로부터 국토를 보존하고 국민의 생명·신체 및 재산을 보호하기 위해 국가와 지방자치단체의 재난 및 안전관리 체제를 확립하고, 재난의 예방·대비·대응·복구와 안전문화 활동, 재난 및 안전관리에 필요한 사항을 규정하고 있다.

재난관리란 재난으로 인한 피해를 최소화하기 위해 재난의 예방, 대비, 대응, 복구와 관련해 행하는 모든 활동으로 정의된다. 첫째, 재난 예방 단계는 재난 발생 전에 미리 재난 촉진 요인을 제거하거나 가급적 재난 요인이 발생하지 않도록 억제 또는 완화하는 과정을 의미한다. 둘째, 재난 대비 단계는 재난 발생 시 수행해야 할 제반 사항을 사전에 교육·훈련함으로써 효과적인 재난 대응을 위한 활동이다. 셋째, 재난 대응 단계는 재난 발생 시 국민의 생명과 신체, 재산을 보호하고, 재난의 피해를 최소화하기 위한 일련의 활동이다. 넷째, 재난 복구 단계는 재난 발생 이전 상태로 회복시키는 활동을 의미하며, 재난 발생 원인 등 문제점 분석을 통해 향후 유사한 재난 발생 방지를 위한 정책적 대안을 제시하는 단계다.

재난의 관리 체계를 둘러싸고 예방에 중점을 둬야 할 것인가, 아니면 대응에 중점을 둬야 할 것인가 논쟁의 대상이 돼 왔다(이재은 외, 2006: 159-161). "완벽하게 예방한다면 대응이 필요 없다"는 주장이 예방에 중점을 두는 것이 바람직하게 보이지만 반드시 그런 것은 아니다. 재난을 예방하기 위해서는 재난을 알려 주는 단서를 미리 포착하고 제거해야 하지만, 재난은 그 자체가 불확실성(uncertainty)을 가지고 있기 때문에 예측이 어렵다. 대응을 중시하는 경우에는 재난을 초래하는 위험이나 재난은 지식의 한계, 체계의 실패 등 인간 능력의 한계에서 발생하므로 궁극적인 예방은 불가능하고, 유연하게 대응함으로써 피해를 줄일 수밖에 없다. 미국 의회 '9·11테러 진상조사위원회' 보고서에 따르면 9·11테러는 창의력과 정책, 대응 능력, 관리에서 실패했다고 지적, 9·11테러를 예측하지 못한 것을 보면 예방우선주의가 얼마나 허망한 결과를 초래하는지 알 수 있다. 재난의 발생 뒤에 분석해 보면 예측이 가능한 것처럼 보이지만, 재난이라는 미래의 불확실한 결과를 예상해서 막대한 예산을 투자하고, 국민의 자유를 제한하는 제도를 만드는 것은 설득력이 없기 때문이다.

예방 우선론자는 물리적 구조나 조직 체계에서 앞으로 재난을 초래할 위험을 미리 알려 주는 단서를 탐지해서 사전에 예방해야 한다고 주장한다. 대표적인 논거는 사전주의(事前注意)의 원칙(pre-cautionary principle)으로, 재난을 초래하는 위험의 원인과 결과 간의 인과관계에 대해 명확한 과학적 검증이 없더라도 미리 조심하고 예방적인 조치를 취해야 한다는 것이다. 그러나 예방우선론에서 '얼마나 안전해야 충분히 안전한가(How safe is safe enough?)'를 결정하고 수용 가능한 위험 수준(acceptable risk level)을 결정하기란 쉽지 않다.

대응우선론자는 재난은 통상 예상하지 못하는 상태에서 시스템의 실패(system failure)로 발생하며, 예방을 위한 예측도 재난이 발생한 뒤 사후분석을 통해서만 예측이 가능할 뿐이다. 재난은 그 특성상 복잡성 때문에 예측한다는 것은 본질적으로 어렵거나 불가능하다. 따라서 예측할 수 없는 재난에 대해 유연하고 탄력적으로 대응하는 능력을 배양해야 한다. 재난관리를 위한 위험 예측에 대해 과도한 강조는 오히려 예상하지 못한 재난에 대한 대응 능력을 저하시키며, 재난이 발생했을 때 충격을 증폭시켜 재난을 예방하기보다는 오히려 재난을 조장하거나 악화시키는 타이타닉 효과(Titanic effect)[1]를 초래할 수 있다.

---

[1] 너무나 완벽해서 "누군가 이 배를 침몰시킬 수 있다면 그건 오직 신뿐이다" 그래서 침몰사고에 대비할 필요가 없다고 생각한 것이 비극을 불러왔는데, 이를 타이타닉 효과라고 한다.

2. 민간위탁의 이해

1) 민간위탁의 의의

민간위탁이라 함은 정부의 행정사무를 공무원을 통해 직접 처리하지 않고, 법인·단체 또는 개인에게 맡겨 그의 명의와 책임하에 행사하도록 함으로써 공공의 목적을 달성하는 것을 말한다. 이는 정부조직의 경량화를 통해 저렴한 행정비용(cost-less)으로 행정서비스를 효율적으로 공급하고, 경영적 시각에서 행정사무를 관리하며 공공 부문에서 직접 서비스를 공급하지 않고 민간을 통해 서비스를 제공하는 것이다.

이와 같이 행정사무의 민간위탁은 주민들의 다양한 서비스 욕구에 부응하기 위해 그동안 정부의 부담을 경감하고 국민에게 더 나은 서비스를 제공하기 위해 1980년대 초에 미국, 영국, 캐나다 등을 중심으로 확산되기 시작했는데, 중앙정부 차원에서의 민영화와는 달리 지방정부 차원에서의 민간위탁은 대부분 서비스 계약(contracting out)이라는 형식으로 이뤄지고 있는 것이 특징이다.

예전에는 행정관청이 직접 수행하기 곤란한 사무의 경우에만 민간위탁했으나, 현대 행정의 복잡·다양성으로 인해 정부가 직접 사무를 수행하기보다는 전문기술이 풍부한 민간에 맡겨 이를 수행하도록 하는 경향이 많아지고 있다.

이와 같이 행정사무를 민간위탁하는 이유는 첫째, 행정조직의 비대화를 억제하고, 둘째, 민간의 특수한 전문기술을 활용함으로써 행정사무의 능률성을 높이고 비용을 절감하며, 셋째, 국민생활과 직결되는 단순 행정사무를 신속하게 처리하는 데 있다.

특히, 민간위탁의 추진은 1998년 국민의 정부 출범 후 작은 정부를 지향하는 정부 방침상 행정조직 관리에서 매우 중요한 과제의 하나로 정부가 지향하는 규제개혁 측면뿐만 아니라 행정의 고비용·저효율 시스템을 개선하기 위해 적극적으로 추진하게 됐다(행정자치부, 2004: 1-2).

「행정 권한의 위임 및 위탁에 관한 규정」 제11조에 따라 행정기관은 법령으로 정하는 바에 따라 그 소관사무 중 조사·검사·검정·관리 사무 등 국민의 권리·의무와 직접 관계되지 않는 사무를 민간위탁 할 수 있다. 첫째, 단순 사실행위인 행정작용, 둘째, 공익성보다 능률성이 현저히 요청되는 사무, 셋째, 특수한 전문지식 및 기술이 필요한 사무, 넷째, 국민생활과 직결된 단순 행정사무 등이다. 행정기관은 위탁사무에 대해 민간위탁의 필요성 및 타당성 등을 정기적·종합적으로 판단해서 필요할 때에는 민간위탁을 해야 한다.

2) 민간위탁의 이론 근거

민간위탁의 이론적 배경이 되는 이론은 신공공관리론, 공공선택론 등이 있다. 신공공관리론은 민간의 기술·자원을 활용해 공공서비스 생산의 효율성을 확보하는 관리 이론이라는 점에서 민간위탁과 관련이 있고, 공공선택론은 이익의 극대화를 위해 상호 경쟁하면서 최선의 선택을 한다는 점에서 민간위탁과 관련 있다(강인성, 2008 : 6-8).

첫째, 신공공관리론은 공공부문의 비효율성에 대한 지적과 작은 정부에 대한 요구가 증가함에 따라 등장한 이론으로, 정부의 기능과 역할의 범위를 넓게 인정하던 전통적인 접근 방식에서 벗어나 정부의 역할은 유지한 채 정부의 규모를 최소화하고, 공공서비스에 시장의 경쟁과 선택을 강조하는 새로운 패러다임이다. 이 신공공관리론은 투입된 비용과 비용에 따른 효과를 분석하는 경제성의 원리, 행정의 책임성을 강조하는 고객 위주의 행정, 시장친화적인 규제 완화, 성과를 강조하는 성과 지향적 업무 체계 등을 우선으로 하는 이론이다.

신공공관리론에서는 정책결정이나 전체적인 조정 역할을 제외한 재화 및 서비스의 생산·전달 역할을 민간으로 이전할 것을 강조한다. 신공공관리론 관점에서의 민간위탁은 공공 서비스의 공급에 대한 책임과 서비스 배분에 관한 권한은 공공 부문에서 그대로 유지하고, 공공 서비스의 생산 및 전달 방법을 민간 부문에 위탁함으로써 공공 부문의 책임성과 민간부문의 운영 효율성을 동시에 추구할 수 있는 개념이다.

둘째, 공공선택론은 개인은 언제나 자신의 이익을 극대화하는 합리적인 선택을 한다는 가정 하에 출발한 이론이다. 정부와 민간 모두 자신의 이익 극대화를 추구하기 위해 대립한다는 측면이 하나 있고, 이익의 극대화를 위해 다수의 민간 상호간 경쟁한다는 측면이 또 하나 있다고 볼 수 있다. 공공선택론에 따르면, 정부는 자신의 이익을 극대화하기 위해 민간위탁 방식을 사용하게 되고, 민간 또한 자신의 이익을 극대화하기 위해 민간위탁 방식을 사용하게 된다. 정부 입장에서 보면 민간위탁을 할 경우 정부가 투입해야 할 기술·자원 등이 절약될 수 있고, 민간 입장에서 보면 민간위탁을 할 경우 기존의 사업 영역을 확대해 초과 이윤과 좀 더 상승된 입지를 확보할 수 있다.

3) 민간위탁 성공 요소

행정사무를 민간에 위탁할 때 많은 학자가 성공적인 요소를 경쟁, 투명성, 비용 절감, 전문성(기술), 책임성(모니터링) 등을 들고 있다. 그 내용을 구체적으로 살펴보면 다음과 같다.

첫째, 경쟁은 민간위탁의 능률과 효과를 증진시켜 줄 강력한 요인 중의 하나다. 민간위탁 과정에서 업체들 간의 경쟁이 없으면 민간위탁을 통한 능률성 확보는 어려워지며 효과성도 없다(Rehfuss, 1989). 따라서 공공 서비스를 민간에 위탁하려는 정부는 경쟁을 증대시키도록 노력해야 한다(송운석·이성세, 2001: 141).

둘째, 투명성은 행정기관이 갖고 있는 정보가 무엇이 있으며 결정은 어떠한 과정을 거쳐서 이뤄지는가 하는 것을 외부에서 분명히 파악할 수 있는 상태를 의미한다. 민간위탁할 대상기관을 선정할 때에는 인력과 기구, 재정 부담 능력, 시설과 장비, 기술 보유의 정도, 책임 능력과 공신력, 지역 간 균형 분포 등을 종합적으로 검토해 적정한 기관을 수탁기관으로 투명하게 선정해야 한다.

셋째, 비용 절감은 생산비용뿐 아니라 과정적 비용인 계약비용과 감독비용 등에 대한 점검을 통해 민간위탁의 효율성 수준을 점검하고, 민간위탁의 효율성을 확보할 수 있는 방향의 점검이 이뤄져야 할 항목이다. 이는 위탁비용 부문으로 예산 증감 비율과 위탁원가, 효율성 부문의 생산·계약·감독비용으로 구성할 수 있다(류숙원, 2013: 123).

넷째, 전문성은 민간 참여로 전문성을 높일 수 있는 기능의 사업, 민간이 더 우수한 전문기술을 갖춘 시험·연구·조사 기능의 사업 등이다. 민간의 전문적인 기술로 서비스를 제공하려는 노력이며 공공 서비스를 정부가 직접 공급하던 방식에서 벗어나 일정 부분을 민간에게 대신 공급하게 하거나 민간이 가지고 있는 기술이나 자원 등을 활용하고자 한다(강인성, 2008: 5). 「행정 권한의 위임 및 위탁에 관한 규정」 제11조에서도 특수한 전문지식 및 기술을 요하는 사무를 민간에 위탁할 수 있는 사무로 분류하고 있다.

다섯째, 공공서비스의 민간위탁은 수탁기관의 책임성이 확보돼야 한다. 민간단체, 사기업은 이윤을 추구하기 때문에 업무 수행 시 국민의 책임성이 약화될 우려가 있다. 수탁기관의 책임성 확보는 감독기관의 상시 모니터링 제도 도입과 관리·감독이 철저하게 이뤄져야 한다.

4) 민간위탁 관련 법령 검토

「헌법」 제96조에서는 행정 각부의 설치·조직과 직무 범위는 법률로 정한다고 규정하고 있어 행정 권한의 설정 및 그 행사 주체는 법률에 따르도록 하고 있으므로, 법률이 정한 권한의 분배를 대외적으로 변경하는 민간위탁의 경우에는 원칙적으로 법률의 명시적 근거를 필요로 한다.

「정부조직법」 제6조(권한의 위임 및 위탁)에서는 행정기관은 법령으로 정하는 바에 따라 그 소관사무 중 조사·검사·검정·관리 업무 등 국민의 권리·의무와 직접 관계되지 아니하는 사무를 지방자치단체가 아닌 법인·단체 또는 그 기관이나 개인에게 위탁할 수 있다고 규정하고 있어,

행정기관이 국가나 지방자치단체 등 행정 주체가 아닌 기관에 대해 사무를 위탁할 수 있는 근거를 마련하고, 그 위탁 대상과 관련해서도 국민의 권리·의무와 직접 관계되지 않는 사무라는 기준을 두고 있어 '국민의 권리·의무와 직접 관계되지 않는 사무'라는 민간위탁의 한계를 설정하고 있다.

「지방자치법」104조(사무의 위임 등) 지방자치단체의 장은 조례나 규칙으로 정하는 바에 따라 그 권한에 속하는 사무 중 조사·검사·검정·관리 업무 등 주민의 권리·의무와 직접 관련되지 아니하는 사무를 법인·단체 또는 그 기관이나 개인에게 위탁할 수 있도록 규정하고 있어 지방자치단체의 사무를 행정주체가 아닌 기관에 대해 사무를 위탁할 수 있는 근거를 마련하고 있다.

「행정 권한의 위임 및 위탁에 관한 규정」(대통령령, 제25548호)은 민간위탁에 관한 내용을 구체적으로 담고 있다. 내용으로는 민간위탁의 정의, 민간위탁의 기준, 민간위탁 대상기관의 선정 기준, 업무 위탁 방법, 지휘 감독, 처리 상황의 감사 등이다.

Ⅲ. 재난안전 분야의 민간위탁 실태분석

1. 재난관리 과정

재난관리는 재난으로 인한 피해를 최소화하기 위해 재난의 예방, 대비, 대응, 복구와 관련해 행하는 모든 활동이다. 해양재난에서 일반법은 「수난구호법」이다. 「수난구호법」은 해수면과 내수면에서 조난된 사람, 선박, 항공기, 수상레저기구 등의 수색·구조·구난 및 보호에 관한 사항을 규정함으로써 조난사고로부터 국민의 생명과 신체 및 재산을 보호하고 공공의 복리 증진을 목적으로 제정됐다.

2012년 8월 「수난구호법」을 전면 개정해 수난구호 협력단체인 한국해양구조협회를 설립해 해수면에서의 수색구조·구난사무를 위탁했다. 재난관리 단계별로 해양재난관리의 민간위탁에 대한 실태분석은 다음과 같다.

1) 예방 단계

재난 예방 단계는 재난의 위험을 사전에 발견해 제거, 억제하는 활동으로 관련 법의 제정, 기본계획의 수립 등의 활동이다. 정부는 2012년 8월 「수난구호법」을 전면 개정해 수난구호 협력단체인 한국해양구조협회를 설립해 해수면에서의 수색구조·구난사무를 위탁했다. 이는 해양재난관리 정책의 핵심 기능인 인명 구조 사무를 한국해양구조협회를 통해 민간에 위탁하는 정책을 펼쳐 왔다.

「행정 권한의 위임 및 위탁에 관한 규정」 제11조에 의해 민간에 위탁할 수 있는 사무는 단순사실행위인 행정작용, 공익성보다 능률성이 현저히 요청되는 사무, 특수한 전문지식 및 기술이 필요한 사무, 국민생활과 직결된 단순 행정사무 등이다. 국가를 구성하는 데 가장 핵심 요소인 국민의 생명과 안전을 보장하는 최소한의 제도적 장치마저 사적시장에 내다 맡기는 해양 재난관리 정책이라고 평가할 수 있다.

2) 대비 단계

재난 대비 단계는 재난이 발생했을 때 수행해야 할 제반 사항을 사전에 교육·훈련함으로써 효과적인 재난 대응을 위한 활동이다. 해양경찰은 해양재난이 발생했을 때 신속하게 대응하기 위한 수난구조와 관련한 조직을 갖추고, 고도로 훈련된 인적 자원의 확보, 물적자원 등을 확보해야 함에도 불구하고 해양의 긴급구조 사무를 민간에 위탁했다. 해양재난의 긴급구조에 대한 물적자원의 상시 동원과 고도로 훈련된 인적 자원에 대한 신속한 동원 등을 상시 관리·감독할 수 있는 제도적 장치가 마련되지 않았다.

해양구조에 관한 사무를 수탁한 한국해양구조협회 역시 수난구조에 관한 인적·물적 자원을 확보하지 않고 재위탁하는 방식으로 민간기업과 계약을 통해 수난구조 업무 수행을 대비하고 있었다.

3) 대응 단계

재난 대응 단계는 재난이 발생할 때 국민의 생명과 신체, 재산을 보호하고, 재난의 피해를 최소화하기 위한 일련의 활동이다. 2014년 4월 16일 진도해상에서 세월호가 침몰했을 때 신속하게 국민의 생명과 신체를 구조하기 위한 수난구조 활동은 효과적이지 못했다. 재난이 발생하면 많은 자원이 필요하기 때문에 민·관·군의 협력 체계가 필수적이지만 해양경찰과 한국해양구조협회는 이러한 협력을 이끌어 내지 못하고, 민간기업이 독점하도록 했다는 것이 검찰 수사에서 드러났다.

세월호 침몰 당시 해양경찰은 민간기업(U)에 인명구조 독점 권한을 주면서 실종자 수색 작업이 30시간 지체됐던 것으로 확인됐다. 세월호 사고 다음 날인 4월 17일 오전 2천 톤급 바지선인 '보령호'가 민간기업(U)의 바지선보다 30시간 먼저 사고 해역에 도착해 대기하고 있었지만, 해경이 민간기업(U)에 인명구조 독점 권한을 주기 위해 보령호를 투입하지 않아 수색이 늦어진 사실을 확인했다(KBS 뉴스, 2014.09.04.). 재난 현장에서 신속하게 인명구조 업무를 수행해야 하고, 국민의 생명과 안전을 책임져야 할 정부는 재난 현장에 없었다.

4) 복구 단계

재난 복구 단계는 재난 발생 이전 상태로 회복시키는 활동을 의미하며, 재난 발생 원인 등 문제점 분석을 통해 향후 유사한 재난 발생을 방지하기 위한 정책적 대안을 제시하는 단계다. 세월호 침몰 사건에서 재난 복구를 논의하기는 아직 이르지만 정부는 복구 단계의 수준과 같은 정책을 내놓아 많은 재난 전문가를 당혹케 했다. 세월호 침몰 재난 대응 과정에서 국가를 구성하는 국민을 국가가 보호하지 못하는 초유의 사태가 발생하자 재난의 충격으로부터 국민을 안심시키려는 미봉책이 쏟아져 나왔다.

인명구조 사무를 민간에게 위탁할 수 있는 사무인가? 위탁을 통해 기대 효과가 달성됐는가? 효과적인 관리 감독이 이뤄졌는가? 정부는 해양재난 정책에서 민간위탁에 대한 전반적인 내용을 재검토해야 할 것이다.

2. 민간위탁

민간위탁의 성공 요소로 많은 학자(Franklin & White, 1975; Savas, 1987; McAfee & McMillan, 1988; Pack, 1989; Dehoog, 1990; Prager, 1994; 송운석·이성세, 2001; 송근원·강대창, 2002)들이 제기한 경쟁, 투명성, 비용 절감, 전문성, 책임성 등을 중심으로 재난안전의 민간위탁에 대한 실태를 살펴보겠다.

1) 경쟁

민간위탁 과정에서 업체들 간의 경쟁이 없으면 민간위탁을 통한 능률성 확보는 어려워지며, 효과성도 없다고 한다. 정부는 수난구조사무의 민간위탁 과정에서 경쟁을 통한 민간위탁이 아니라 한국해양구조협회에 독점권을 주었고, 세월호 재난대응 과정에서 능률성과 효과성을 전혀 확보할 수 없었다.

2) 투명성

민간위탁 계약 과정은 외부에서 파악할 수 있는 정보를 모두 공개해야 하고, 위탁업체 선정 과정을 모두 공개해야 한다. 그러나 세월호 참사와 관련하여 해양경찰-한국해양구조협회-민간 기업(U)의 유착 고리에서 민간기업(U)은 해양경찰의 지원뿐 아니라 세월호 선사인 청해진해운과 계약을 맺는 등 모든 과정에 의혹이 많다.

3) 비용 절감

정부의 사무를 민간에 위탁할 수 있는 가장 중요한 이유가 바로 경제적인 효과인 비용 절감이다. 그러나 해양구조사무의 핵심 내용인 인명 구조를 민간에 위탁했다는 것이다. 인명 구조를 경제적인 이유로 민간에 위탁했다는 것은 공적 영역인 인명 구조가 사적 영역으로 넘어갔다는 것을 의미한다.

4) 전문성

특수한 전문지식 및 기술이 필요한 사무는 「행정 권한의 위임 및 위탁에 관한 규정」에 의거 정부의 사무를 민간에 위탁할 수 있는 사무 중의 하나다. 그러나 해양재난 시 인명 구조 사무를 위탁받은 한국해양구조협회는 특수한 전문지식 및 기술을 보유하지 않았으며 재위탁한 민간기업(U) 역시 인명 구조 전문가가 아니라 선박 인양 전문기술 보유 업체로 밝혀졌다.

5) 책임성

행정의 책임성은 국정 운영의 정당성을 유지하고 정부의 공적 신뢰를 높일 수 있는 역할을 한다. 한국해양구조협회는 우리나라의 해양구조·구난체계의 선진화를 주도하는 활동단체로 성장할 것이며, 해양경찰과 함께 해양 안전을 책임지는 동반자로서 자리매김하겠다는 목표로 설립했다. 정부는 해양구조 사무를 민간단체에 위탁해 해양재난관리의 책임성이 분산됐고, 공식적으로 책임을 묻는 과정을 통해 정치적·사회적으로 정책 실패, 재량권 남용과 같은 문제에 대한 국민과 정책 이해관계자의 분노를 잠재우고 관료들에게 반성과 배상의 기회를 제공한다(라영재, 2009 : 240-241). 정부의 인명 구조 사무를 민간단체인 한국해양구조협회에 위탁함으로써 해양긴급구조의 책임 소재를 민간에 떠넘기는 모습을 보여 그 책임을 다하지 못했다.

Ⅳ. 재난안전의 민간위탁 개선 방안

1. 위탁 가능 사무의 구분

「행정 권한의 위임 및 위탁에 관한 규정」제11조에 따라 행정기관이 민간에 위탁할 수 있는 사무는 ① 단순 사실행위인 행정작용, ② 공익성보다 능률성이 현저히 요청되는 사무, ③ 특수 한 전문지식 및 기술이 필요한 사무, ④ 국민 생활과 직결된 단순 행정사무 등이다. 행정기관은 위탁 사무에 대해 민간위탁의 필요성 및 타당성 등을 정기적·종합적으로 판단해 필요할 때에는 민간위탁을 해야 한다. 그리고 국민의 권리·의무와 직접 관계되는 사무는 위탁할 수 없도록 한다.

'국민의 권리·의무와 직접 관계되는 사무'는 그 집행 시에 특히 공공성과 공정성이 확보돼야 하기 때문에 「헌법」과 법률에 따라 국민에 의해 선출·구성되고 국민에 대하여 책임을 지며, 국민에 대한 봉사자로서의 신분상의 의무를 지는 정부기관과 그 공무원에 의해 직접 처리돼야 한다(유병훈, 1992: 63-34). 해양재난의 인명 구조 사무가 민간에 위탁할 수 있는지에 대한 논란의 근원지는 안전이라는 헌법적 가치다. 헌법적 가치인 안전이 민간에 위탁할 수 있는 사무인지 꼼꼼하게 살펴봐야 한다.

2. 책임성 확보

민간에게 정부의 사무를 위탁했을 때 정부처럼 성실하고 책임 있게 수탁사무를 수행하고 있는가? 정부가 수행하고 있는 것처럼 이익만 추구하지 않고 대국민 서비스를 지속적으로 공급하고 수행하고 있는가 확인해야 한다.

정부가 수난구조 사무를 한국해양구조협회에 민간위탁하면서 해양경찰청장은 협회의 감독을 위해 필요할 때에는 협회에 그 사무에 관한 사항을 보고하게 하거나 자료를 제출하게 할 수 있으며, 소속 공무원으로 하여금 그 사무를 검사하게 했고, 협회의 사업계획 및 예산은 해양경찰청장의 승인을 받도록 했다.

그러나 해양경찰청은 2013년 해양구조협회출범 당시 소속 경찰관에게 협회 회원 가입을 권고했다. 해양경찰청의 지휘부 방침에 따라 수천 명에 이르는 해양경찰관은 회원에 가입했고 연회비 3만 원은 개인 봉급에서 공제되는 것으로 알려졌다. 아울러 해양경찰 간부 상당수도 연회비가 30만 원인 평생회원에 가입했다(연합뉴스, 2014년 5월 2일자).

재난안전 사무의 민간위탁은 신중하게 위탁사무 범위를 결정해야 하고 책임성 확보를 위해 상시적으로 관리·감독할 수 있는 제도적 장치를 마련해야 한다. 이러한 책임성 확보는 민간위탁의 법·제도적 보완과 감독적 접근을 통해 책임성을 확보할 수 있다.

3. 대응성 확보

국민이 원하는 바를 해결해 주지 못하는 행정은 무의미하다. 국민이 원하는 것을 정책으로 실현하는 것을 대응성이라 할 수 있다. 대응성(responsiveness)은 국민이 원하는 행정 서비스를 공급해 국민을 만족시켜 주는 것을 의미한다. 행정의 대응성은 국민의 기대와 행정 목표 달성에 대해 총체적인 책임을 지는 것이다.

진도해상에서 세월호가 침몰했을 때 정부는 국민이 원하는 긴급구조활동을 신속하게 대응해야 함에도 불구하고 신속하게 대응하지 못했다. 국민의 생명과 안전을 책임져야 할 재난 상황에서 신속하게 인명구조 업무를 수행해야 할 정부는 인명구조 현장에 없었고, 이미 해양재난의 수난구조는 민간에 위탁한 후였다. 따라서 국민이 원하는 안전의 핵심인 인명구조에 대한 국가사무를 민간에 위탁을 금지하고, 신속하게 인명 구조 활동을 할 수 있게 해야 할 것이다.

4. 경제적 효과

정부사무의 민간위탁 효과는 업무의 효율화, 경제적 효과, 전문기술 활용, 행정조직의 감소화, 민간의 행정 참여 등을 거론하고 있다(박경원, 1997: 20-22). 민간위탁의 가장 기본적인 이유는 정부의 행정 서비스 공급에서 예산 절감이라는 경제적 이유다. 정부의 재정 압박에서 벗어나기 위해 민간위탁을 통해 경비의 삭감이라는 경제적 효과를 우선으로 한다(이창균·서정섭, 2000: 29).

이러한 경제적인 효과를 이유로 해양재난관리 분야의 민간위탁은 결국 정부의 핵심 기능인 수난구조까지 민간에 위탁하게 됐다. 성수대교 붕괴 사고(1994년), 삼풍백화점 붕괴 사고(1995년), 대구 지하철 화재(2003년), 충남 태안 허베이 스피리트호 기름 유출 사고(2007년), 진도 해상 세월호 침몰(2014년) 등 우리나라에서 인적 재난은 대개 비용을 아껴 이익을 극대화하려는 자본에 의해 발생했다(한겨레21, 2014.05.19). 경제적인 효과를 들어 공익은 점점 사적 영역으로 위탁하고 있다. 따라서 예산 절감보다 헌법적 가치인 국민의 안전권은 민간에 위탁할 수 없도록 제도적 장치를 마련해야 할 것이다.

V. 결론

정부사무의 민간위탁은 업무의 효율성 및 생산성의 제고와 전문성 기술·경험 등의 활용을 통한 경제 활성화의 요청에 따라 행정기관이 담당했던 일부 사무 처리를 민간 부문에 위탁해 처리하게 됐다. 재난안전 분야도 이러한 이유로 민간에 사무를 위탁하고 있다. 재난안전 분야를 민간에 위탁할 때 그 위탁사무의 범위를 엄격하게 구분해야 할 것이다. 교육훈련, 자격증 업무, 검정 업무 등 정부의 핵심 사무가 아닌 부수적이고 정부가 수행하기 곤란한 사무를 중심으로 민간에 위탁해야 할 것이다. 특히 재난안전 분야는 국민의 생명과 안전에 관련 있는 사무는 민간에 위탁할 수 없는 분야로 엄격하게 분류해야 할 것이다.

국민의 안전이라는 헌법적 가치를 두고 '비용과 예산 절감'을 운운할 때, 세월호 참사의 비극은 예고돼 있었다. 정부가 국가적 참사 앞에서 이권을 앞세운 정황도 놀랍지만, 더욱 끔찍한 것은 공권력 스스로가 무능했다는 것이다. 국가는 비용과 예산 절감을 이유로 국민의 안전이라는 헌법적 가치에 국가책임을 놓아서는 결코 안 될 것이다.

재난관리는 공공재이며, 사회적 자본의 역할을 수행해야 사회적 약자가 재난 피해자로부터 보호받을 수 있다. 공적 영역인 인명구조가 사적 영역으로 위탁한다면 정부는 국민의 생명과 안전 보호는 더 이상 정부의 영역이 아닐 수 있다. 따라서 국가를 구성하는 국민의 생명은 국가가 책임지는 시스템을 완벽하게 마련해야 한다.

제9장
재난 현장 소방공무원의 회복실에 관한 연구

개요

　이 연구는 재난 현장 소방공무원 회복실 설치에 대한 근거를 제공해 소방공무원의 안전과 회복 탄력을 위한 회복실 설치 모델을 제공하고자 한다. 연구 목적을 달성하기 위해, 소방공무원을 대상으로 회복실의 효과성 검증을 위한 설문조사 및 빈도분석과 분산분석을 실시했다. 연구의 결과를 바탕으로 효과적인 회복실을 운영하기 위한 정책적 제언은 다음과 같다. 각 소방본부에 회복실 운영을 위한 조직을 구축해야 하고, 회복실 운영을 위한 인적 자원을 확보해야 한다. 그리고 회복실 운영책임자의 임무 내용, 회복실 운영자의 임무 내용, 회복실 운영 절차 등 세부적인 운영 기준을 마련해야 하고, 회복과 회복실에 대한 이해를 높일 수 있는 교육이 필요하다.

Ⅰ. 서론

소방조직의 역할은 재난 현장을 신속하고 효과적으로 수습·대응해 국민의 생명·신체와 재산을 보호하는 목적 달성에 있으며, 이와 동시에 현장활동 대원의 안전을 확보해야 하는 이중적 어려움이 있다. 국민의 생명·신체와 재산을 보호하는 데 주도적 역할을 수행하고 있는 대부분의 소방공무원은 열악한 근무 여건에 처해 있는 실정이다.

이제는 소방공무원들에게 용감한 희생정신만을 강요해서는 안 되며, 안전사고 방지를 위한 정책적인 지원과 제도적인 현장 환경 개선이 필요할 때다. 소방공무원의 안전과 근무환경에 대해 체계적으로 조사 분석해 문제점을 도출하고 개선 방안을 제시함으로써 재난 현장에서 활동하는 소방공무원의 안전과 근무환경 개선이 필요하다.

소방공무원은 각종 재난으로부터 국토를 보호하고 국민의 생명, 신체 및 재산을 보호하는 책임을 지고 있으며, 업무의 특성상 화재 진압 및 구조·구급활동 중 사망, 부상 등의 위험에 항시 노출돼 있다. 또한, 예고 없이 발생하는 각종 재난 현장에 신속히 출동하기 위해 24시간 비상대기 상태를 유지하고 있으며, 근무 시간 내내 연속적인 긴장감에 놓여 있다. 소방공무원 부상의 원인이 8.3%가 탈수, 탈진, 어지러움증으로 나타나고 있어, 이에 대한 대책과 예방 프로그램이 필요하다.

미국의 경우 현장활동 중 휴게공간인 회복실(rehabilitation)에 관해 NFPA 1584를 제정하여 소방서 또는 사립 비영리단체·응급의료 서비스 등의 기관에서 운영 중이며, 미국의 연방재난관리청(FEMA)에서 회복실 운영을 위한 교육을 시행 중이다.

국내에서도 서울시 소방재난본부와 경기도 소방재난본부에서 회복 차량을 운영 중이며, 각 지방자치단체에서 현장에서 활동하는 소방공무원을 위한 회복실 운영에 관한 조례가 있으나, 그 운영 프로그램은 상이하다. 재난 현장에서 활동하는 소방공무원의 안전과 근무환경 개선이 필요하고, 현장대원들의 안전 확보 및 회복 탄력을 위한 회복실 운영에 필요한 모델 개발이 필요하다.

따라서 이 연구에서는 재난 현장 상황을 바탕으로 소방공무원 회복실 설치에 대한 근거를 제공함으로써 소방공무원의 안전과 회복 탄력을 위한 회복실 설치 계획에 대한 기초 자료를 제공하고자 한다. 또한, 소방공무원 회복실 설치를 통해 소방공무원의 심신건강이 향상될 수 있도록 하는 데 목적이 있다.

II. 이론적 배경

1. 재난 현장 회복실(Rehab)의 개념

미국에서는 2003년부터 NFPA 1584에 따라 회복실을 운영하고 있다. 화재 진압 시에 외부로 교대된 소방관의 신체 상태 확인 및 회복 서비스를 제공해 열 피로 및 소진으로 인한 심장마비를 감소시키기 위해 「현장회복지원팀」을 운영하고 있다. 현장회복지원팀은 대형재난 시에 소방대원을 위한 이동식 트레일러에 휴식공간을 마련해 제공하고 있다.

국내에서는 서울시 소방재난본부가 2015년 3월 1일부터 회복실 차량을 운영하고 있다. 재난대응 2단계[1] 이상이거나 재난 현장에서 지휘관이 요청하면 출동해 적극적인 휴식 시스템 제공으로 재난현장 안전관리 체계를 구축하고, 각종 재난 현장에서 충분한 휴식으로 재난 현장 대응 능력을 제고한다. 경기도재난안전본부는 2018년부터 회복 차량을 운영하고 있다. 여름철에 맞는 교대조 운영으로 재난 현장의 효율적 소방활동 임무를 수행한다.

충청남도와 전라남도는 조례를 제정해 이동식 심신회복실을 "재난 현장에서 활동하는 소방공무원의 피로 회복을 위해 확보된 차량 등을 말한다."고 규정하고 있으며, 소방공무원의 재난 현장에서의 휴식을 위한 노력을 시도하고 있다. 이처럼 국내·외에서 소방관 휴식을 위한 노력이 다양한 형태로 추진되고 있으나, 회복실에 대한 구체적인 개념은 정의되지 않고 있다.

따라서 이 연구에서는 재난 현장 회복실(Rehab)을 "소방공무원의 신체적·생리적·정서적 스트레스를 완화하고, 소방공무원의 체력을 유지하며, 작업 능력을 향상시켜 재난 현장에서 안전사고를 줄이기 위해 설계된 차량과 그 부속물을 말한다"라고 정의한다.

---

1) ① 대응 1단계: 일상적으로 발생되는 소규모 사고가 발생한 상황에서 긴급구조지휘대가 현장지휘 기능을 수행한다. 다만, 시·군·구긴급구조통제단은 필요에 따라 부분적으로 운영할 수 있다.
② 대응 2단계: 2 이상의 시·군·구에 걸쳐 재난이 발생한 상황이나 하나의 시·군·구에 재난이 발생했으나 당해 지역의 시·군·구긴급구조통제단의 대응 능력을 초과한 상황에서 해당 시·군·구긴급구조통제단을 전면적으로 운영하고 시·도긴급구조통제단을 필요에 따라 부분 또는 전면적으로 운영한다.
③ 대응 3단계: 2 이상의 시·도에 걸쳐 재난이 발생한 상황이나 하나의 시·군·구 또는 시·도에서 재난이 발생했으나 시·도 통제단이 대응할 수 없는 상황에서 해당 시·도긴급구조통제단을 전면적으로 운영하고 중앙통제단은 필요에 따라 부분 또는 전면적으로 운영한다.

2. NFPA 1584

NFPA 1584는 재난 현장 및 재난 훈련을 운영하는 소방관의 회복탄력성에 관한 프로그램으로 소방안전 보건 표준 프로그램인 NFPA 1500의 요구 사항을 지원하기 위해 2003년 1월에 제정됐다. NFPA 1584는 재난 현장 운영에서 소방관의 체력과 정신적 회복을 위한 체계적인 접근 방식으로 소방안전 보건 프로그램과 재난 현장 관리의 필수 구성 요소다.

2008년 개정판은 소방관의 건강과 안전에 대해 회복탄력성을 권장 사항보다는 표준 프로그램으로 다뤄야 한다는 주장이 제기됐다. 따라서 이 개정판은 2003년 판보다 완전히 개정됐으며, 재난 현장 운영 및 재난 훈련 중 소방관을 위한 회복 절차에 관한 표준으로 명칭이 변경됐다.

NFPA의 위원회는 문구를 검토하고 업데이트해 표준 프로그램이 소방관의 회복에 관해 현재의 과학과 지식을 반영하도록 했다. 내용 중 의료 모니터링에 대한 요구 사항이 추가됐으며, 입원하거나 회복 중인 소방관이 추가 치료를 받아야 하는지 결정하는 데 활력 징후만 사용할 수 없다는 점을 인식했다.

용어는 National Incident Management System(NIMS)와 호환되도록 업데이트됐다. 회복 과정에 대한 표준 운영 절차를 제시하고, 열 스트레스와 한랭 스트레스의 분류, 징후, 증상 및 치료에 대한 정보를 제공하기 위해 부록 자료가 추가됐다. 소방관에 중점을 두어 응급 수술과 훈련 전에 적절한 영양 섭취, 수분 공급 및 건강한 생활 습관을 유지하도록 했다.

2015년 판은 재난 현장과 훈련뿐만 아니라 회복 후 수분 섭취에 대한 회복의 중요성과 필요성을 강조하기 위해 내용을 업데이트했다. 여기에는 스포츠 음료와 에너지 음료의 구별, 이러한 음료가 회복 과정에 영향을 미치거나 방해하는 방법이 포함된다. 회복 과정에 대한 환경 영향도 다뤘다.

회복 시스템은 회복 과정의 효과에 더 큰 비중을 두고 있다. 소방관에게 그들의 한계를 알고 회복 중에 이를 보고하는 데 중점을 됐다. 일산화탄소 모니터링도 회복 중 발생한 주요 징후 중 하나다.

NFPA 1584는 재난 현장 활동과 재난 훈련 현장에서 활동하고 있는 소방관의 회복탄력성에 관한 프로그램이다. 주요 내용은 범위, 목적, 적용 방안, 회복, 회복실 책임자, 재난 현장과 훈련을 위한 회복, 회복 조치, 회복실 운영 관련 문서, 회복실 설치 지역 등을 기술하고 있다.

이 연구는 회복실 설치에 대한 근거를 제공함으로써 소방공무원의 안전과 회복탄력성을 위한 회복실 운영의 모델을 제시하는 데 있다. 따라서 NFPA 1584는 회복실 운영에 관한 다양한 내용을 제시하고 있어 우리나라의 회복실 운영 모델 도출을 위한 중요한 참고 자료가 될 것이다.

3. 회복실에 대한 선행연구

ODPM(Office of the Deputy Prime Minister, 2004)의 연구에서는 소방관이 모의 구조 작업을 수행할 수 있는지 여부를 결정하는 것이 목표였다. 이 연구에서 10명의 소방관이 두 개의 모의 구조작업에 참여했는데, 여기에는 177lb(파운드) 인체모형을 평평한 바닥을 따라 끌고 두 개의 계단을 내려가는 것이 포함됐다. 첫 번째 모의 구조 전에 소방관은 이전의 12시간 이내에 열에 노출되지 않도록 했다. 두 번째 모의 구조물은 약 40분 동안 지속되는 뜨거운 화재 훈련에서 소방관이 안전요원으로서 임무를 수행한 후 약 10분 후에 시도됐다.

아이긴과 팁턴(Elgin & Tipton, 2003)에 따르면, 모든 소방관은 모의 구조훈련 두 가지 모두를 수행할 수 있었다. 첫 번째 시나리오에서 소방관의 심박수는 분당 146회에서 178회까지 다양했다. 두 번째 시나리오에서 소방관의 심박수는 분당 165회에서 195회, 온도는 99.8 ºF에서 101.3 ºF까지 다양했다.

빈클리 외(Binkley et al., 2002)는 열 관련 질병은 신체활동에 따라 체온이 올라갈수록 발병률이 증가한다고 강조한다. 열질환에 대한 인식은 향상됐지만, 열질환과 관련된 미묘한 징후와 증상은 종종 간과돼 더 심각한 문제를 야기한다. 전통적인 열질환 분류는 열경련, 열탈진, 열사병 등 세 가지 범주로 정의한다. 그러나 열로 인한 실신과 혈중 나트륨 농도 감소를 반드시 포함해야 한다고 주장한다. 열 관련 질병이 빨리 진행될 수 있다고 주장한다.

로센스톡과 올슨(Rosenstock & Olsen, 2007)은 화재 진압은 위험이 높은 직업이며, 그 작업은 육체적으로 매우 힘들다고 강조한다. 소방관이 심혈관계 질환으로 인한 질병과 사망 위험이 높은 것은 놀라운 일이 아니다. 그러나 수많은 사망률 연구가 일부 암과 비악성 호흡기 질환의 위험 증가에 대한 증거를 보여줬지만, 심혈관 질환으로 인한 사망 위험 증가에 대한 일련의 증거를 보여주지 못했다고 밝혔다. 소방관이 건강한 작업 그룹이라고 주장한다. 소방관은 일반적으로 높은 수준의 건강 상태를 가지고 있다. 평균적으로 소방관이 심혈관 질환으로 사망할 위험은 일반 인구의 다른 사람들보다 약간 낮다. 따라서 소방관은 전반적으로 심장질환으로 사망할 위험이 높지 않을 수도 있다고 주장한다. 즉, 소방관이 심혈관 질환으로 인한 과도한 사망 위험이 거의 없거나 전혀 없음에도, 왜 갑작스러운 심장질환으로 인해 사망하고 있는지 묻는다. 왜 이런 죽음들이 일어나는지 이해할 필요가 있다고 주장하며, 소방관들 사이에서 심혈관 질환으로 인한 사망률에 대하여 설명을 하며 이에 동의하고 있다. 소방관이 근무 중일 때 일어나는 심혈관 질환은 특히 화재진압과 비상 대응 등 특정 활동을 중심으로 나타나는 것으로 보인다고 주장한다.

케일스 외(Kales et al., 2007)는 높은 사망 위험은 화재 진압, 경보 대응, 체력 훈련과 관련이 있다고 언급하면서 동의한다. 화재 진압은 소방관들의 근무 시간의 약 1~5%에 불과하지만 관상동맥 및 심장질환으로 인한 사망자의 32% 이상을 차지한다는 것을 제시했다. 비상근무 중 관상동맥 및 심장질환으로 사망할 확률과 비교했을 때, 화재 진압 시 발생 확률은 12.1배에서 136배 높았다.

소카 외(Sawka et al., 2007)는 탈수 수준이 높아지면 신체 능력이 저하된다는 것을 알게 됐다. 신체 능력 저하의 크기는 환경 온도, 운동, 탈수 등 개인의 고유한 특성과 관련이 있을 가능성이 높다. 베이커 외(Baker et al., 2007)는 전체 체중의 1~4%의 탈수 현상이 진행됨에 따라 점진적인 능력 저하가 있음을 발견하고 이러한 관점을 지지했다.

III. 회복실에 대한 설문조사

1. 조사 대상의 선정

재난 현장 소방공무원의 회복실 운영을 위한 모델 개발 기초조사 연구 대상을 임의로 표본을 추출했으며, 서울권, 경기권, 충청권의 소방서에 근무하고 있는 소방공무원 300명을 대상으로 각 100명씩 할당표출해 설문조사를 실시했다. 서울권과 경기권은 회복실에 대한 이용 경험자이며, 충청권은 회복실에 대한 이용 경험이 없는 소방공무원이다.

2. 설문조사 실시

조사 기간은 10일간 실시했으며, 배포된 총 300부의 설문지 중 293부의 설문지가 회수됨으로써 회수율은 97.6%였다. 회수된 설문지 중 불성실한 응답과 응답 항목 누락 등으로 활용이 부적합한 설문지 5부를 제외한 288부를 최종적인 유효 표본으로 확정해 연구에 이용했다.

3. 설문지 구성

연구 수행을 위한 설문지는 재난 현장 소방공무원의 회복실 운영 방안을 제시하기 위해 회복실 인식에 대한 2문항, 회복실 운영 기준 4문항, 회복실 운영요원 4문항, 회복 차량 현장 도착 시간 4문항, 회복 차량 5문항, 쿨링물품 6문항, 회복 차량 비품 5문항, 회복실 전반에 관한 사항 3문항 등 33문항과 인구사회학적 배경 7문항 등 총 40문항으로 구성했다.

4. 자료 처리 방법

실증분석은 통계 패키지 프로그램인 SPSS Windows 24.0을 이용해 분석했다. 자료의 구체적인 분석 내용 및 방법을 제시하면 다음과 같다.

첫째, 수집된 자료를 분석할 때 중요한 것은 자료의 특성을 먼저 파악하는 것이 중요하다. 이를 위해 빈도분석을 실시했는데, 수집된 자료의 전체적인 응답 경향과 분포 등 특성을 파악하기 위해 빈도분석(frequencies analysis)과 평균값 분석을 통해 전체 항목의 빈도, 비율, 평균, 표준편차 등을 산출한다.

둘째, 재난 현장 소방공무원의 회복실에 대한 전반적인 내용과 경향을 알아보기 위해 주요 변수들의 분산분석(ANOVA)을 실시했는데, 주요 변수들의 산술평균과 표준편차를 알아보고, 평균값의 크고 낮은 정도로 소방공무원 회복실 운영에 대한 지역별 인식 정도를 측정한다.

Ⅳ. 결과 분석

1. 인구사회학적 배경

다음 〈표 9-1〉은 설문에 응답한 소방공무원들의 인구사회학적 배경 분포를 보여 주는 것으로 분석에 적합한 응답을 한 소방공무원은 총 288명이었다. 분석 결과를 해석하기에 앞서 응답자의 개인적 특성을 먼저 검토하고 분석 결과를 해석하고자 한다. 그 이유는 응답자의 개인적 특성을 파악함으로써 설문지의 응답이 어떤 영향을 끼쳤는지를 유추할 수 있기 때문이다.

성별로는 남성이 247명(85.8%)으로 여성 41명(14.2%)보다 압도적으로 많았다. 이는 소방 업무 특성상 강인한 체력을 요구하는 재난 현장에서 활동하는 주 담당자가 남성으로 구성됐기 때문이며, 최근에는 여성이 꾸준히 증가하고 있는 추세에 있다. 또 구급대에 응급구조사를 의무적으로 배치하려는 국가적 정책이 반영된 것으로 볼 수 있다. 연령별로는 30대가 99명(34.4%)으로 가장 많았고, 그다음으로 40대 78명(27.1%), 50대 이상 56명(19.4%), 20대 55명(19.1%)순으로 나타났다.

한편, 재직 기간은 5년 미만이 95명(33.0%)으로 가장 많은 응답 분포를 보였으며, 그다음으로 20년 이상 61명(21.2%), 10~15년 미만 52명(18.1%), 5~10년 미만 47명(16.3%), 15~20년 미만 33명(11.5%) 순으로 나타났다. 계급별로는 소방사 73명(25.3%)으로 가장 많았으며, 그다음으로는 소방위 69명(24.0%), 소방장 65명(22.6%), 소방교 59명(20.5%), 소방경 17명(5.9%), 소방령 이상 5명(1.7%) 순으로 나타났다. 학력별로는 4년제 대학 졸업이 138명(47.9%)으로 가장 많았으며, 그다음으로는 전문대학 졸업 88명(30.6%), 고등학교 졸업 이하 48명(16.7%), 대학원 졸업 이상 14명(4.9%) 순으로 나타났다.

한편, 근무 형태별로는 화재 진압이 100명(34.7%)으로 가장 많았으며, 그다음으로는 행정 64명(22.2%), 구급대원 46명(16.0%), 운전 44명(14.9%), 구조대원 34명(11.8%) 순의 분포를 보이고 있다. 화재 진압이 가장 많은 것은 소방조직은 화재 진압이 주 업무인 것을 나타내 주며, 구급 업무는 1970년대부터 시작됐고, 구조 업무는 1980년대부터 시작했다.

<표 9-1> 응답자의 인구사회학적 배경

내용	분류	응답자 수(명)	비율(%)
성별	① 남자	247	85.8
	② 여자	41	14.2
	합계	288	100
나이	① 20대	55	19.1
	② 30대	99	34.4
	③ 40대	78	27.1
	④ 50대 이상	56	19.4
재직 기간	① 5년 미만	95	33.0
	② 5-10년 미만	47	16.3
	③ 10-15년 미만	52	18.1
	④ 15-20년 미만	33	11.5
	⑤ 20년 이상	61	21.2
계급	① 소방사	73	25.3
	② 소방교	59	20.5
	③ 소방장	65	22.6
	④ 소방위	69	24.0
	⑤ 소방경	17	5.9
	⑥ 소방령 이상	5	1.7
학력	① 고졸 이하	48	16.7
	② 전문대 졸	88	30.6
	③ 4년제 졸	138	47.9
	④ 대학원 졸 이상	14	4.9
직무	① 화재진압	100	34.7
	② 운전	44	14.9
	③ 구급	46	16.0
	④ 구조	34	11.8
	⑤ 행정	64	22.2
근무지역	① 서울	99	34.4
	② 경기	93	32.3
	③ 충청	96	33.3

2. 재난 현장 이동용 회복실 응답 분포 분석

재난 현장 이동용 회복실에 대한 분석 결과를 〈표 9-2〉에서 제시했다. 그 결과를 살펴보면 다음과 같다.

첫째, 회복실 인식(3.01)에 대해서는 중립에 가깝게 인식하고 있는 것으로 나타났으며, 회복실의 재난 현장 도움(3.85)에 대해 높은 인식을 하고 있는 것으로 나타났다.

둘째, 회복실 운영 기준에 대해 대응 1단계 이상 운영(3.22), 대응 2단계 이상 운영(3.34), 대응 3단계 이상 운영(3.28), 현장지휘관의 요청 운영(3.78)에 대해 긍정적으로 인식하고 있다. 따라서 회복실은 재난 대응 2단계 이상부터 운영해야 하고, 현장지휘관이 요청하면 운영해야 한다고 인식하고 있다.

셋째, 회복실 운영 요원에 대해 회복실 운영을 위한 전문요원 확보(4.05), 회복실 운영요원의 정기적인 교육의 필요성(4.01), 회복실 운영요원의 전문성 확보(4.15)에 대해 회복실 운영요원의 전문화가 필요하다고 인식하고 있다.

넷째, 회복실 재난 현장 도착 시간에 대해 30분 이내 도착(3.26), 1시간 이내 도착(3.36), 2시간 이내 도착(2.91), 3시간 이내 도착(2.81)에 대해 적어도 1시간 이내에 도착해야 한다고 인식한다.

다섯째, 이동용 회복 차량의 형태에 대해 버스 형태 선호(3.69), 트럭 형태 선호(2.40), 트레일러 형태 선호(2.94), 이동식 컨테이너 형태 선호(3.30)에 대해 매우 긍정적으로 인식하고 있어 버스 형태를 선호하고 있는 것으로 조사됐다. 그리고 회복 차량에 부속된 야외 회복실(간이 형태)(3.42)에 대해 차량에 부속된 간이 형태의 회복실을 구비해야 한다고 인식하고 있다.

여섯째, 열 스트레스에 대한 대책으로 쿨링물품에 대해 냉동(장) 생수(4.48), 얼린 수건(4.16), 아이스팩(4.23), 아이스박스(4.35), 아이스 조끼(4.00), 쿨링 선풍기(4.32)에 대해 매우 긍정적으로 인식하고 있어 회복 차량에 쿨링물품을 필수적으로 준비해야 한다.

일곱째, 회복 차량 비품에 대해 식염 포도당(4.15), 이산화탄소 제거 설비(3.94), 제빙기 비치(3.95), 이온음료 비치(4.49), 에너지음료 비치(4.36)에 대해 매우 긍정적으로 인식하고 있다.

여덟째, 회복실의 효과에 대해 안전사고 예방(4.23), 지속적인 작업(인명 구조, 화재 진압, 구급활동 등) 도움(4.33), 소방관의 지친 심신 회복 및 탄력성 확보(4.31)에 대해 매우 긍정적으로 인식하고 있다.

<표 9-2> 평가지표에 대한 평균과 표준편차

평가지표	질문 내용	평균	표준편차
회복실 인식	회복실 인식	3.01	1.280
	회복실의 소방활동 도움	3.85	.899
회복실 운영 기준	대응1단계 이상부터 운영	3.22	1.300
	대응2단계 이상부터 운영	3.34	1.272
	대응3단계 이상부터 운영	3.28	1.375
	현장지휘관이 요청하면 운영	3.78	1.229
회복실 운영 요원	전문요원 확보	4.05	.827
	정기적인 교육 필요	4.01	.781
	전문성 확보	4.15	.777
	일정한 자격요건	3.97	.918
회복 차량 현장 도착 시간	30분 이내에 도착	3.26	1.231
	1시간 이내에 도착	3.36	1.190
	2시간 이내에 도착	2.91	1.250
	3시간 이내에 도착	2.81	1.376
회복 차량 형태	버스 형태 선호	3.69	1.176
	트럭 형태 선호	2.40	1.021
	트레일러 형태 선호	2.94	1.208
	이동식 컨테이너 형태	3.30	1.227
	야외 회복실(간이 형태) 비치	3.42	1.136
쿨링물품	냉동(장) 생수 준비	4.48	.646
	얼린 수건 준비	4.16	.893
	아이스팩 준비	4.23	.846
	아이스박스	4.35	.777
	아이스 조끼 준비	4.00	.997
	쿨링선풍기(냉풍기) 준비	4.32	.776

회복 차량 비품	식염 포도당 비치	4.15	.854
	이산화탄소 제거설비 비치	3.94	1.010
	제빙기 비치	3.95	1.038
	이온음료(스포츠음료) 비치	4.49	.625
	에너지음료 비치	4.36	.752
회복실 효과	안전사고 예방	4.23	.768
	지속적인 작업 도움	4.33	.698
	심신 회복과 탄력성 확보	4.31	.708

3. 직무별 인식 차이 분석

〈표 9-3〉은 재난 현장 소방공무원을 위한 회복실 인식에 대한 직무별 인식 차이를 알아보기 위해 일원배치 분산분석을 실시한 결과다.

분석 결과를 살펴보면, F값이 2.767이고, 유의 확률이 0.028로 유의 수준 5% 내에서 통계적으로 유의미한 인식 차이가 존재하는 것으로 나타났다. 평균을 살펴보면, 행정이 3.20으로 가장 높은 평균을 나타내고 있고, 그다음으로 화재 진압이 3.11로 나타났으며, 구급대원은 평균이 2.46으로 회복실에 대해 잘 모르고 있는 것으로 조사됐으며, 특히 행정과 화재진압에서 회복실 인식에 대해 긍정적인 것으로 나타났다.

〈표 9-3〉 회복실 인식에 대한 직무별 인식 차이

변수	직무	표본 수	평균	표준편차	F	유의 확률
회복실 인식	화재 진압	100	3.11	1.294	2.767	.028
	운전	44	3.00	1.220		
	구급	46	2.46	1.224		
	구조	34	3.09	1.164		
	행정	64	3.20	1.324		

〈표 9-4〉는 재난현장 소방공무원을 위한 이동용 회복실 차량 중 이동식 컨테이너 형태에 대한 직무별 인식 차이를 알아보기 위해 일원배치 분산분석을 실시한 결과다.

분석 결과를 살펴보면, F값이 2.761이고, 유의 확률이 0.028로 유의 수준 5% 내에서 통계적으로 유의미한 인식 차이가 존재하는 것으로 나타났다. 평균을 살펴보면, 구조대원이 3.50으로 가장 높은 평균을 나타내고 있고, 그다음으로 구급대원이 3.46으로 나타났으며, 행정은 평균이 2.86으로 이동식 컨테이너 형태에 대해 부정적인 인식을 하고 있는 것으로 조사됐다. 특히 구조대원과 구급대원이 회복실 차량 중 이동식 컨테이너 형태에 대해 긍정적으로 인식하고 있는 것으로 나타났다.

〈표 9-4〉 이동식 컨테이너에 대한 직무별 인식 차이

변수	직무	표본 수	평균	표준편차	F	유의 확률
이동식 컨테이너	화재 진압	100	3.40	1.172	2.761	.028
	운전	44	3.39	1.185		
	구급	46	3.46	1.328		
	구조	34	3.50	1.187		
	행정	64	2.86	1.220		

〈표 9-5〉는 재난 현장 소방공무원을 위한 이동용 회복실 차량 비품 중 얼린 수건 비치에 대한 직무별 인식 차이를 알아보기 위해 일원배치 분산분석을 실시한 결과다.

분석 결과를 살펴보면, F값이 2.810이고, 유의 확률이 0.026으로 유의 수준 5% 내에서 통계적으로 유의미한 인식 차이가 존재하는 것으로 나타났다. 평균을 살펴보면, 행정이 4.34로 가장 높은 평균을 나타내고 있고, 그다음으로 소방차 운전원이 4.23으로 나타났으며, 구조대원은 평균이 3.74로 얼린 수건 비치에 대해 긍정적인 인식을 하고 있지만 다른 직무보다 평균이 낮은 것으로 조사됐으며, 특히 행정과 소방차 운전원이 얼린 수건 비치에 대해 매우 긍정적으로 인식하고 있는 것으로 나타났다.

〈표 9-6〉은 재난 현장 소방공무원을 위한 이동용 회복실 차량 비품 중 아이스 조끼 비치에 대한 직무별 인식 차이를 알아보기 위해 일원배치 분산분석을 실시한 결과다.

분석 결과를 살펴보면, F값이 3.082이고, 유의 확률이 0.017로 유의 수준 5% 내에서 통계적으로 유의미한 인식 차이가 존재하는 것으로 나타났다. 평균을 살펴보면, 구급대원이 4.20으로

⟨표 9-5⟩ 얼린 수건 비치에 대한 직무별 인식 차이

변수	직무	표본 수	평균	표준편차	F	유의 확률
얼린 수건 비치	화재 진압	100	4.13	.971	2.810	.026
	운전	44	4.23	.774		
	구급	46	4.22	.814		
	구조	34	3.74	1.082		
	행정	64	4.34	.718		

⟨표 9-6⟩ 아이스 조끼 비치에 대한 직무별 인식 차이

변수	직무	표본 수	평균	표준편차	F	유의 확률
아이스 조끼 비치	화재 진압	100	4.06	1.023	3.082	.017
	운전	44	4.00	.863		
	구급	46	4.20	.806		
	구조	34	3.47	1.080		
	행정	64	4.06	1.052		

가장 높은 평균을 나타내고 있고, 그다음으로 화재 진압과 행정이 4.06으로 나타났으며, 구조대원은 평균이 3.47로 아이스 조끼 비치에 대해 긍정적인 인식을 하고 있지만 다른 직무보다 평균이 낮은 것으로 조사됐으며, 특히 구급대원과 화재 진압, 행정이 아이스 조끼 비치에 대해 매우 긍정적으로 인식하고 있는 것으로 나타났다.

⟨표 9-7⟩은 재난 현장 소방공무원을 위한 이동용 회복실 차량 비품 중 쿨링 선풍기 비치에 대한 직무별 인식 차이를 알아보기 위해 일원배치 분산분석을 실시한 결과다.

분석 결과를 살펴보면, F값이 9.721이고, 유의 확률이 0.000으로 유의 수준 1% 내에서 통계적으로 유의미한 인식 차이가 존재하는 것으로 나타났다. 평균을 살펴보면, 행정이 4.45로 가장 높은 평균을 나타내고 있고, 그다음으로 화재 진압과 소방차 운전원, 구급대원이 4.41로 나타났으며, 구조대원은 평균이 3.59로 쿨링 선풍기 비치에 대해 긍정적인 인식을 하고 있지만 다른 직무보다 평균이 낮은 것으로 조사됐고, 특히 행정, 화재 진압, 소방차 운전원, 구급대원이 쿨링 선풍기 비치에 대해 매우 긍정적으로 인식하고 있는 것으로 나타났다.

〈표 9-7〉 쿨링 선풍기 비치에 대한 직무별 인식 차이

변수	직무	표본 수	평균	표준편차	F	유의 확률
쿨링 선풍기 비치	화재 진압	100	4.41	.668	9.721	.000
	운전	44	4.41	.622		
	구급	46	4.41	.717		
	구조	34	3.59	1.131		
	행정	64	4.45	.641		

〈표 9-8〉은 재난 현장 소방공무원을 위한 이동용 회복실 차량 비품 중 식염 포도당 비치에 대한 직무별 인식 차이를 알아보기 위해 일원배치 분산분석을 실시한 결과다.

분석 결과를 살펴보면, F값이 5.313이고, 유의 확률이 0.000으로 유의 수준 1% 내에서 통계적으로 유의미한 인식 차이가 존재하는 것으로 나타났다. 평균을 살펴보면, 행정이 4.41로 가장 높은 평균을 나타내고 있고, 그다음으로 구급대원이 4.39로 나타났으며, 구조대원은 평균이 3.76으로 식염 포도당 비치에 대해 긍정적인 인식을 하고 있지만 다른 직무보다 평균이 낮은 것으로 조사됐으며, 특히 행정과 구급대원이 식염 포도당 비치에 대해 매우 긍정적으로 인식하고 있는 것으로 나타났다.

〈표 9-8〉 식염 포도당 비치에 대한 직무별 인식 차이

변수	직무	표본 수	평균	표준편차	F	유의 확률
식염 포도당 비치	화재 진압	100	3.99	.937	5.313	.000
	운전	44	4.20	.795		
	구급	46	4.39	.745		
	구조	34	3.76	.923		
	행정	64	4.41	.660		

〈표 9-9〉는 재난현장 소방공무원을 위한 이동용 회복실 차량 비품 중 이산화탄소 제거 설비 비치에 대한 직무별 인식 차이를 알아보기 위해 일원배치 분산분석을 실시한 결과다.

분석 결과를 살펴보면, F값이 5.187이고, 유의 확률이 0.000으로 유의 수준 1% 내에서 통계적으로 유의미한 인식 차이가 존재하는 것으로 나타났다. 평균을 살펴보면, 구급대원이 4.22로

가장 높은 평균을 나타내고 있고, 그다음으로 행정이 4.13으로 나타났으며, 구조대원은 평균이 3.29로 이산화탄소 제거설비 비치에 대해 긍정적인 인식을 하고 있지만 다른 직무보다 평균이 낮은 것으로 조사됐으며, 특히 구급대원과 행정이 이산화탄소 제거 설비 비치에 대해 매우 긍정적으로 인식하고 있는 것으로 나타났다.

〈표 9-10〉은 재난 현장 소방공무원을 위한 이동용 회복실 차량 비품 중 제빙기 비치에 대한 직무별 인식차이를 알아보기 위해 일원배치 분산분석을 실시한 결과다.

분석 결과를 살펴보면, F값이 5.796이고, 유의 확률이 0.000으로 유의 수준 1% 내에서 통계적으로 유의미한 인식 차이가 존재하는 것으로 나타났다. 평균을 살펴보면, 구급대원이 4.30으로 가장 높은 평균을 나타내고 있고, 그다음으로 행정이 4.11로 나타났으며, 구조대원은 평균이 3.26으로 제빙기 비치에 대해 긍정적인 인식을 하고 있지만 다른 직무보다 평균이 낮은 것으로 조사됐으며, 특히 행정과 구급대원이 제빙기 비치에 대해 매우 긍정적으로 인식하고 있는 것으로 나타났다.

〈표 9-9〉 이산화탄소 제거 설비 비치에 대한 직무별 인식 차이

변수	직무	표본 수	평균	표준편차	F	유의 확률
이산화탄소 제거설비 비치	화재 진압	100	3.91	.996	5.187	.000
	운전	44	3.93	.925		
	구급	46	4.22	.867		
	구조	34	3.29	1.219		
	행정	64	4.13	.934		

〈표 9-10〉 제빙기 비치에 대한 직무별 인식 차이

변수	직무	표본 수	평균	표준편차	F	유의 확률
제빙기 비치	화재 진압	100	3.93	.996	5.796	.000
	소방차 운전	44	3.93	.925		
	구급	46	4.30	.867		
	구조	34	3.26	1.219		
	행정	64	4.11	.934		
	합계	288	3.95	1.010		

V. 결론

연구의 결과 재난 현장에서의 소방공무원 회복실 운영을 위한 조직이 필요하고, 전문적인 인적 자원을 확보해야 한다. 미국의 NFPA 1584와 같은 회복실 운영 기준이 마련돼야 하고, 소방공무원을 대상으로 회복과 관련 교육이 선행돼야 한다. 그리고 회복실 운영을 위한 장비의 연구 개발이 진행돼야 한다. 좀 더 구체적으로 효과적인 회복실을 운영하기 위한 정책적 제언은 다음과 같다.

첫째, 회복실 운영을 위한 조직을 구축해야 한다. 회복실 운영이 안전사고를 예방할 수 있다는 설문조사의 결과 평균이 4.23으로 나타났으며, 소방관의 지친 심신을 회복시켜 주고, 탄력성을 확보한다는 것에 대한 설문조사의 결과 평균이 4.31로 나타났다. 이러한 조사 결과를 반영해 각 소방본부에 회복실 운영을 위한 조직을 구축해야 한다. 이 연구는 서울시 소방재난본부의 사례를 적용해 현장대응단 소속의 회복지원팀을 신설해 회복실을 운영하는 방안을 제안한다.

둘째, 회복실 운영을 위한 인적 자원을 확보해야 한다. 회복실 운영을 위한 전문요원 확보에 대한 설문조사의 결과 평균이 4.05로 나타났으며, 회복실 운영요원의 전문성 확보에 대한 설문조사의 결과 평균이 4.15로 나타났다. 이러한 조사 결과를 반영해 전문성을 갖춰 회복실을 운영해야 한다. 전문성 확보는 조직의 목표를 효과적으로 달성하기 위한 수단이 될 뿐만 아니라 전문적 지식에 바탕을 둔 소방행정의 책임성을 확보하는 조건이다.

셋째, 회복실 세부 운영 프로그램이 필요하다. 우리나라에서 회복실을 운영하고 있는 서울시 소방재난본부와 경기도소방본부는 회복실 운영에 대한 기준이 마련돼 있지 않고 있다. 회복실 운영책임자의 임무 내용, 회복실 운영자의 임무 내용, 회복실 운영 절차 등 세부적인 운영 기준을 마련해야 한다. 미국의 경우 NFPA 1584에서 적용 범위, 용어 정의, 준비 절차, 회복실의 책임성, 회복실 지휘관, 회복실 책임자, 회복실 운영자, 회복실의 특성, 재난 현장과 훈련의 회복, 문서, 설명 자료, 열 스트레스 관리, 보온 관리, 열 관련 질병 등의 기준이 마련돼 있다.

넷째, 회복과 회복실에 대한 이해를 높일 수 있는 교육이 필요하다. 회복실에 대해 알고 있다는 설문조사 결과 평균이 3.01로 나타나 회복실에 대해 인지 수준이 낮은 것으로 조사됐다. 미국의 소방교육 기관에서는 소방관의 회복이 무엇입니까?, 회복이 필요할 수 있는 재난 상황은 무엇입니까?, 열 스트레스로 고통받고 있음을 어떻게 알 수 있습니까?, 추위 스트레스를 받고 있다는 것을 어떻게 알 수 있습니까?, 중요한 물품은 무엇입니까? 등에 관해 소방관을 대상으로 교육을 시행하고 있다.

　다섯째, 회복실 운영을 위한 장비에 대한 연구개발이 필요하다. 미국은 대체로 트럭 형태나 이동식 트레일러 형태를 회복 차량으로 운영하고 있다. 그러나 설문조사에서 버스 형태의 회복실 차량에 대한 설문조사 결과 평균이 3.69로 가장 선호한 회복실 차량이고, 재난 현장에 최대한 근접해서 배치해야 하기 때문에 이동식 컨테이너는 비좁은 주차공간을 고려하면 우리나라의 실정에 알맞지 않아 버스 형태를 선호하고 있다. 한국형 회복실 차량의 규격과 재원, 비치해야 할 물품 등에 대한 연구개발이 이뤄져야 한다.

　여섯째, 회복 차량과 이동식 회복실에서 필요한 쿨링물품에 대한 설문조사 결과 아이스팩의 평균이 4.23, 아이스 조끼의 평균이 4.00, 쿨링 선풍기의 평균이 4.32로 나타나 쿨링물품을 선호하고 있는 것으로 조사됐다. 이러한 쿨링물품을 재난현장에서 활용할 수 있는 장비와 물품에 대한 연구개발이 필요하다. 재난 현장 소방공무원을 위한 회복실 차량과 장비, 비치할 물품에 대해서 그 목적에 알맞은 한국형 차량과 국내규격, 재원을 고려해 향후 연구개발이 필요하다.

　끝으로 이 연구의 영역은 회복실 인식, 회복실 운영 기준, 회복실 운영요원, 회복 차량 현장 도착 시간, 회복 차량 선호 형태, 쿨링물품, 회복차량 비품, 회복실 운영 효과 등을 선정했다. 그러나 이러한 변수들이 재난 현장 회복실 운영 모델을 도출하기에는 충분하지 않을 것이다. 따라서 재난 현장 회복실 운영 모델을 도출하는 데 다양한 요인을 종합적으로 고려한 연구가 필요하다.

제10장
재난관리 교육훈련의 전이 효과에 영향을 미치는 요인 분석

개요

이 연구는 재난관리 교육훈련의 전이 효과에 대한 충분한 연구가 이뤄지지 못하고 있다는 문제 제기하에 교육훈련의 전이에 영향을 미치는 요인들을 경기도 소방공무원들의 인식을 토대로 실증적으로 규명하고자 한다. 연구 목적 달성을 위해 이 연구는 국내·외의 선행연구 검토를 통해 교육훈련의 전이에 영향을 미치는 요인들을 도출해 이러한 요인들이 실제로 소방공무원들의 교육훈련 전이에 영향을 미치고 있는지를 실증적으로 규명하는 데 그 목적이 있다. 연구의 결과, 교육훈련 전이 효과에 대한 영향을 미치는 정도에 유의미한 변수는 업무 관련성, 학습문화, 동료 지원, 자기 효능감, 학습 동기, 학습 능력, 교육 방법 순으로 교육훈련 전이 효과에 영향력이 있는 변수로 나타났다.

I. 서론

행정환경이 급변하면서 국민이 공공 부문의 행정서비스 요구 수준이 매우 높게 제시되고 있으며, 공공 부문의 역할 역시 정부가 주도하던 시절은 지났기 때문에 행정환경에 맞는 가변적 역할을 수행하는 것이 쉽지는 않다. 따라서 행정환경 변화에 대응하는 인적 자원이나 조직경쟁력을 지닌다면 행정서비스나 관련 서비스의 품질은 높아질 것이다. 행정조직의 경쟁력을 확보하는 방안 중 하나로 공무원의 능력을 제고해 환경 변화에 대응하자는 대안들이 계속적으로 제시돼 왔으며, 공무원의 교육훈련 중요성이 제기되고 관련 제도도 정비되면서 공무원의 교육훈련에 대한 관심은 증대되고 있다.

교육훈련이 반드시 조직의 생산성과 공무원의 성과를 향상시키는 것은 아니다. 재난관리 교육훈련의 성공 여부를 판단하는 것은 교육훈련 실시 후 업무 성과의 향상에 있다. 교육훈련 과정에서 습득한 것을 실제 재난 현장에 적용하지 못한다면 교육훈련 성과가 높다고 할 수 없으며, 특정 지식이나 기술을 아는 수준과 아는 것을 현장에 적용하는 수준에는 많은 차이가 있기 때문이다. 그러나 그동안 실시해 온 교육훈련 결과에 대한 평가는 단순히 교육 후 객관식 평가를 통한 형식적 학습 효과 측정과 교육훈련 프로그램에 대한 만족도 평가 정도만 이뤄졌을 뿐 향후 업무 수행에서 교육훈련의 성과가 어떠한지에 대한 근본적 평가는 현재까지 거의 전무한 실정이었다. 교육훈련에서 배운 지식과 기술이 현장에서 어느 정도 활용되고 있는지, 업무 성과 향상에 어느 정도 영향을 미치는 지에 대해서는 연구가 거의 이뤄지고 있지 않다.

따라서 이 연구는 공무원 교육훈련의 효과성에 대한 충분한 연구가 이뤄지지 못하고 있다는 문제 제기하에 재난관리 교육훈련의 전이에 영향을 미치는 요인들을 경기도 소방공무원들의 인식을 토대로 실증적으로 규명하고자 한다. 연구 목적 달성을 위해 이 연구는 국내·외의 선행 연구 검토를 통해 교육훈련의 전이에 영향을 미치는 요인들을 도출함으로써 이러한 요인들이 실제로 재난관리 교육훈련의 전이에 영향을 미치고 있는지를 실증적으로 규명하는 데 그 목적이 있다.

II. 이론적 탐색

1. 재난관리 교육훈련 전이

1) 교육훈련 전이

일반적으로 학습 전이는 "교육훈련에서 습득한 지식, 노하우, 업무 능력이 업무에 적용된 정도를 의미한다"고 웩슬리와 라담(Wexley & Latham, 1991)은 정의했다. 볼드윈과 포드(Baldwin & Ford, 1988)는 "피훈련자가 교육훈련 과정에서 습득한 지식, 기술 등을 현장에 적용하고 활용하는 것이 가장 바람직하며, 이런 과정을 학습 전이"라고 정의하고 있다. 교육훈련에서 습득한 지식과 기술을 직무 수행에 적용하는 정도의 일반화와 습득한 지식과 기술을 현장에 활용하는 기간에 해당하는 유지의 개념으로 구분하고 있다. 일반화란 교육과정에서 학습한 내용을 현장이나 직무 수행 상황에 적용해 태도의 변화를 가져오는 것을 의미하고, 유지란 이러한 태도와 적용을 지속하는 것을 의미한다.

그리고 로빈슨과 로빈슨(Robinson & Robinson, 1989)은 학습 전이를 "교육훈련 과정 중에 획득한 지식, 기술, 태도를 직무 현장에서 적용하는 것"으로 정의하고 있다. 전이 효과에 대한 개념적 정의는 후속 연구에서도 동일한 개념으로 받아들여지고 있다(Milheim, 1994). 학습 전이는 커크패트릭(Kirkpatrick, 1998)의 4단계 평가모형 중 3단계에 해당되는 개념으로, 1단계 반응 평가는 학습 경험에 대한 학습자의 반응이나 태도를 측정하고, 2단계 학습평가는 교육 프로그램에서 학습자가 습득한 지식, 기술, 태도를 평가하며, 3단계 행동 평가는 교육프로그램 참가자가 훈련의 결과로 직무 중 행동(on-the-job behavior: OJB)을 변화시켰는지를 결정하기 위해 실시하며, 행동의 변화는 학습전이와 일맥상통하는 개념이다. 마지막으로 4단계 결과 평가는 훈련의 '최종 결과' 투입 대비 산출에 대한 긍정적 효과와 같이 재정적으로 긍정적 결과를 가져왔는지를 확인하는 과정이다. 서그루와 리베라(Sugrue & Rivera, 2005)는 이 중에서 3단계인 학습 전이는 교육 프로그램의 23%만이 실시하고 있다고 보고되고 있다.

라이서와 뎀지(Reiser & Dempsey, 2007) 등은 교육훈련에서 학습한 내용을 직무 현장에 효과적으로 사용하고 있는지를 확인하는 데 중요한 자료를 제시해 준다는 점에서 학습 전이는 교육훈련 담당자에게 매우 중요한 과제라고 했다. 선행연구에서 살펴본 학습 전이란 교육훈련 과정 수료자가 학습한 것을 효과적으로 현장에 적용해 문제 해결 능력을 향상시키는 것이며, 조직구성원의 전이 여부는 교육과정을 통해 획득한 새로운 지식과 태도의 변화 정도에 관한 것이라고 할 수 있다.

2) 교육훈련 전이에 대한 선행연구

교육훈련의 전이 효과는 교육훈련 과정을 이수함으로써 교육훈련 참가자의 지식, 기술, 태도를 변화시켜 결과적으로 조직의 생산성과 효과성을 향상시키는 데 있다. 그러므로 교육훈련의 학습 목표는 학습된 교육훈련의 실무 활용, 즉 학습 전이의 정도를 높이려는 것이다. 이러한 과정에 대해서는 다양한 연구자들에 의해 논의된 바 있다. 노(Noe, 1986)의 모델은 커크패트릭(Kirkpatrick, 1998)이 제시한 교육훈련 효과성의 평가 기준인 교육훈련 참여자의 동기, 직무 경력, 직무환경이 학습과 행동 변화, 그리고 바람직한 조직 생산성의 달성에 영향을 미치는 것을 나타내고 있다. 이 연구의 목적은 학습 전이에 영향을 미치는 학습자의 학습동기 측면과 습득한 지식을 업무 현장에 적용하려는 학습 전이 효과에 영향을 주는 학습자의 태도와 속성을 밝히는 두 가지 측면을 제시하고 있다. 이 모델은 조직구성원의 태도 변화 과정에 중점을 두고 개인적 특성과 조직환경이 어떻게 학습자의 동기에 영향을 주고, 교육훈련 수료 후 실무에 적용돼 전이 효과에 어떤 영향을 미치는지에 대한 연구다.

노와 슈미트(Noe & Schmitt, 1986)는 교육현장 연구를 통해 이 모델에 대한 타당성을 입증했다. 그러나 이들은 피훈련자의 태도가 교육훈련의 유효성, 즉 반응, 학습, 행동 변화, 그리고 업무 성과에 미치는 효과를 검증했을 뿐 이 모델에서 가정했던 교육훈련의 성과에 영향을 미칠 수 있는 교육훈련의 설계, 조직환경의 효과는 입증하지 못했다.

매튜와 살라스(Mathieu & Salas, 1992)는 교육훈련 동기와 학습 전이 효과에 대한 개인적 특성 및 상황적 변수의 영향 요인이 무엇인지를 연구했다. 교육훈련 학습동기의 변수를 개인적 특성과 조직 상황적 특성으로 구분하고, 개인적 특성 변수에는 직무 몰입과 경력계획, 조직 상황적 특성 변수에는 조직 상황적 환경 제약과 교육훈련에 참여하고 선택할 수 있는 선택의 기회를 포함시켰다. 개인적 특성과 조직 상황적 특성 변수가 교육훈련 동기에 영향을 미치는 것은 교육훈련 동기, 학력 및 반응이 학습이고, 학습과 사전검사 결과가 사후 검사 결과에 미치는 영향 요인 관계를 연구했다. 연구 결과 개인적 특성 변수는 교육훈련 동기는 영향 요인에 유의미하지 않았고, 조직 상황적 특성 변수 중 상황적 제약만이 동기에 부(-)의 영향 요인으로 나타났다. 학습 전이에 영향을 미치는 학습자의 개인적 특성은 교육훈련 참가자의 인구통계학적 배경과 개인 성격, 그리고 동기부여 요인 등 세 가지로 구분된다.

인구사회적 배경과 학습 전이 간의 관계를 연구한 선행연구들에서는 대부분 두 변수 간의 유의한 관계를 발견하지 못했으며(Baumgatel & Jeanpierre, 1972), 개인적 특성과 학습 동기에 대해서만 이들 개인적 특성이 학습 전이와 유의한 관계가 있는 것으로 연구됐다.

선행연구에서 살펴본 바와 같이 교육훈련 전이 효과에 영향을 미치는 요인은 교육훈련 과정설계 자체와 관련하여 교육훈련 운영자에 의해 선택되는 학습 원리 및 절차 등이 있으며, 교육훈련 참가자의 학습 동기 및 성격 특성과 같은 개인적 특성이 있다(Baldwin & Ford, 1988; Goldstein & Ford, 2002; Tannenbaum & Yukl, 1992; Lee, 1995; Park & Lim, 2000; Kim & Lim, 2000; Kim & Park,. 2001; Koh & Kim, 2002). 그리고 교육훈련 수료 후의 조직적 상황적 특성도 교육훈련의 전이 효과에 영향을 미치는 것으로 분석됐는데, 볼드윈과 포드(Baldwin & Ford, 1988)는 조직적 특성과 교육훈련 전이효과 간의 관계를 개념적 모형으로 제시했으며, 루일러와 골드스타인(Rouiller & Goldstein, 1993)은 이들의 관계에 대한 실증적 연구를 통해 교육훈련의 전이 효과에 영향을 미치는 요인으로 조직적 특성의 중요성을 제안했다.

2. 교육훈련 전이에 영향을 미치는 요인

학습 전이에 영향을 미치는 요인에 대해서는 선행연구들에서 살펴본 바와 같이 다양한 견해가 있다. 교육훈련 전이 효과에 대한 전형적인 모형을 제시한 볼드윈과 포드(Baldwin & Ford, 1988)는 전이 효과에 영향을 미치는 요인을 개인적 특성요인, 교육훈련 설계요인, 조직의 직무환경 요인으로 구분했다. 선행연구에서 제시한 주요 변수를 종합하면 용어의 차이는 다소 있을 수 있으나 크게 분류한 학습 전이 관련 변수는 학습자의 개인적 특성 요인, 교육훈련의 설계요인, 조직 상황적 특성 요인 등으로 구분할 수 있다.

국내에서는 리(Lee, 1995)는 조직의 교육 성과에 영향을 미치는 선행 변인들 간의 상호 작용 관계를 포괄하는 연구모형을 제시했다. 따라서 이 연구에서는 재난관리 교육훈련에 영향을 미치는 주요 변수로 학습자의 특성, 교육설계, 업무환경 등 세 가지 변수를 선정했다. 또한 교육훈련과 관련된 선행연구와 실증적인 연구 자료 수집을 통해 선정된 각각의 변수들을 측정하는 구체적인 평가 척도를 제시하고 연구의 타당성을 검증했다. 또한 학습 전이 효과를 결정하는 것은 학습자의 특성인 성과 기대, 학습 동기, 자기효능감과 교육 프로그램의 설계인 교육 내용의 업무 관련성, 강사의 자질, 교육 방법, 목표 설정 및 피드백이 중요하며, 학습 전이 효과에 영향을 미치는 변수로는 학습된 내용을 직무 상황에 적용하는 학습자의 특성인 성과 기대와 작업환경인 상사 및 동료의 지원, 조직 풍토가 무엇보다 중요한 영향을 미친다는 점을 제시했다.

III. 연구의 설계

1. 연구모형

이 연구의 목적은 국내·외 선행연구의 문헌 검토를 통해 교육훈련의 전이에 영향을 미치는 요인들을 도출함으로써 이러한 요인들이 재난관리 교육훈련 전이에 영향을 미치고 있는지를 실증적으로 분석하는 데 있다. 이러한 연구 목적을 달성하기 위해서 다음과 같이 연구의 분석틀을 구성했다([그림 10-1] 참조).

종속변수는 재난관리 교육·훈련 전이효과, 즉 재난관리 교육·훈련의 업무수행 도움, 교육·훈련 내용의 직무활용, 교육·훈련 직무 문제해결 등을 사용하였다.

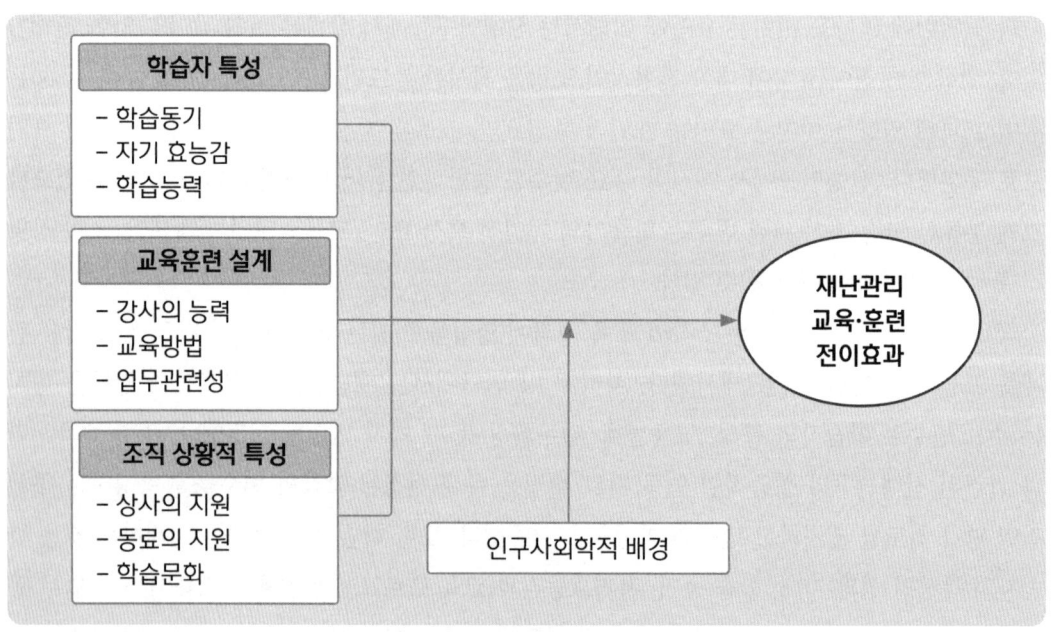

[그림 10-1] 연구의 분석틀

독립변수는 첫째, 학습자 특성으로 학습동기, 자기 효능감, 학습능력 등을 사용하였다. 둘째, 교육훈련 설계로 강사의 능력, 교육방법, 교육내용의 업무관련성 등을 사용하였다. 셋째, 조직 상황적 특성으로 상사의 지원, 동료의 지원, 지속적 학습 문화 등을 사용하였다.

2. 가설 설정

이 연구의 분석틀은 각 독립변수들이 종속변수인 재난관리 교육·훈련 전이 효과에 유의미한 영향을 미치는 것으로 도식화했다. 독립변수들이 재난관리 교육·훈련 전이 효과를 강화시키고 이를 바탕으로 종속변수인 교육·훈련 전이 효과를 강화하는 효과들이 있을 수 있음을 보여 주고 있다. 이에 따라 재난관리 교육훈련에 참여한 소방공무원 특성과 교육훈련 설계, 재난관리 조직 상황 특성의 변수들이 교육·훈련 전이 효과에 긍정적인 영향을 미친다는 가설을 세울 수 있다. 각각의 독립변수에 따라 연구문제의 잠정적 해답인 가설을 다음과 같이 설정할 수 있다.

H1. 학습 동기는 재난관리 교육훈련 전이에 정(+)의 영향을 미칠 것이다.
H2. 자기효능감은 재난관리 교육훈련 전이에 정(+)의 영향을 미칠 것이다.
H3. 학습 능력은 재난관리 교육훈련 전이에 정(+)의 영향을 미칠 것이다.
H4. 강사의 능력은 재난관리 교육훈련 전이에 정(+)의 영향을 미칠 것이다.
H5. 교육 방법은 재난관리 교육훈련 전이에 정(+)의 영향을 미칠 것이다.
H6. 업무 관련성은 재난관리 교육훈련 전이에 정(+)의 영향을 미칠 것이다.
H7. 상사의 지원은 재난관리 교육훈련 전이에 정(+)의 영향을 미칠 것이다.
H8. 동료의 지원은 재난관리 교육훈련 전이에 정(+)의 영향을 미칠 것이다.
H9. 학습문화는 재난관리 교육훈련 전이에 정(+)의 영향을 미칠 것이다.

Ⅳ. 재난관리 교육훈련 전이 효과의 실증분석

1. 인구사회학적 배경

응답자의 인구사회학적 배경을 살펴보는 것은 표본집단의 구성과 그 성향을 어느 정도 유추해 파악할 수 있고, 다른 변수들 간의 관계를 파악하는 데 도움이 될 수 있다. 이에 이 연구서는 응답자의 인구·사회학적 특성을 성별, 연령, 재직 기간, 계급, 직무 등으로 구분해 검토했다(〈표 10-1〉 참조).

성별로는 남성 소방공무원 739명(91.1%)이 여성 소방공무원 72명(8.9%)보다 압도적으로 많았다. 연령별로는 30대가 342명(42.2%)으로 가장 많았고, 그다음으로 40대가 260명(32.1%), 50대

〈표 10-1〉 응답자의 인구사회학적 배경

내용	분류	응답자 수(명)	비율(%)
성별	① 남자 ② 여자 합계	739 72 811	91.1 8.9 100
재직 기간	① 5년 미만 ② 5~10년 미만 ③ 10~15년 미만 ④ 15~20년 미만 ⑤ 20년 이상	241 167 144 109 150	29.7 20.6 17.8 13.4 18.5
계급	① 소방사 ② 소방교 ③ 소방장 ④ 소방위 ⑤ 소방경 이상	214 202 226 137 32	33.5 25.8 17.6 11.6 11.5
직무	① 화재 진압 ② 운전 ③ 구급 ④ 구조 ⑤ 행정	272 209 143 94 93	33.5 25.8 17.6 11.6 11.5

이상이 110명(13.6%), 20대가 99명(12.2%) 순으로 나타났다.

또한 재직 기간은 5년 미만이 241명(29.7%)으로 가장 많은 응답 분포를 보였으며, 그다음으로 5~9년이 167명(20.6%), 20년 이상이 150명(18.5%), 10~15년 미만이 144명(17.8%), 15~19년이 109명(13.4%) 순으로 나타났다. 계급별로는 소방장이 226명(27.9%)으로 가장 많았으며, 그다음으로는 소방사가 214명(26.4%), 소방교가 202명(24.9%), 소방위가 137명(16.9%), 소방경 이상이 32명(3.9%) 순으로 나타났다.

끝으로 근무 형태별로는 화재 진압대원이 272명(33.5%)으로 가장 많았으며, 그다음으로는 운전요원이 209명(25.8%), 구급대원이 143명(17.6%), 구조대원이 94명(11.6%), 행정 업무가 93명(11.5%) 순의 분포를 보이고 있다. 화재 진압대원이 가장 많은 것은 소방조직은 화재 진압이 주 업무인 것을 나타내주며, 구급 업무는 1970년대부터 시작됐고, 구조업무는 1980년대부터 시작된 것을 반영한 것으로 나타났다.

2. 재난관리 교육훈련 전이 효과의 다중회귀분석

재난관리 교육훈련 전이 효과에 대해 영향을 미치는 관계를 알아보기 위해 학습자 특성, 교육훈련 설계, 조직 상황적 특성 등 독립변수들의 영향력을 검토하기 위해 다중회귀분석(multiple regression analyis)을 실시했다. 교육훈련의 독립변수와의 관계는 재난관리 교육훈련의 전이 효과에 대한 회귀분석의 결과로, 각 독립변수가 재난관리 교육훈련의 전이 효과에 직접적인 영향을 미치는 정도와 방향을 알 수 있다.

회귀분석은 변수들 간의 상관관계가 낮아야 하는데, 이는 다중공선성과 관련된다. 독립변수 간에 다중공선성이 존재하는 경우, 독립변수 간의 상관이 지나치게 높아 종속변수를 설명하는 개별 변수의 영향력을 해석하는 것이 모호해지며, 회귀계수(β)를 비교하는 것이 유의미하지 않다. 따라서 다중공선성을 고려하지 않고 회귀분석을 수행한 후 그 결과를 해석하면 잘못된 결론에 도달하는 오류를 범할 수 있다. 일반적으로 다중공선성 진단은 분산팽창계수(Variation Inflation Factor: VIF) 측정법이 가장 많이 사용된다. 다중공선성 진단을 통해 분산팽창계수(VIF)가 10을 넘거나 분산허용치(tolerance)가 0.1 이하인 경우에는 다중공선성이 있는 것으로 간주한다. 분산허용치가 보통 1에 접근하면 변수 간에 다중공선성이 없는 것으로 판단한다. 이 연구에서는 분산팽창계수(VIF)가 3.152~6.300의 범위이고, 분산허용치가 0.159~0.317의 범위에 있어 다중공선성의 문제가 없다고 판단할 수 있다.

그러므로 이 연구의 회귀모형은 다중회귀분석을 실시하기 적합하다고 판단할 수 있다. 또한 회귀모형의 타당성 검정은 F값으로도 판단해 볼 수 있다. F값이 클수록 모형의 설명력이 크다고 해석하는데, 이 연구에서는 F값이 442.551로 분석됐다.

오차항의 자기상관은 더빈-왓슨(Durbin-Watson)의 d통계치로 확인할 수 있다. d통계치의 정확한 임계치는 알려져 있지 않으나, 더빈-왓슨의 d통계치가 유의미한 것으로 나타나면 오차가 자기상관을 갖는 것으로 판단해 잔차의 독립성을 가정할 수 없게 된다. 보통 d값은 공식에 따라 0과 4의 범위를 갖는데, 완전 정적(+) 상관일 때 대략 0의 값을 갖고, 완전 부적(−) 상관일 때 4의 값을 갖는다. 따라서 d값이 2에 근접할 때 잔차가 독립적인 것으로 해석한다.

〈표 10-2〉는 독립변수와 교육훈련 전이 효과에 대한 회귀분석의 결과로, 각 독립변수가 교육훈련 전이 효과에 직접적인 영향을 미치는 정도와 방향을 알 수 있다.

회귀모형의 결정계수(R^2)는 회귀분석이 종속변수를 얼마나 잘 설명하는지를 나타내 주는데, 〈표 10-2〉에서 R^2=0.833로 전체 분산 중에서 약 83.3%를 설명해 주고 있다.

수정된 R^2값은 조정된 상관관계를 의미하며, 수정된 R^2=0.831로 나타났다. 또한 표준화된 회귀계수(Beta)를 비교해 볼 때 업무 관련성이 가장 영향력 있는 변수이며, 그다음으로는 학습문화, 동료 지원, 자기주도 학습, 동기부여, 학습 능력, 교육 방법 순으로 교육훈련 전이 효과에 영향력이 있는 변수로 나타났다. 그러나 강사 능력, 상사 지원은 유의도(p) 0.05보다 크기 때문에 통계적으로 유의미하지 않은 것으로 나타났다(〈표 10-2〉 참조).

교육훈련 전이 효과에 대해 각 독립변수에 대한 다중회귀분석 결과를 구체적으로 살펴보면 다음과 같다.

첫째, 학습자 특성 요인의 독립변수에 대한 회귀분석을 한 결과는 학습동기, 자기효능감, 학습 능력의 유의도(p)가 0.05보다 작아 교육훈련 전이 효과에 중요한 영향을 준다고 해석할 수 있으며, 이는 재난관리 교육훈련을 통해 업무 능력이 향상될 수 있다는 학습동기와 교육훈련의 이수에 대한 자신감이 반영된 것으로 판단된다. 재난관리 교육훈련 과정을 통해 새로운 지식을 수용할 의향과 사회적 변화에 적응 능력이 향상될 수 있다는 믿음이 반영된 것으로 판단된다.

둘째, 교육훈련설계 요인의 독립변수에 대한 회귀분석을 한 결과 교육 방법, 업무 관련성의 유의도(p)가 0.05보다 작아 교육훈련 전이 효과에 중요한 영향을 준다고 해석할 수 있으며, 이는 교육훈련 과정이 현장감 있는 내용으로 설계돼 있다는 것이 반영된 것과 교육훈련 내용이 실무에 적용할 가능성이 높다는 것이 반영된 것으로 판단된다. 또한 교육훈련 내용이 업무수행에 필요한 내용을 반영하고 있다는 것과 교육훈련 내용이 직무 수행에 도움이 되는 구체적인 자료로 구성돼 있는 것이 반영된 것으로 판단된다.

셋째, 조직 상황적 특성 요인의 독립변수에 대한 회귀분석을 한 결과는 동료 지원, 학습문화의 유의도(p)가 0.05보다 작아 교육훈련 전이 효과에 중요한 영향을 준다고 해석할 수 있으며, 이는 동료가 교육훈련에서 학습한 새로운 지식을 활용하도록 도와준 것이 반영된 것과 교육훈련에 참가하는 것에 대해 적극 지지해 주고, 교육훈련 중 업무 공백을 대신해 준 것이 반영된 것으로 판단된다. 따라서 소방공무원이 속한 조직은 교육훈련을 통해 변화와 혁신을 형성하는 분위기가 조성돼 있고, 교육훈련을 통한 구성원의 성장과 발전에 적극적인 조직 분위기가 반영된 것으로 판단된다.

〈표 10-2〉 교육·훈련 전이에 대한 다중회귀분석

변수	비표준화 계수		표준화계수	t	유의 확률	공선성 통계량	
	B	표준 오차	β			공차 한계	VIF
(상수)	-.056	.072		-.787	.432		
동기부여	.122	.029	.117	4.262	.000	.279	3.587
자기주도 학습	.141	.033	.137	4.230	.000	.200	4.998
학습 능력	.131	.031	.112	4.251	.000	.299	3.345
강사 능력	-.024	.027	-.023	-.887	.375	.317	3.152
교육 방법	.091	.035	.094	2.640	.008	.163	6.123
업무 관련성	.228	.037	.226	6.217	.000	.159	6.300
상사 지원	-.046	.024	-.054	-1.908	.057	.259	2.861
동료 지원	.192	.030	.198	6.414	.000	.220	4.546
학습문화	.192	.027	.221	7.041	.000	.212	4.711

R^2 = 0.833 수정된 R^2 = 0.831 F = 442.551 P = .000 Durbin-Watson = 2.032

3. 가설 검정

가설 검정은 모집단인 소방공무원으로부터 표본을 경기도의 소방공무원 811명을 추출해 조사한 표본 결과에 따라 그 가설의 진위 여부를 결정하는 분석 방법이다. 재난관리 교육·훈련 전이 효과의 다중회귀분석 결과를 바탕으로 이 연구의 가설을 검증하면 다음과 같다(⟨표 10-3⟩ 참조).

다중회귀분석으로 가설을 검정한 결과, 학습동기, 자기효능감, 학습 능력, 교육 방법, 업무 관련성, 동료 지원, 학습문화는 유의 수준 5%에서 각각 통계적으로 유의성을 갖는 것으로 나타나 교육훈련 전이 효과에 영향을 미치는 것으로 나타났다. 또한 변수의 상대적 영향력을 보면 업무 관련성, 학습문화, 동료 지원, 자기효능감, 학습동기, 학습 능력, 교육 방법의 순으로 비중이 있는 것으로 나타났다.

⟨표 10-3⟩ 변수의 가설 검증

변수	회귀계수	유의 확률	채택 여부	상대적 비중
동기부여	.117	.000	○	5
자기주도 학습	.137	.000	○	4
학습 능력	.112	.000	○	6
강사 능력	-.023	.375	-	-
교육 방법	.094	.008	○	7
업무 관련성	.226	.000	○	1
상사 지원	-.054	.057	-	-
동료 지원	.198	.000	○	3
학습문화	.221	.000	○	2

V. 결론

이 연구의 결과, 재난관리 교육훈련 전이 효과에 대한 인식에 영향을 미치는 정도에 유의 수준 5%에서 유의미한 변수는 동기부여, 자기주도 학습, 학습 능력, 교육 방법, 업무 관련성, 동료 지원, 학습문화가 교육훈련 전이 효과에 영향력이 있는 변수로 나타났다. 변수의 상대적 영향력을 보면 업무 관련성, 학습문화, 동료 지원, 자기주도 학습, 동기부여, 학습 능력, 교육 방법의 순으로 교육훈련 전이 효과에 영향력이 있는 변수로 나타났다.

따라서 좀 더 구체적으로 재난관리 교육훈련 전이 효과에 영향을 미치는 요인들을 중심으로 어떤 정책적 함의가 있는지 논해 보도록 한다.

첫째, 재난관리 교육훈련 전이 효과에 영향을 미치는 가장 강력한 요인으로 업무 관련성으로 나타났다. 교육훈련의 내용이 교육훈련 이후 학습자가 습득한 기술 및 지식 등을 현장의 업무수행에 적용하는 데 직접적인 성과의 원인이 된다는 점을 인식해야 한다. 따라서 교육훈련의 전이 효과를 높이기 위해서는 교육내용은 학습자의 업무 수행에 직접적인 도움이 될 수 있도록 구체적이고 실제 재난 현장의 우수 사례를 적극 발굴해 제시함으로써 학습자가 재난 현장에서 필요한 지식과 기술을 적절하게 활용할 수 있도록 교육과정이 설계돼야 한다. 재난관리 교육훈련의 내용을 파악하기 위해서는 과정 설계 및 개발 과정에서 재난 현장 상황의 반영 미흡하다는 것을 고려해 인터뷰나 설문조사, 워크숍을 더욱 확대 운영하고 교육과정의 학습 자료로 활용해야 한다.

둘째, 재난관리 교육훈련 전이 효과에 영향을 미치는 조직 상황적 특성 요인은 학습문화로 나타났다. 교육훈련에 대한 조직 전체적인 학습에 대한 인식 및 풍토의 변화가 필요하다. 교육훈련이 조직구성원 개인적으로도 유용함을 인식하고 구성원들 상호간에 학습을 장려하는 분위기가 조성돼야 한다.

셋째, 동료 지원이 재난관리 교육훈련 전이 효과에 영향을 미치는 것으로 나타났다. 소방공무원은 소방조직 내에서 가장 친밀한 관계를 형성할 수 있는 동료적인 관계이면서 선·후배 관계인 복합적 관계를 유지하고 있다. 이러한 관계에 상호지지 효과가 나타나도록 동료 지원을 높일 수 있는 방안이 요구된다. 따라서 동료는 교육훈련에서 학습한 새로운 지식을 활용하도록 도와주고, 교육훈련에 참가하는 것에 대해 적극 지지해 줘야 한다. 더불어 동료는 교육에 참가하는 동안 업무 공백을 기꺼이 메꿔 줘야 할 것이다. 배운 지식을 현장에 활용할 수 있도록 동료들의 우호적인 조직 분위기 조성과 지원이 이뤄져야 한다. 열심히 배웠으나 배운 지식을 업무에 활용할 수 없는 조직 분위기라면 학습자의 교육훈련 활용 의지가 사라지고 교육훈련의 전이 효과는 나타나지 않을 것이다. 학습자뿐만 아니라 동료 등 조직구성원이 교육훈련의 중요성을 인식하며, 새로운 지식의 활용을 통한 조직의 변화와 혁신에 대해 적극적이어야 한다.

넷째, 교육훈련 과정 중에 성공 체험의 기회를 제공하는 것과 같은 교육훈련 설계가 필요하다. 또한 직무 현장에서의 교육훈련 전이의 성과를 높일 수 있다는 것을 구체적인 예시와 함께 제시하는 방법 등을 통해 학습자가 학습을 전이하려는 노력을 고취할 수 있도록 해야 한다. 따라서 재난관리 교육훈련 과정에 입교할 때 흥미, 관심 등을 고려해야 한다. 또한 학습자가 배운 지식을 업무에 적용할 수 있도록 학습자가 스스로의 시간 확보, 정신적 여유 등을 조절할 수 있는 일정한 권한을 가질 수 있도록 하고 학습자 스스로 능력을 갖추는 것뿐만 아니라 이를 위해 조직적 차원의 분위기와 여건을 조성해야 한다.

다섯째, 교육훈련 참가자의 학습동기가 재난관리 교육훈련 전이 효과에 유의미한 영향을 미치는 것으로 나타났다. 교육훈련의 전이 효과를 높이는 중요한 조건 중의 하나는 교육훈련 가능성을 갖춘 인재를 선발해 교육훈련 프로그램에 참여시키는 것이다. 학습자가 교육훈련을 통해 효과를 얻으려면 학습자가 교육훈련의 내용을 배우고자 하는 준비가 돼 있어야 한다. 학습동기가 높을수록 교육훈련 전이 효과가 높다는 것을 볼 수 있다. 따라서 소방공무원이 교육훈련 참여 전에 학습에 대한 욕구를 가질 수 있도록 교육훈련 참여에 대한 인센티브를 제공할 필요가 있다. 예를 들면 우수 모범 교육생에 대한 교육 가산점 부여, 특별휴가 제공 등과 같은 인센티브를 제공해야 한다.

세월호 침몰 재난 이후 한국의 안전문화에 관한 연구

개요

이 연구는 세월호 침몰 재난 이후 우리나라의 안전문화가 정착됐는지에 대한 학문적 호기심을 가지고 출발했으며, 안전문화에 대한 선행연구를 바탕으로 연구의 분석 틀을 구성하고, 분석 틀에 근거해 안전문화에 대한 실증적 분석을 통해 우리나라의 안전문화 정착을 위한 정책적 제언을 제시하는 데 있다. 연구의 결과 안전문화에 대한 인식에 영향을 미치는 유의미한 변수들 중 재난 예방 단계는 안전 점검, 위험 요소 제거, 재난관리계획이 안전문화에 영향력이 있는 변수로 나타났다. 재난 대비 단계는 재난자원 관리, 재난정보 공유, 재난관리 교육이 안전문화에 영향력이 있는 변수로 나타났다. 재난 대응 단계는 재난 피해의 최소화, 재난경보 발령이 안전문화에 영향력이 있는 변수로 나타났다. 재난 복구 단계는 재난관리 평가, 임시주거지 확보, 재난 피해자 상담이 안전문화에 영향력이 있는 변수로 나타났다.

I. 서론

세월호 침몰 재난은 재난 대응, 즉 긴급구조에 실패한 대표적인 재난사례다. 재난 대응에 실패하면 많은 재난 피해가 발생한다는 그 증거를 보여 준 것이다. 세월호 침몰 재난 이후 우리나라는 재난관리 체계와 제도의 많은 변화를 가져왔다. 세월호에는 구명조끼와 구명정 등 수난구조 장비를 갖추고 있었음에도 불구하고 그것을 사용하지 못한 원인은 안전문화가 정착되지 못한 것으로 볼 수 있다.

우리나라의 「재난 및 안전관리 기본법」에서는 재난을 국민의 생명·신체·재산과 국가에 피해를 주거나 줄 수 있는 것으로 정의하고 있으며, 재난의 종류를 자연재난과 사회재난으로 단순하게 구별하고 있으나 많은 학자가 자연재난, 인적 재난, 사회재난으로 구별하고 있다. 이 법에서는 재난관리를 예방·대비·대응 및 복구를 위해 하는 모든 활동으로 정의하고 있다. 또한 이 법에서 "안전문화 활동"을 안전교육, 안전훈련, 홍보 등을 통해 안전에 관한 가치와 인식을 높이고 안전을 생활화하도록 하는 등 재난이나 그 밖의 각종 사고로부터 안전한 사회를 만들어가기 위한 활동으로 정의하고 있다.

안전문화의 개념은 1986년 체르노빌 사고 이후, IAEA의 검토 결과 보고서에서 처음 사용한 용어로, 조직의 안전문화를 의미하는 개념에서 출발했다. 안전문화에 관한 기존 연구들은 조직학의 세부 분야인 조직문화의 개념을 적용해, 조직 내의 리더십, 조직몰입, 조직관리, 교육훈련 등 행태의 변화를 가져올 수 있는 요소들을 안전 제고를 위해 어떠한 방식으로 체계화해야 하는지를 제시하고 있다. 이러한 안전문화의 이론적 배경은 원자력, 건설 등 산업안전 영역의 안전문화 진흥을 위한 분석적 틀 및 관리기법을 제공하고 있으나, 일반 국민들을 대상으로 하는 생활 영역의 안전문화 진흥에는 적절한 시사점을 제공하지 못한다. 생활 영역의 안전의식 제고는 궁극적으로 본인과 사회의 안전에 대한 시민들의 책임성과 주인의식 등 시민의식이 요구되는 부분이다. 따라서 사회학, 행정학 등에서 제시하고 있는 참여와 시민의식, 시민운동 등의 관점에서 접근해 안전문화운동을 좀 더 광범위한 개념에서 이해할 필요가 있다(최호진·오윤경, 2015: 6).

국민의 안전의식 강화와 안전생활의 습관화를 위한 교육 및 홍보 등 체계적인 활동 및 시스템의 구축이 필요하지만 이에 대한 제도적 기반이 매우 미흡한 상황이다. 재난은 발생 시기와 피해 정도에 있어서 불확실성을 가지고 있기 때문에 재난을 대응하는 데 사용되는 비용을 투자로 인식하지 못하고 손실비용으로 인식하게 되면서, 사회에 안전문화를 정착시키는 작업이 매우 어려워지고 있다. 따라서 안전문화를 정착시키기 위해서는 다양한 제도에 의한 발전적 문화 형성을 유도해야 할 필요가 있다(김근영, 2012: 2). 그동안 대부분의 안전문화에 대한 연구는 사업장을 중심으로 이뤄져 왔다(오영민·장근탁, 2014: 61-84, 이관형·오지영, 2005: 1-15, 박상만·이관재, 2015: 104-408, 박기찬·박재홍·조정래, 2015: 197-235).

따라서 이 연구는 세월호 침몰 재난 이후 우리나라의 안전문화가 정착됐는지에 대한 학문적 호기심을 가지고 출발했으며, 안전문화에 대한 선행연구를 바탕으로 연구의 분석틀을 구성하고, 분석틀에 근거하여 안전문화에 대한 실증적 분석을 통해 우리나라의 안전문화 정착을 위한 정책적 제언을 제시하는 데 있다.

II. 안전문화에 관한 이론적 배경

1. 재난관리의 의의

재난관리란 재난으로 발생하는 피해를 최소화하기 위해 재난의 예방, 대비, 대응, 복구를 위해 행해지는 모든 활동을 말한다(Petak, 1985; 이재은 외, 2006). 우리나라의 「재난 및 안전관리 기본법」의 재난관리에 대한 정의는 재난의 예방, 대비, 대응, 복구를 위해 행해지는 모든 활동을 말한다. 재난관리의 단계는 예방, 대비, 대응, 복구다.

첫째, 재난 예방(mitigation) 단계는 재난 발생 이전에 위험 요소를 사전에 제거하는 활동이다(Petak,1985: 3). 구체적인 세부 활동으로는 규제 및 법령의 정비, 재난 취약시설에 대한 정기적인 안전 점검 및 안전 규제, 주요 재난시설에 대한 연계 관리계획의 수립, 재난 업무의 전담요원 확보, 위험시설이나 재난 취약시설에 대한 보수와 보강계획, 위험 요소에 대한 사전 제거, 재난 발생 위험이 높은 시설물에 대한 재난의 탐색 및 조치, 개발 사업에 대한 사전 재난영향 평가, 재난 영향 감소를 위한 강제 규제정책 추진, 재난정보 및 재난 취약성에 대한 분석 등이 있다.

둘째, 재난 대비(preparedness) 단계는 재난 대응의 능력을 향상시키기 위해 대응을 가정하고 미리 연습해 보는 활동이다(Petack, 1985: 3). 구체적인 세부 활동으로는 재난 대비 훈련 및 유관기관 협력 체제의 유지, 재난 대응 자원의 확보 및 비축, 그리고 재난경보 체계의 구축 등이 포함된다. 그리고 재난 유형별 교육과 훈련 실시, 재난 표준작전 절차(SOP)의 확립, 재난 종류별 유관기관 확인, 자원 보유기관의 확인 및 응급 복구를 위한 재난자원 비축 및 장비의 가동 준비, 재난자원 수송 및 통제계획의 수립, 필요한 자원의 긴급 자원대책 수립, 재난 예보 및 경보 시설 및 체제의 구축, 주민 대피를 위한 교육 업무의 체계화, 재난 관련 재난방송 협력 체계의 구축 등이 있다.

셋째, 재난 대응(response) 단계는 재난이 발생한 상황에서 재난 피해의 확산 방지를 위한 활동과 재난 발생이 임박할 때 피해 발생 억제를 위한 활동을 포함한다. 재난 대응 활동을 통해서 재난의 피해가 최소화되고, 2차적 재난 발생 가능성이 감소된다(이재은 외, 2006: 312). 구체적인 세부 활동으로는 대응기관 간의 협력 및 조정, 재난 피해자 보호와 구호 조치, 재난 피해 상황 파악이 있다. 그리고 현장지휘소 및 상황실 운영, 유관기관 간의 상호 조정 및 통제, 재난 대응기관별 활동 목표와 역할의 명확화, 피해자 및 이재민의 수용 및 관리, 희생자 탐색과 인명 구조 활동, 재난응급의료 활동, 구호물품과 구호물자 전달 체계, 긴급복구 계획의 수립 등이 있다.

넷째, 재난 복구(recovery) 단계는 재난이 발생한 직후부터 피해지역이 재난 발생 이전의 원상태로 회복될 때까지의 장기적인 활동 과정인 동시에 초기 회복 기간으로부터 그 지역이 정상적인 상태로 돌아올 때까지 지원을 제공하는 지속적인 활동이다. 재난 복구 단계의 활동은 피해지역이 원상 복구를 하는 데 필요한 지원활동으로 배분정책의 영역에 속하는 활동이다. 재난 복구 과정은 크게 단기적인 응급 복구와 장기간에 걸친 항구 복구로 나뉜다(Mushkatel & Weschler, 1985: 50). 즉, 재난으로 인한 피해자와 재건에 대한 단기적·임시적 응급 복구와 장기적·항구적 원상 회복 또는 개량 복구를 행하는 단계라고 할 수 있다. 단기적·임시적 응급 복구로는 재난 피해자들이 최소한의 생활을 영위해 나갈 수 있도록 회복시키는 것이고, 장기적·항구적 복구는 방역, 재난으로 발생한 폐기물, 위험물 제거, 실업자에 대한 직업 소개, 재난 피해자 임시주거시설 마련, 주택과 시설의 원상 회복 등 지역의 개발사업과 연계하여 복구활동을 수행한다. 재난 복구에는 첫째, 재난으로 인한 물적 자원의 피해를 조사해 원인분석이 이뤄지며, 둘째, 원인분석 결과를 바탕으로 재난 복구에 대한 사전준비로서 복구계획을 수립하며, 셋째, 복구계획을 토대로 인적·물적 자원을 투입해 복구활동을 전개한다(이영재 외, 2015: 346-347).

2. 안전문화의 개념

문화란 지식, 신앙, 예술, 도덕, 법률, 관습 등 인간이 사회구성원으로서 획득한 능력 또는 습관의 총체다(Tylor, 1871). 즉, 문화란 사회구성원, 조직 또는 국가구성원인 국민이 공유하는 가치라고 할 수 있다. 조직문화란 사람들이 상호 작용할 때 관찰된 행태적 규칙, 집단규범, 지지하는 가치, 공식적 철학, 분위기, 마음에 새긴 기술, 생각하는 습관, 정신적 모델, 언어적 패러다임, 공유하고 있는 의미, 기본적인 은유, 통합된 상징 등을 포함한다(Schein, 2004).

안전문화에 대한 논의는 1986년 구 소련연방 우크라이나 지역의 체르노빌 핵발전소 폭발을 계기로 논의됐는데, 근로자와 조직의 위험과 안전에 대한 지식과 이해의 부족이 재난 발생에 어떻게 작용하는가를 설명하기 위한 수단으로 논의됐다. 원자력안전자문단(INSAG)은 안전문화를 "원자력과 관련된 종사자와 조직이 안전관련 모든 정보를 자유롭게 공유할 수 있는 개방된 태도를 가지며, 실수에 대해 솔직하게 인정하고, 안전에 대한 철저한 인식과 책임을 가지고 있는 문화적 분위기"로 정의하면서 조직 운영의 기본 원리로 안전문화를 다루고 있다(IAEA, 1998: 3).

한국산업안전보건공단(2011)은 안전문화를 "안전제일의 가치관이 개인 또는 조직구성원 각자에 충만돼 개인의 생활이나 조직의 활동 속에서 의식, 관행이 안전으로 체질화된 상태로서 인간의 존엄과 가치의 구체적 실현을 위한 모든 행동양식이나 사고방식, 태도 등 총체적인 의미를 지칭"하는 것으로 보고 있다.

나채준(2013)의 연구에 따르면, 안전문화란 안전을 우선시하는 가치관이 개인인 사회구성원

〈표 11-1〉 안전문화에 대한 다양한 정의

학자	내용
Cox & Cox (1991)	안전환경이나 안전과 관련된 노동자의 태도, 믿음, 인식, 가치를 재인식하게 만드는 것
Ostrom et al.(1993)	안전 성과를 가져오기 위해 행위, 정책, 절차에서 명료화된 조직의 믿음, 태도에 대한 인식
Wilpert (2000)	조직의 보건안전 경영에 대한 몰입, 유형 및 역량을 규정하는 개인 및 집단의 가치, 태도, 인지, 역량, 행위 유형의 산물
Glendon & Stanton(2000)	훈련 및 개발과 같은 인적 자원의 특성 이외에 태도, 행태, 규범 및 가치와 개인적인 책임 등으로 구성
Fang et al. (2006)	안전과 관련해 조직이 소유하고 있는 일련의 널리 퍼져 있는 지표, 믿음 및 가치

출처: Guldenmund(2000: 215-257), Wiegmann et al.(2002), Choudhry & Mohamed(2007) 참조.

각자에게 개인의 일상생활이나 사회활동 속에서 하나의 의식으로 체질화된 인간의 존엄과 가치를 실현하기 위한 행위양식이나 사고방식 등 총체적인 것을 말한다. 즉, 국민생활 전반에 걸쳐 안전에 관한 태도와 관행·의식이 체질화돼 하나의 가치관으로 정착된 것을 의미한다.

김근영 외(2012)의 연구에서는 이러한 기존 안전문화의 개념들을 정리해, 안전에 대한 가치, 규범, 행동 및 시스템을 안전문화의 요소로 규정하고 안전문화를 "국민의 일상생활에서 안전에 관한 가치, 규범, 행동, 시스템 모두가 준수되는 것"이라고 재정했다.

안톤센(Antonsen, 2009)은 안전문화에 대한 관심이 높아졌음에도 불구하고 그 개념에 대해서는 여전히 학자마다 다른 개념적 정의가 존재한다고 밝히고 있다. 이전의 〈표 11-1〉에서 보는 바와 같이, 안전문화의 개념은 여러 학자들에 의해 조금씩 다르게 정의되고 있으나, 대체로 믿음, 가치와 같은 의식 부분과 이를 바탕으로 나타나는 행태, 행동양식 등을 포괄하는 개념으로 설명할 수 있다.

3. 안전문화 구성 요소

안전문화란 안전과 관련된 가치, 믿음, 규범을 바탕으로 안전 가치, 안전의식, 안전행동 등을 포함하는 개념이다. 안전문화는 가치, 규범, 행동, 시스템 등의 요소가 갖춰져야 한다(윤종현, 2015: 5).

첫째, 안전문화에 대한 가치가 우선돼야 한다. 안전문화의 가치는 안전문화에 대한 뜻, 의미, 중요성을 인식하는 것이다. 의사결정에서 안전에 대한 우선순위가 반영되거나 안전에 대한 공식적·비공식적 지원 등이 이루어지는 것을 의미한다. 더불어 안전이 사업 운영계획의 안전 목표, 안전전략이 반영된 것을 의미한다.

둘째, 안전문화에 대한 가치 판단 기준의 규범이 갖춰져야 한다. 조직구성원들이 안전에 대한 체계화된 행동 기준이나 규칙이 마련돼 안전에 대한 책임과 권한을 명확하게 규정하고 이해할 수 있어야 한다. 또한 안전순응에 대한 적절한 보상이 이뤄지고, 안전을 위반할 때 그에 상응하는 처벌이 이뤄져야 한다.

셋째, 안전문화 유지 및 향상을 위한 실천행동이 수행돼야 한다. 안전에 대한 지속적인 학습체계가 구축되고, 안전과 모든 활동 간에 통합이 이뤄져야 한다. 안전사고에 대해 위험도를 분석하고, 위험도가 높은 활동에 대한 안전대책이 마련돼야 한다.

넷째, 안전문화에 대한 시스템이 갖춰져야 한다. 안전문화를 위한 체계, 조직, 제도 등이 구축되고 운영돼야 한다. 비형식적 안전문화 시스템으로는 정책, 규정, 평가, 조직, 협조 체계 등이 포함돼야 하고, 형식적 안전문화 시스템으로는 시설, 시스템, 장비, 물품 등이 포함돼야 한다(〈표 11-2〉 참조).

〈표 11-2〉 안전문화의 구성 요소

요소	내용
가치	- 의사결정에서 안전에 대한 우선순위 부여 - 안전을 자원 배분에서 우선적 고려 - 사업 운영계획의 안전 목표, 안전전략 반영 - 관리자의 안전에 대한 헌신과 조직 통솔
규범	- 안전에 대한 책임과 권한을 명확하게 규정하고 이해 - 안전 규제, 절차에 대해 엄격하게 준수 - 안전 순응에 대한 적절한 보상과 공시 - 안전 위반에 대한 적절한 처벌과 공시
행동	- 안전에 대한 지속 가능한 학습 체계 구축 - 안전과 모든 활동 간의 통합 - 안전사고 위험도 분석
시스템	- 비형식적 안전문화 시스템(정책, 규정, 평가, 조직, 협조 체계 등)의 구축·운영 - 형식적 안전문화 시스템(시설, 시스템, 장비, 물품 등)의 구축·운영

출처: 김근영 외(2012) 재구성.

4. 선행연구

안전문화에 대한 국내 연구는 1990년 중반 성수대교 붕괴, 삼풍백화점 붕괴 등 일련의 대형재난을 경험하면서 안전문화에 대한 관심이 높아지고 안전문화 실천을 위한 안전문화 운동에 대한 논의가 연구됐다.(정재희, 2009: 20). 이 연구에서는 최근에 안전문화에 대한 논의를 중심으로 김근영 외(2012), 최호진·오윤경(2015), 윤종현(2015)의 선행연구를 살펴보겠다.

김근영 외(2012)는 "선진안전문화 정착을 위한 제도 개선 연구"에서 안전문화의 개념 정립은 안전의 개념과 범위가 확대되는 최근의 경향을 반영하고, 다양한 안전문화에 대한 개념 정의와 안전문화 관련 이론 및 안전문화 평가지표 등을 참조해 안전문화 개념 요소를 도출해 새롭게 개념을 정립했다. 즉, "안전문화란 국민의 일상생활에서 안전에 관한 가치, 규범, 행동, 시스템 모두가 준수되는 것을 의미한다"라고 정의했다.

안전문화 관련 법규 조사 및 검토는 현황 파악과 문제점을 도출했다. 이를 위해 안전문화 관련 16개 기관 61개 법규에 대해 내용분석 즉, 안전문화 영역, 정부 개입 수단, 사업 대상, 문제 발생 요인에 대해 세부적으로 구분해 자료를 생성했다.

선진 안전문화 정착을 위한 제도 개선 사항 도출은 「재난 및 안전관리 기본법」의 개선, 주요 이슈 중심의 부처별 관련 법령 개선, 새로운 법령 제정에 대한 검토 등으로 구분해 살펴봤다. 「재난 및 안전관리 기본법」의 개선은 안전문화 증진 활동을 위한 근거 법령으로서 실효성을 얻을 수 있도록 목적, 이념, 정의, 안전관리 기본계획에 추가 등 다양한 사항들을 적시했다. 이를 통해 향후 타 부처의 법령에서 준용할 수 있도록 했다.

시사점으로는 첫째, 제도적 개선 및 정책 마련에는 안전문화의 개념적 정의가 중요하다. 기존의 안전문화에 관한 정의가 안전의식을 강조했다고 한다면 발전적으로 안전문화 형성이 이뤄질 수 있는 조건을 갖춰 지속 가능한 안전문제 해결이 될 수 있도록 새로운 개념 정의가 필요하다.

둘째, 기존의 안전문화에 관한 문제점을 막연하게 안전의식의 부재 및 안전 인프라의 부족 등으로만 이해했는데 이 연구를 통해 안전 취약계층에 대한 법적 지원 근거의 미비와 안전문화의 4대 개념적 구성요소 중에서 일부 구성요소 중심으로 안전문화를 다루는 한계점 등의 문제점들을 구체화할 수 있었다.

셋째, 선진 안전문화 정착을 위한 제도 개선에서 안전문화 정착을 목적으로 하는 기본법을 제대로 갖추고, 이를 타 법령에서 준용할 수 있도록 하는 제도적 방안을 마련하게 됐다. 특히, 제도 개선안이 실효성을 얻기 위해서는 행정안전부의 안전문화 총괄 조정 역할이 필요하며, 이는 기본적으로 민의 참여는 물론 타 부처의 협력이 전제돼야 한다.

최호진·오윤경(2015)은 안전인식 제고를 위한 안전문화 운동의 현황분석 및 개선 방안 연구에서 안전문화운동에 대한 문제점 조사에서 전문가들은 공무원에게는 안전문화운동이라는 업무 자체가 그다지 매력적인 업무가 아닐 수 있으며, 성과측정을 통한 인센티브 제공 등의 보상이 주어지기 힘들기 때문에 잘 체감하지 못하고 있다고 진단했다. 또한 안전문화운동의 경우 사고방식의 변화를 이끌어 내야 하는데, 현재와 같이 정부 주도의 명령 체계 내에서 이루고자 하면 국민이 안전문화운동을 받아들이는 것 자체가 용이하지 않을 수 있다고 진단했다. 또한, 부처 간 안전문화에 대한 업무 중복이 발생하고 있다는 점과 안전문화 협의 활동 자체가 저조하고 운영이 실제적으로 이뤄지지는 않는 상황에 놓여 있다는 점도 지적했다.

안전문화운동의 활성화 방안으로는 전문가들은 공무원이 좀 더 적극적으로 활동할 수 있도록 성과측정 및 진단을 통해 인센티브를 제공해 동기부여를 해야 하며, 관련 정책을 수립할 때 초기 단계에서부터 국민을 참여시켜 공동으로 논의하고 만들어 나가야 하고, 각 연령층별로 흥미를 유발하고 접근할 수 있는 교육을 통해 좀 더 많은 참여를 유도해야 한다는 점을 제안했다. 또한, 안전문화운동의 추진 주체와 관련해 장기적 관점에서 중앙정부보다는 지방자치단체 위주로 운영해야 한다는 점을 추천했다. 그러나 지방자치단체 위주로 운영하기 위해서는 인력과 예산, 전문성 측면에서 이를 보완할 수 있는 방안을 추가적으로 마련하는 노력이 필요하다는 의견과 대안도 제시했다. 이와 함께, 자치단체장의 의지와 리더십 역시 중요하므로 이들을 대상으로 안전문화에 대한 중요성을 인식시켜야 한다는 점도 제안했다. 더불어 정부와 국민의 협력 시스템이 구축되기까지 장기간의 시간이 소요될 것이므로 안전문화 협의회의 활용을 통한 중앙정부와 지방자치단체의 긴밀한 협력 관계를 구축해야 한다는 점을 제안했다. 기존의 안전문화협의회뿐만 아니라 지역 부녀회나 친목모임, 자치센터 등을 중심으로 한 주민의 적극적인 참여 등을 통한 민관 협력의 추진이 중요하다는 점도 제안했다.

윤종현(2015)은 안전문화 형성을 위한 제도적 개선 방안 연구에서 안전문화와 관련된 법과 제도의 현황을 조사해 문제점과 정책적 제언을 제시했다.

먼저 문제점으로 첫째, 바람직한 안전문화를 형성하기 위해서 갖춰야 할 안전문화의 개념적 구성 요소, 즉 가치, 규범, 행동 및 시스템 등을 제대로 갖추지 못한 법률이 50.8%로 이에 대한 보완이 요구된다. 네 가지 구성 요소를 모두 갖춘 법령은 「학교 안전사고 예방 및 보상에 관한 법률」, 「교통안전법」, 「산업안전보건법」, 「가축전염병예방법」, 「재난 및 안전관리 기본법」, 「다중이용업소의 안전관리에 관한 특별법」 등인데 이들 법령의 특성은 안전을 주요 사항으로 다루고 있다는 점이다.

둘째, 안전문제가 발생하는 재난 유형별로 주요 법령이 중복적으로 존재함을 확인했다. 이는 주요 법령 간의 중복성 혹은 보완성이 요구됨을 시사한다.

셋째, 안전문제가 발생하는 장소에서 주요 법령이 중복적으로 존재하는데 이 또한 주요 법령 간의 중복성 혹은 보완성에 대한 검토가 요구된다.

넷째, 안전문화의 대상 계층을 살펴보면 일반인을 대상으로 하는 법령이 다수이며, 안전 취약 계층인 어린이, 여성, 장애인 그리고 노인에 대해서는 취약한 상황이다. 아울러 이들 취약계층 특히, 장애인의 경우 안전문화의 개념적 구성 요소가 제대로 갖춰져 있지 않아 이에 대한 보완이 시급한 상황이다.

다섯째, 정부 개입 수단에서 법적 제도화를 통해 안전문화를 형성하고자 하거나 정보 제공을 통해 안전문화에 대한 행태 변화를 촉진하는 방안을 많이 쓰는 것으로 확인됐다. 따라서 다양한 정부 개입 수단만큼 정부기관 간에 유사하거나 중복된 활동이 이뤄질 가능성이 많아서 이에 대한 보완이 요구된다.

지금까지의 현황 및 문제점에 대한 개선 방안은 다양할 수 있으나 이 연구에서는 안전문화의 형성을 위한 법·제도적 측면의 개선 사항을 중심으로 소개하고자 한다. 먼저, 현재 안전문화의 근간이 될 수 있는 「재난 및 안전관리 기본법」과 학교 안전문화와 관련된 「학교 안전사고 예방 및 보상에 관한 법률」, 다중이용업소의 안전문화와 관련된 「다중이용업소의 안전관리에 관한 특별법」에 대한 제도적 개선이 요구된다.

바람직한 안전문화 형성을 위해서 앞서 논의한 안전문화의 개념적 구성 요소인 가치, 규범, 행동 및 시스템 등의 요소에 비춰 미흡한 측면을 보완하는 노력이 시급하다. 아울러 안전문제 발생 재난 유형이나 안전문제 발생 장소 그리고 안전문화 대상 계층별로 안전문화 형성을 위한 안전문화의 개념적 구성 요소가 취약하거나 중복된 사항에 대한 보완이 요구된다.

다음으로 안전문화를 총괄하는 새로운 특별법의 제정 또한 법·제도의 개선 사항이 될 수 있다. 이는 많은 합의와 결정이 요구되는 사항이다. 예컨대, 민간단체가 주도하는 상설기구의 설립을 통해서 안전문화를 추진할 것이냐 아니면 재난 및 안전관리 기본법처럼 정부가 주도하는 안전문화를 추진할 것이냐에 따라서 성격이 완전히 달라질 수 있다. 여하튼 안전문화의 형성은 한 주체의 노력만으로 한계가 있기에 특별법을 제정할 경우에 「재난 및 안전관리 기본법」과는 다르게 새로운 법령에서는 민간의 역할에 대한 부분과 추진 체계에 대해서 견고히 해야 한다. 예를 들어서 민간단체가 참여하는 사무국을 개설해 산하에 위원회 조직을 두어 일본과 같이 계획, 집행, 평가 등에 이르기 까지 안전문화의 전 과정을 관여할 수 있도록 민간의 역할을 강화하도록 추진 체계를 구축할 수 있다. 그리고 민간단체의 육성 지원 및 다양한 형태의 안전문화 활동 증진을 위한 영역별 활동 지원이 「재난 및 안전관리 기본법」과 다르게 강조될 것으로 보인다. 이러한 새로운 법령의 제정에 대해서는 국민과의 공감대 형성, 의견 수렴과 타당성 분석 등을 토대로 추진해야 할 것이다.

III. 연구의 설계

1. 분석의 틀

지금까지 재난관리, 안전문화, 안전문화 구성 요소, 안전문화에 관한 선행연구에 대해서 논했다. 이를 바탕으로 재난관리와 안전문화에 관한 선행연구에서 주요 쟁점이 되고 있는 요인들을 종합하여 [그림 11-1]과 같은 분석 틀을 제시했다. 이 연구는 세월호 침몰 재난 이후 우리나라의 안전문화에 미치는 영향을 확인하려는 목적을 가지고 있다.

연구의 목적을 달성하기 위해 종속변수인 안전문화에 관한 내용, 즉 안전 가치, 안전의식, 안전행동을 측정지표로 구성했다. 독립변수로 첫째, 재난 예방은 위험 요소 제거, 법령 정비, 안전점검, 재난관리계획 수립을 측정지표로 구성했고, 둘째, 재난 대비는 재난관리 교육, 재난 대비 훈련, 재난자원 관리, 재난정보 공유를 측정지표로 구성했으며, 셋째, 재난 대응은 인명 구조, 응급의료, 재난경보 발령, 피해 최소화 활동을 측정지표로 구성했고, 넷째, 재난 복구는 임시주거지, 재난 피해자 상담, 재난피해자 보상, 재난관리 평가를 측정지표로 구성했다.

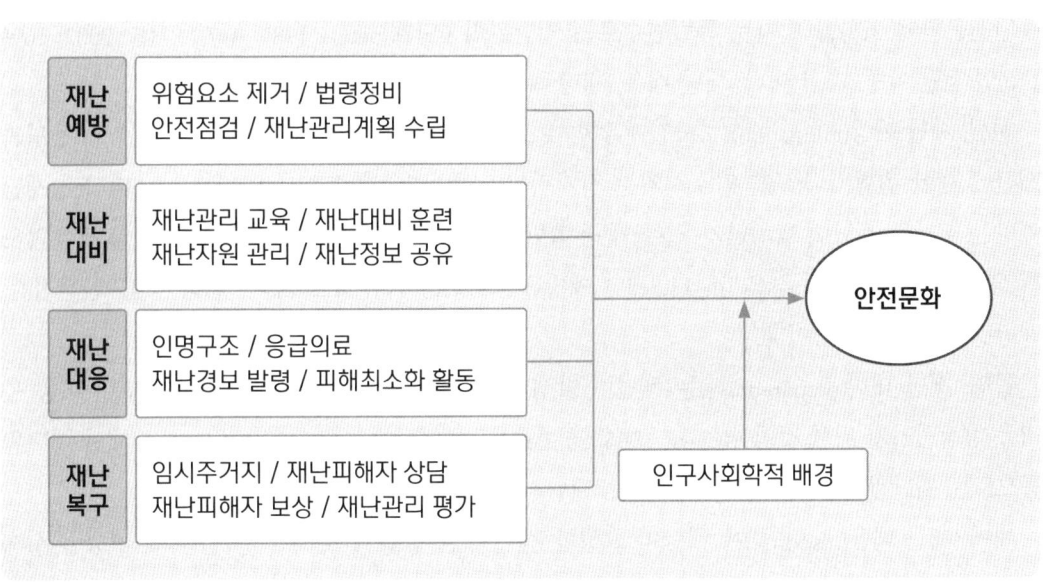

[그림 11-1] 연구의 분석 틀

2. 조작적 정의와 측정지표

이 연구의 종속변수는 안전문화이며, 독립변수는 재난 예방의 위험 요소 제거, 법령 정비, 안전 점검, 재난관리계획 수립이며, 재난 대비의 재난관리 교육, 재난 대비 훈련, 재난자원 관리, 재난정보 공유다. 또한 재난 대응은 인명 구조, 응급의료, 재난경보 발령, 피해 최소화 활동이며, 재난 복구는 임시주거지, 재난 피해자 상담, 재난 피해자 보상, 재난관리 평가다.

1) 종속변수

안전문화는 안전과 관련된 가치, 믿음, 규범을 바탕으로 안전 가치, 안전의식, 안전행동 등을 포함하는 개념이다. 안전문화란 "일상생활에서 안전에 관한 규범이 지켜지고, 안전행동을 실천하는 것을 의미한다." 즉, 안전에 관한 가치가 우선돼야 하고, 의사결정 과정에서 안전에 대한 우선순위가 반영된 것을 의미한다. 그리고 모든 업무 처리에서 안전에 관한 의식이 바탕이 돼야 한다. 또한 안전에 대한 지속적인 학습 체계가 구축되고, 안전과 모든 활동 간에 통합이 이뤄져 안전문화 유지를 위한 실천행동을 수행해야 한다.

2) 독립변수

안전문화에 영향을 미치는 독립변수로는 재난관리 4단계(petak, 1985: 3-7, 이재은, 2002: 169-170)인 재난 예방, 재난 대비, 재난 대응, 재난 복구를 선정했다(〈표 11-3〉 참조).

첫째, 재난 예방(mitigation)은 사전에 위험 요소를 제거하고, 각종 재난으로부터 인간의 생명과 재산에 대한 위험의 정도를 감소시키는 장기적인 정책이다(김인범 외, 2014: 24-25). 따라서 재난 예방은 실제로 재난이 발생하기 전에 재난 촉발 요인을 제거하거나 재난 요인이 표출되지 않도록 억제 또는 예방활동을 의미한다. 재난 예방활동으로는 위험 요소 제거, 법령 정비, 안전점검, 재난관리계획 수립 등이다.

둘째, 재난 대비(preparedness)는 재난이 발생할 때 대응활동을 사전에 대비하기 위한 대응 능력을 향상시키기 위한 것이다(Clary, 1985: 20, Petak, 1985: 3, McLoughlin, 1985: 166). 재난 대비활동으로는 재난관리 교육, 재난 대비 훈련, 재난자원 관리, 재난정보 공유 등이다.

셋째, 재난 대응(response)은 재난이 발생한 경우 재난관리기관들의 각종 임무 및 기능을 실제 적용하는 활동으로서 예방, 대비 단계의 활동과 연계해서 제2의 손실 발생 가능성을 줄이고, 복구 단계에서 발생할 수 있는 문제들을 최소화하는 활동이다(김인범 외, 2014: 25). 재난 대응 활동으로는 인명 구조, 응급의료, 재난경보 발령, 피해 최소화 활동 등이다.

넷째, 재난 복구(recovery)는 피해지역이 재난 발생 직후부터 재난 발생 이전 상태로 회복될 때까지의 장기적인 활동 과정으로서 초기 재난 상황으로부터 정상 상태로 돌아올 때까지 자원을 지속적으로 제공하는 활동이다(김인범 외, 2014: 26). 재난 복구 활동으로는 임시주거지, 재난 피해자 상담, 재난 피해자 보상, 재난관리 평가 등이다.

〈표 11-3〉 평가영역과 주요 변수

평가 영역	변수
재난 예방(mitigation)	위험 요소 제거, 법령 정비, 안전 점검, 재난관리계획 수립
재난 대비(preparedness)	재난관리 교육, 재난대비 훈련, 재난자원 관리, 재난정보 공유
재난 대응(response)	인명구조, 응급의료, 재난경보 발령, 피해 최소화 활동
재난 복구(recovery)	임시주거지, 재난 피해자 상담, 재난 피해자 보상, 재난관리 평가
안전문화(safety culture)	안전 가치, 안전의식, 안전행동

3. 조사설계

이 연구는 소방공무원 250명을 대상으로 설문조사한 것으로 임의표본추출한 것이다. 이것은 약 20일 동안 조사했다. 회수된 질문지는 223명(89.2%)의 것이었으나, 4명의 설문이 실증분석에 부적합하다고 판단돼 최종 219명의 설문지를 표본으로 선택했다. 실증분석은 통계 패키지 프로그램인 SPSS Windows를 이용해 분석했다. 자료의 구체적인 분석 내용 및 방법을 제시하면 다음과 같다.

첫째, 수집된 자료를 분석할 때 중요한 것은 자료의 특성을 먼저 파악하는 것이 중요하다. 이 연구는 응답자의 인구·사회학적 특성을 살펴보기 위해 빈도분석(frequencies analysis)을 실시했다.

둘째, 세월호 침몰 재난 이후 안전문화에 미치는 영향, 즉 독립변수가 종속변수에 미치는 영향을 검증하기 위해 다중회귀분석(regression analysis)을 실시했다.

Ⅳ. 연구의 결과분석

1. 인구사회학적 배경

응답자의 인구·사회학적 특성을 살펴보는 것은 표본집단의 구성과 그 성향을 일정 정도 유추해서 파악할 수 있고, 다른 변수들 간의 관계를 파악하는 데 도움이 될 수 있다. 이에 이 연구에서는 응답자의 인구·사회학적 특성을 성별, 나이, 재직 기간, 학력 등으로 구분해 검토했다(〈표 11-4〉 참조).

연구 대상의 일반적 특성을 살펴보면 다음과 같다. 성별로는 남자 소방공무원이 190명(86.8%), 여자 소방공무원이 29명(13.2%)으로 남자 소방공무원이 압도적으로 많았다. 연령별로는 40대가 82명(37.4%)으로 가장 많았고, 그다음으로 30대가 81명(37.0%), 50대 이상이 37명(16.9%), 20대

〈표 11-4〉 인구·사회학적 배경

내용	분류	응답자 수(명)	비율(%)
성별	① 남자 ② 여자 합계	190 29 219	86.8 13.2 100.0
나이	① 20대 ② 30대 ③ 40대 ④ 50대 이상	19 81 82 37	8.7 37.0 37.4 16.9
재직 기간	① 5년 미만 ② 5~10년 미만 ③ 10~15년 미만 ④ 15~20년 미만 ⑤ 20년 이상	51 36 55 28 49	23.3 16.4 25.1 12.8 22.4
학력	① 고졸 이하 ② 전문대 졸 ③ 4년재 졸 ④ 대학원 졸 이상	33 75 95 16	15.1 34.2 43.4 7.3

가 19명(8.7%) 순으로 나타났다. 재직 기간은 10년~15년 미만이 55명(25.1%)으로 가장 많은 응답 분포를 보였으며, 그다음으로 5년 미만이 51명(23.3%), 20년 이상이 49명(22.4%), 5~10년 미만이 36명(16.4%), 15~20년 미만이 28명(12.8%) 순으로 나타났다. 끝으로 학력별로는 4년제 대학 졸업이 95명(43.4%)으로 가장 많았으며, 전문대학 졸업이 75명(34.2%). 고등학교 졸업이 33명(15.1%), 대학원 졸업 이상이 16명(7.3%) 순으로 나타났다.

2. 응답분포 분석

1) 안전문화 걸림돌

안전문화 걸림돌에 대한 응답 분포 분석을 살펴보면, '관리자층 및 지도층의 무관심'이 76명(34.7%)로 가장 높게 나타났고, 그다음으로는 '안전행동 및 안전 참여 부족'이 55명(25.1%), '관련 법령 및 제도 미비'가 31명(14.2%), '안전교육 및 재난 대비 훈련 부족'이 23명(10.5%), '관리감독 및 점검 부실'이 22명(10.0%), '기타'가 12명(5.5%) 순으로 나타났다(〈표 11-5〉 참조). 이는 관리자층 및 지도층의 무관심과 안전행동 및 안전 참여 부족이 안전문화의 걸림돌이 된다고 인식하고 있어 지도층, 개인의 참여 등 안전문화에 걸림돌의 원인이 인적 원인에서 기인한다고 미뤄 짐작할 수 있다.

〈표 11-5〉 안전문화 걸림돌

변수	평가 척도	응답자 수(명)	비율(%)
안전문화 걸림돌	① 관련 법령 및 제도 미비	31	14.2
	② 관리감독 및 점검 부실	22	10.0
	③ 관리자층 및 지도층의 무관심	76	34.7
	④ 안전행동 및 안전 참여 부족	55	25.1
	⑤ 안전교육 및 재난 대비 훈련 부족	23	10.5
	⑥ 기타	12	5.5

2) 안전문화 정착

안전문화 정착에 대한 응답 분포 분석을 살펴보면, '안전에 대한 가치 중시'가 89명(40.6%)으로 가장 높게 나타났고, 그다음으로는 '안전 관련 지도층의 관심'이 47명(21.5%), '안전에 대한 법령 및 제도 정비'가 38명(17.4%), '안전에 대한 정보 공유'가 22명(10.0%), '안전에 대한 조직'이 19명(8.7%), '기타'가 4명(1.8%) 순으로 나타났다(〈표 11-6〉 참조). 안전문화 정착을 위해서는 안전에 대한 가치 중시와 안전 관련 지도층의 관심이 있어야 된다고 인식하고 있어 제도와 법, 조직보다 안전에 대한 가치 중시와 관심이 중요하다고 미뤄 짐작할 수 있다.

〈표 11-6〉 안전문화 정착

변수	평가 척도	응답자 수(명)	비율(%)
안전문화 정착	① 안전에 대한 가치 중시	89	40.6
	② 안전에 대한 정보 공유	22	10.0
	③ 안전에 대한 조직	19	8.7
	④ 안전에 대한 법령 및 제도 정비	38	17.4
	⑤ 안전 관련 지도층의 관심	47	21.5
	⑥ 기타	4	1.8

3) 안전 위협 장소

안전 위협 장소에 대한 응답 분포 분석을 살펴보면, '상가 업소, 유흥시설'이 70명(32.0%)으로 가장 높게 나타났고, 그다음으로는 '다중이용시설'이 67명(30.6%), '도로, 노상, 역, 정류소 등 이동공간'이 46명(21.0%), '학교, 직장, 사업장'이 22명(10.0%), '기타'가 10명(4.6%), '가정 등 주거공간'이 4명(1.8%) 순으로 나타났다(〈표 11-7〉 참조). 안전을 위협하는 장소는 다중이용시설과 이동공간으로 인식하고 있어 유동인구가 많은 장소에 특별한 안전대책의 수립과 집행이 요구된다.

〈표 11-7〉 안전 위협 장소

변수	평가 척도	응답자 수(명)	비율(%)
안전위협 장소	① 가정 등 주거공간	4	1.8
	② 상가 업소, 유흥시설	70	32.0
	③ 다중이용시설	67	30.6
	④ 학교, 직장, 사업장	22	10.0
	⑤ 도로, 노상, 역, 정류소 등 이동공간	46	21.0
	⑥ 기타	10	4.6

4) 재난 발생 원인

재난 발생 원인에 대한 응답 분포 분석을 살펴보면, '관리감독 미비'가 72명(32.9%)으로 가장 높게 나타났고, 그다음으로는 '재난안전 교육 부족'이 49명(22.4%), '법제도 미비'가 36명(16.4%), '재난 대비 훈련 부족'이 25명(11.4%), '재난안전에 대한 홍보 부족'이 20명(9.1%), '기타'가 17명(7.8%) 순으로 나타났다(〈표 11-8〉 참조). 재난 발생 원인은 관리감독 미비와 재난안전 교육 부족으로 나타나 안전관리에 대한 관리·감독이 소홀하고 재난 관련법의 안전교육이 집행되지 않는 것으로 미뤄 짐작할 수 있다.

5) 안전 규정 미준수

안전 규정 미준수에 대한 응답 분포 분석을 살펴보면, '당사자들의 무관심'이 99명(45.2%)으로 가장 높게 나타났고, 그다음으로는 '관리감독자 무관심'이 50명(22.8%), '비현실적 규정'이 32명(14.6%), '안 지켜도 위험하지 않으므로'가 23명(10.5%), '준수를 위한 비용 과다'가 9명(4.1%), '기타'가 6명(2.7%)순으로 나타났다(〈표 11-9〉 참조). 안전 규정의 미준수에 대해 당사자들의 무관심과

〈표 11-8〉 재난 발생 원인

변수	평가 척도	응답자 수(명)	비율(%)
재난 발생 원인	① 법제도 미비	36	16.4
	② 관리감독 미비	72	32.9
	③ 재난 대비 훈련 부족	25	11.4
	④ 재난안전 교육 부족	49	22.4
	⑤ 재난안전에 대한 홍보 부족	20	9.1
	⑥ 기타	17	7.8

〈표 11-9〉 안전 규정 미준수

변수	평가 척도	응답자 수(명)	비율(%)
안전 규정 미준수	① 관리감독자 무관심	50	22.8
	② 준수를 위한 비용 과다	9	4.1
	③ 당사자들의 무관심	99	45.2
	④ 비현실적 규정	32	14.6
	⑤ 안 지켜도 위험하지 않으므로	23	10.5
	⑥ 기타	6	2.7

관리감독자의 무관심으로 인식하고 있어 안전 규정의 미준수가 인적 원인으로 분석할 수 있다. 따라서 안전 규정의 준수에 대해서는 강제성을 부여하고, 강력한 페널티를 부과하는 방안도 고려해야 할 것이다.

3. 다중회귀분석

다중회귀분석은 종속변수 값을 예측하거나 그 변화를 설명하는 것이다. 설명력의 크기를 검증하는 분석에서 정확한 예측보다는 설명을 주목적으로 회귀분석을 사용하기 때문에 영향력 있는 독립변수를 확인하고, 그 관계의 방향, 그리고 관계의 상대적 크기에 관심을 갖게 된다.(남궁근, 2005: 457).

1) 재난예방 단계 다중회귀분석

안전문화에 대한 영향을 미치는 관계를 알아보기 위해 재난예방 단계의 독립변수들의 영향력을 검토하기 위해 다중회귀분석을 실시했다. 〈표 11-10〉은 독립변수와 안전문화에 대한 회귀분석의 결과로, 각 독립변수가 안전문화에 영향을 미치는 정도와 방향을 알 수 있다. 회귀모형의 결정계수(R^2)는 회귀분석이 종속변수를 얼마나 잘 설명하는지를 나타내 주는데, 〈표 11-10〉에서 R^2=0.417로 전체 분산 중에서 약 41.7%를 설명해 주고 있다. 수정된 R^2값은 조정된 상관관계를

〈표 11-10〉 재난 예방 단계 다중회귀분석

변수	비표준화 계수		표준화계수	t	유의 확률	공선성 통계량	
	B	표준 오차	β			공차 한계	VIF
(상수)	.792	.194		4.074	.000		
위험 요소 제거	.280	.077	.294	3.625	.000	.416	2.407
법령 정비	-.115	.097	-.117	-1.178	.240	.277	3.610
안전점검	.333	.095	.327	3.519	.001	.315	3.170
재난관리 계획	.200	.102	.202	1.959	.051	.255	3.920

R^2 = 0.417 수정된 R^2 = 0.406 F = 38.269 유의 확률 = .000 Durbin-Watson = 1.639

※ 종속변수: 안전문화.

의미하며, 수정된 R^2=0.406으로 나타났다. 따라서 표준화된 회귀계수(Beta)를 비교해 볼 때 안전점검이 가장 영향력 있는 변수이며, 그다음으로는 위험 요소 제거, 재난관리계획 순으로 안전문화에 영향력이 있는 변수로 나타났다. 그러나 법령 정비는 유의도 0.05보다 크기 때문에 통계적으로 유의미하지 않은 것으로 나타났다(〈표 11-10〉 참조).

2) 재난대비 단계 다중회귀분석

안전문화에 대한 영향을 미치는 관계를 알아보기 위해 재난 대비 단계의 독립변수들의 영향력을 검토하기 위해 다중회귀분석을 실시했다. 〈표 11-11〉은 독립변수와 안전문화에 대한 회귀분석의 결과로, 각 독립변수가 안전문화에 영향을 미치는 정도와 방향을 알 수 있다. 회귀모형의 결정계수(R^2)는 회귀분석이 종속변수를 얼마나 잘 설명하는지를 나타내 주는데, 〈표 11-11〉에서 R^2=0.528로 전체 분산 중에서 약 52.8%를 설명해 주고 있다. 수정된 R^2값은 조정된 상관관계를 의미하며, 수정된 R^2=0.519로 나타났다. 따라서 표준화된 회귀계수(Beta)를 비교해 볼 때 재난자원 관리가 가장 영향력 있는 변수이며, 그다음으로는 재난정보 공유, 재난관리 교육 순으로 안전문화에 영향력이 있는 변수로 나타났다. 그러나 재난 대비 훈련은 유의도 0.05보다 크기 때문에 통계적으로 유의미하지 않은 것으로 나타났다(〈표 11-11〉 참조).

〈표 11-11〉 재난 대비 단계 다중회귀분석

변수	비표준화 계수		표준화계수	t	유의 확률	공선성 통계량	
	B	표준 오차	β			공차 한계	VIF
(상수)	.367	.184		1.999	.047		
재난관리 교육	.206	.088	.194	2.348	.020	.324	3.082
재난 대비 훈련	.078	.088	.076	.885	.377	.300	3.336
재난자원 관리	.293	.077	.298	3.780	.000	.356	2.811
재난정보 공유	.251	.065	.260	3.838	.000	.480	2.082

R^2 = 0.528 수정된 R^2 = 0.519 F = 59.791 유의 확률 = .000 Durbin-Watson = 1.846

※ 종속변수: 안전문화.

3) 재난 대응 단계 다중회귀분석

안전문화에 대한 영향을 미치는 관계를 알아보기 위해 재난 대응 단계의 독립변수들의 영향력을 검토하기 위해 다중회귀분석을 실시했다. 〈표 11-12〉는 독립변수와 안전문화에 대한 회귀분석의 결과로, 각 독립변수가 안전문화에 영향을 미치는 정도와 방향을 알 수 있다. 회귀모형의 결정계수(R^2)는 회귀분석이 종속변수를 얼마나 잘 설명하는지를 나타내 주는데, 〈표 11-12〉에서 R^2=0.491로 전체 분산 중에서 약 49.1%를 설명해 주고 있다. 수정된 R^2값은 조정된 상관관계를 의미하며, 수정된 R^2=0.481로 나타났다. 따라서 표준화된 회귀계수(Beta)를 비교해 볼 때 재난 피해의 최소화가 가장 영향력 있는 변수이며, 그다음으로는 재난경보 발령이 안전문화에 영향력이 있는 변수로 나타났다. 그러나 인명 구조, 응급의료는 유의도 0.05보다 크기 때문에 통계적으로 유의미하지 않은 것으로 나타났다(〈표 11-12〉 참조).

〈표 11-12〉 재난 대응 단계 다중회귀분석

변수	비표준화 계수		표준화계수	t	유의 확률	공선성 통계량	
	B	표준 오차	β			공차 한계	VIF
(상수)	.900	.174		5.185	.000		
인명구조	-.030	.094	-.034	-.323	.747	.214	4.679
응급의료	-.023	.098	-.025	-.232	.817	.208	4.796
재난경보 발령	.323	.068	.382	4.716	.000	.362	2.764
피해 최소화	.367	.081	.408	4.529	.000	.294	3.405

R^2 = 0.491 수정된 R^2 = 0.481 F = 51.608 유의확률 = .000 Durbin-Watson = 1.790

※ 종속변수: 안전문화.

4) 재난 복구 단계 다중회귀분석

안전문화에 대한 영향을 미치는 관계를 알아보기 위해 재난 복구 단계의 독립변수들의 영향력을 검토하기 위해 다중회귀분석을 실시했다. 〈표 11-13〉은 독립변수와 안전문화에 대한 회귀분석의 결과로, 각 독립변수가 안전문화에 영향을 미치는 정도와 방향을 알 수 있다. 회귀모형의 결정계수(R^2)는 회귀분석이 종속변수를 얼마나 잘 설명하는지를 나타내 주는데, 〈표 11-13〉에서 R^2=0.554로 전체 분산 중에서 약 55.4%를 설명해 주고 있다. 수정된 R^2값은 조정된 상관관계를 의미하며, 수정된 R^2=0.546으로 나타났다. 따라서 표준화된 회귀계수(Beta)를 비교해 볼 때 재난 관리 평가가 가장 영향력 있는 변수이며, 그다음으로는 임시주거지 확보, 재난 피해자 상담 순으로 안전문화에 영향력이 있는 변수로 나타났다. 그러나 재난 피해자 보상은 유의도 0.05보다 크기 때문에 통계적으로 유의미하지 않은 것으로 나타났다(〈표 11-13〉 참조).

〈표 11-13〉 재난 복구 단계 다중회귀분석

변수	비표준화 계수		표준화계수	t	유의 확률	공선성 통계량	
	B	표준 오차	β			공차 한계	VIF
(상수)	.416	.167		2.500	.013		
임시주거지	.217	.065	.221	3.347	.001	.476	2.101
피해자 상담	.185	.071	.182	2.609	.010	.430	2.325
피해자 보상	.096	.066	.102	1.459	.146	.422	2.367
재난관리 평가	.346	.072	.350	4.793	.000	.391	2.557

R^2 = 0.554 수정된 R^2 = 0.546 F = 66.535 유의 확률 = .000 Durbin-Watson = 1.810

※ 종속변수: 안전문화.

V. 결론

이 연구는 세월호 침몰 재난 이후에 재난관리 활동이 우리나라의 안전문화에 어떤 영향을 미치는지를 알아보는 것이다. 연구의 목적을 달성하기 위해 재난관리와 안전문화에 대한 이론적 탐색을 했으며, 재난관리와 안전문화에 대한 선행연구를 바탕으로 연구의 분석 틀을 구성했다.

연구의 결과 안전문화에 대한 인식에 영향을 미치는 유의미한 변수들 중 재난 예방 단계는 안전 점검, 위험 요소 제거, 재난관리계획이 안전문화에 영향력이 있는 변수로 나타났다. 재난 대비 단계는 재난자원 관리, 재난정보 공유, 재난관리 교육이 안전문화에 영향력이 있는 변수로 나타났다. 재난 대응 단계는 재난 피해의 최소화, 재난경보 발령이 안전문화에 영향력이 있는 변수로 나타났다. 재난 복구 단계는 재난관리 평가, 임시주거지 확보, 재난 피해자 상담이 안전문화에 영향력이 있는 변수로 나타났다.

좀 더 구체적으로 재난관리 활동이 안전문화에 영향을 미치는 요인들을 중심으로 어떤 정책적 함의를 가질 수 있는지에 대해 논의해 보도록 한다.

첫째, 위험 요소 제거는 안전문화에 통계적으로 유의미한 영향을 미치는 것으로 나타났다. 위험 요소 제거는 재난이 발생할 가능성을 최소화시키는 재난 예방 활동으로, 어떤 물건이나 시설 또는 기술에 내포돼 있는 잠재적 위험 또는 가상적 위험을 미리 정확하게 예견해 사전에 위험 요소를 제거해야 한다(이재은, 2012: 127).

둘째, 취약시설 안전 점검은 안전문화에 통계적으로 유의미한 영향을 미치는 것으로 나타났다. 「재난 및 안전관리 기본법」 제30조에 따르면, 행정안전부 장관 또는 재난관리책임기관의 장은 대통령령으로 정하는 시설 및 지역에 재난이 발생할 우려가 있는 등 긴급한 사유가 있으면 소속 공무원으로 하여금 긴급 안전점검을 하게 하고, 행정안전부장관은 다른 재난관리책임기관의 장에게 긴급안전점검을 하도록 요구할 수 있다. 취약시설에 대한 긴급 안전점검을 통해 재난 발생을 완화할 수 있는 위험 요소를 사전에 제거해야 할 것이다.

셋째, 재난정보 공유는 안전문화에 통계적으로 유의미한 영향을 미치는 것으로 나타났다. 재난이 발생할 경우 재난 대응에 참여하는 기관 간의 재난정보를 공유해 효과적으로 재난을 대응하기 위해 의사결정에 도움이 돼야 한다. 또한 재난상황 정보를 공유해 유관기관 간의 협력을 강화해야 할 것이다.

넷째, 조기 재난정보 발령은 안전문화에 통계적으로 유의미한 영향을 미치는 것으로 나타났다. 조기 재난정보 시스템은 산불, 홍수, 지진, 화재, 붕괴, 가스 누출 등 다양한 재난이 발생할 우려가 있거나 발생했을 경우 다양한 매체를 이용해 신속하게 재난정보를 전파하는 시스템이다. 따라서 재난 징후가 감지될 경우 신속하게 재난 상황 정보를 전파해 재난의 피해를 최소화해야 할 것이다.

다섯째, 재난관리 평가는 안전문화에 통계적으로 유의미한 영향을 미치는 것으로 나타났다. 재난관리평가는 「재난 및 안전관리 기본법」 제33조의 2에 따라 중앙부처 및 공공기관의 재난관리 역량 향상 및 책임성 강화, 평가 결과 환류를 통한 재난관리 업무의 효율성 증대를 목적으로 한다. 재난관리 평가 결과를 활용해 우수 사례는 널리 전파해 벤치마킹을 장려하고, 미흡 기관에 대해서는 기관별로 개선계획 수립·이행 상황을 관리하고, 역량 강화를 위한 워크숍, 컨설팅 등을 실시해야 할 것이다.

끝으로 이 연구는 연구 결과의 일반화에 일정한 한계를 가지고 있다. 이는 연구의 표본집단이 경기도의 일부 소방공무원으로 한정되는 데서 오는 표본집단의 대표성 문제와 표본을 선정할 때 재난관리를 담당하고 있는 다양한 조직이 배제돼 있어 다양성에서 오는 표본집단의 횡단적 특성이 제기될 경우 연구 결과를 좀 더 구체적으로 해석하고 적용하는 데 제한될 수 있다.

긴급구조통제단 운영 개선 방안

개요

　이 연구의 목적은 대형재난이 발생할 때 효과적인 재난 대응을 위해 긴급구조통제단의 운영 개선 방안을 제시하는 데 있다. 연구의 결과 긴급구조통제단 운영 개선 방안에 대한 인식에 영향을 미치는 정도에 유의 수준 5%에서 유의미한 변수는 운영 예산 확보, 유관기관 협력, 재난자원 지원, 전문가 양성이 긴급구조통제단 운영에 영향력이 있는 변수로 나타났다. 변수의 상대적 영향력을 보면 전문가 양성, 유관기관 협력, 재난자원 지원, 운영 예산 확보의 순으로 긴급구조통제단 운영에 유의미한 영향력이 있는 변수로 나타났다.

Ⅰ. 서론

우리나라의 재난 대응 체계는 미국의 국가재난관리 체계인 NIMS(National Incident Management System)에 기반하고 있다. 즉, 2004년 6월 소방방재청이 개정되면서 NIMS를 참고하고, 한국적 재난관리 행정환경을 고려해 우리나라의 재난 대응 체계가 정립됐고, 「재난 및 안전관리 기본법」과 동법 시행규칙 「긴급구조 대응활동 및 현장지휘에 관한 규칙」에 시행 근거를 마련했다(Kwon, 2010: 1-2).

2004년 6월 12일 「재난 및 안전관리 기본법 시행규칙」을 제정, 각종 재난으로부터 국토를 보존하고 국민의 생명·신체 및 재산을 보호하기 위한 「재난 및 안전관리 기본법」과 동법 시행령이 제정됨에 따라 재난관리 업무에 종사하는 자의 긴급구조에 관한 교육 내용을 정하는 등 동법 및 동법 시행령에서 위임된 사항과 그 시행에 필요한 구체적 절차와 방법을 정했다. 2004년 3월 11일 「재난 및 안전관리 기본법」과 동법 시행령이 제정됨에 따라 2004년 10월 30일 「긴급구조 대응활동 및 현장지휘에 관한 규칙」을 전부 개정하면서 각종 재난으로부터 국토를 보존하고 국민의 생명·신체 및 재산을 보호하기 위해 재난 현장에서의 체계적인 지휘 및 대응에 필요한 긴급구조 현장지휘 체계의 수립에 관한 사항을 정하는 등 동법 및 동법 시행령에서 위임된 사항과 그 시행에 필요한 사항을 정했다.

이러한 노력에도 불구하고 우리나라의 재난관리 체계는 많은 문제점을 안고 있다. 첫째, 대형 재난 발생 시 현장 대응 유관기관 간 업무 협조가 원활하게 이뤄지지 않고 있는 문제점이 있다. 둘째, 긴급구조통제단의 운영 체계 미흡, 운영요원 역량 부족 등으로 주로 상황 보고에만 한정되는 등 법령에서 정한 중앙긴급구조통제단의 기능 수행에의 한계가 있으며, 긴급구조통제단장의 현장지휘권 확립을 위한 지휘 능력 제고 등 긴급구조통제단의 운영 체계 재정립 및 현장활동 총괄이 필요하다. 셋째, 재난안전대책본부와 긴급구조통제단 양 조직의 권한이 중복되는 부분에 대한 권한행사의 범위 및 시점의 경계가 불명확해서 각각의 조직이 독자적으로 권한을 행사할 때 심각한 혼란에 빠질 우려가 있다. 또한 재난이 발생했을 때 소방청장의 실효적 역할 수행을 위한 규정 및 기준 등의 불비로 긴급구조통제단장의 역할 부실 소지가 있어 재난안전대책본부와 긴급구조통제단 간 역할 재정립 및 소통의 필요성이 대두되고 있다(NEMA, 2012: 3).

특히, 긴급구조통제단은 운영 체계의 미흡, 운영요원의 역량 부족 등으로 통제단의 기능 수행 시 한계가 초래되고 있고, 통제단장의 현장지휘권을 위한 지휘 능력의 제고가 필요하다. 즉, 현장 대응 참가조직의 협조 체계 확보 방안 및 대응 자원의 적재적소 배치를 위한 조정·통제 체계 구축이 필요하며, 현장지휘권 확보를 위한 인프라 구축 및 전담 체계의 확보 방안 마련이 필요하다.

따라서 이 연구의 목적은 대형재난 발생 시 재난 대응을 위해 효과적으로 긴급구조통제단의 운영 방안을 제시하는 데 있다. 연구 목적을 달성하기 위한 이 연구의 세부 목표와 내용은 다음과 같다.

첫째, 재난 대응 체계 개선을 위해 긴급구조통제단 운영에 영향을 주는 법·제도적 요인과 협력적 요인, 인적 요인 등 다양한 변수들을 분석하는 것이다. 이 연구 결과는 재난 대응 체계 개선의 종합적인 접근으로 긴급구조통제단 운영 방안에 대한 연구의 출발점이자 향후 연구 방향의 실마리를 제공할 것으로 기대된다.

둘째, 긴급구조통제단 운영 시 주도적인 역할을 담당하고 있는 소방공무원의 인식을 살펴봄으로써 재난 대응 체계 개선을 위해 우선적으로 고려해야 할 요인이 무엇이 있는지를 밝혀 보고자 한다. 이 연구 결과는 향후 법·제도적 요인과 협력적 요인, 인적 요인 차원에서 재난 대응 체계 개선을 위한 방향을 제공할 수 있을 것으로 기대된다.

II. 연구의 설계

1. 연구의 분석 틀

긴급구조통제단은 「재난 및 안전관리 기본법」 제49조에 따라 소방청에 중앙긴급구조통제단을 설치하고, 같은 법 제50조에 따라 시·도의 소방본부와 시·군·구의 소방서에 지역긴급구조통제단을 설치하고 있다. 같은 법 시행령 제54조, 제56조, 제57조에서는 긴급구조통제단의 기능과 구성 및 운영 방안을 제시하고 있으며, 「긴급구조 대응활동 및 현장 지휘에 관한 규칙」에서는 긴급구조통제단의 구체적인 조직 구성을 제시하고, 세부적인 임무와 역할을 제시하고 있다.

이 연구는 선행연구에서 주로 논의되는 긴급구조통제단 운영 방안을 중심으로 이 연구의 모형을 [그림 12-1]과 같이 설정하는 데 토대로 삼았다. 긴급구조통제단의 주요 요소들을 종합해 개선 방안 변수를 선정하고 분석의 틀을 구성했다. 이 연구는 법·제도적 요인, 협력적 요인, 인적 요인이 효과적으로 긴급구조통제단 운영에 어떤 영향을 주는지 확인하려는 목적을 가지고 있다.

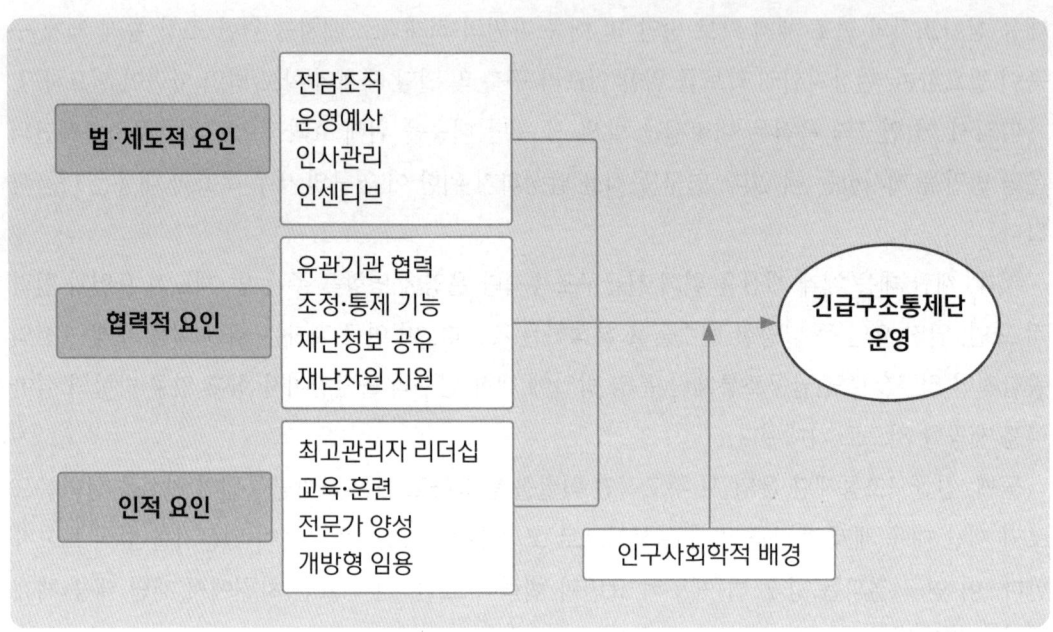

[그림 12-1] 연구의 분석 틀

2. 변수의 선정

이 연구에서는 긴급구조통제단 운영에 영향을 미치는 독립변수를 객관성 있게 도출하기 위해 선행연구를 기초로 선정했다. 이 연구에서 긴급구조통제단 운영 방안에 영향을 미치는 주요 요인을 법·제도적 요인, 협력적 요인, 인적 요인으로 구분해 도출했다. 선행연구에서 논의했던 주요 요인을 종합하면, 법·제도적 요인의 주요 변수는 전담조직, 운영예산, 인사관리, 인센티브 등을 주요 변수로 선정했고, 협력적 요인의 주요 변수는 유관기관 협력, 조정·통제 기능, 정보 공유, 자원 지원 등을 주요 변수로 선정했다. 또한 인적 요인의 주요 변수는 최고관리자 리더십, 교육·훈련, 전문가 양성, 개방형 임용 등을 독립변수로 도출했다.

1) 종속변수

긴급구조통제단은 「재난 및 안전관리 기본법」 제49조, 제50조에서 제시한 바와 같이 긴급구조에 관한 사항의 총괄·조정, 긴급구조기관 및 긴급구조지원기관이 수행하는 긴급구조활동의 역

<표 12-1> 변수에 이용된 선행연구

구분	변수	선행연구
법제도적 요인	전담조직	김인석(2015), 권성환(2010), 양기근(2008)
	운영 예산	김인석(2015), 권성환(2010), 양기근(2008), 이재은(2007)
	인사관리	김인석(2015), 양기근·류상일(2013)
	인센티브	김인석(2015), 권성환(2010), 양기근(2008)
협력적 요인	유관기관 협력	양기근·류상일(2013), 권성환(2010), 양기근(2008)
	조정·통제 기능	권성환(2010), 양기근(2008), 문현철(2008), 채진(2012)
	정보 공유	권성환(2010), 양기근(2008), 문현철(2008), 채진(2015)
	자원 지원	양기근·류상일(2013), 권성환(2010)
인적 요인	최고관리자 리더십	김인석(2015), 양기근(2008), 문현철(2008), 채진(2009)
	교육·훈련	김인석(2015), 권성환(2010), 양기근(2008), 채진(2009)
	전문가 양성	김인석(2015), 권성환(2010), 양기근(2008)
	개방형 임용	김인석(2015), 권성환(2010)

할 분담과 지휘·통제를 수행한다. 긴급구조통제단의 주요 기능은 당해 지역의 긴급구조대책 총괄·조정, 당해 지역의 긴급구조활동 지휘·통제, 당해 지역의 긴급구조 지원기관 간의 역할 분담 등 긴급구조를 위한 현장활동계획 수립, 당해 지역의 긴급구조 대응계획의 집행, 기타 긴급구조통제단장이 필요하다고 인정하는 사항 등을 수행하게 된다. 따라서 긴급구조통제단이 효과적으로 운영될 때 재난의 피해를 최소화할 수 있다.

2) 독립변수

(1) 법·제도적 요인

첫째, 전담조직은 긴급구조통제단 운영을 전담으로 한 조직을 말한다. 재난 대응은 긴급성과 지휘 체계 등 전문성이 요구되는 단계로 기동성과 경험을 갖춘 전담조직이 필요하다. 재난 현장의 특성상 첨단장비와 전문인력을 갖추고 24시간 비상대기의 신속한 기동력을 갖춘 소방조직이 전담하는 것이 타당하다. 따라서 재난 대응 분야는 소방조직을 중심으로 조직재설계 등 개선을 해야 한다(권성환, 2010: 60).

둘째, 운영 예산은 긴급구조통제단 운영 시에 사무관리비로 충당하고 있는 것을 별도의 운영 예산을 편성해야 할 것이다. 긴급구조통제단 운영 예산이 별도의 과목으로 편성되지 않아 긴급구조통제단이 소극적으로 운영될 수 있다.

셋째, 인사관리는 조직이 목표를 달성하기 위해 필요로 하는 우수한 인력을 적재적소에 배치하고, 동기부여를 통해 조직구성원들이 자발적으로 조직의 목적 달성에 기여하게 하는 것이다. 긴급구조통제단 운영은 전문적인 지식을 가지고 있어야 효과적으로 운영할 수 있다. 잦은 인사이동으로 인해 긴급구조통제단의 운영이 미숙하면 효과적인 재난 대응을 기대할 수가 없다.

넷째, 인센티브(incentive)는 조직 또는 조직구성원의 목표 달성을 위한 노력을 유인하기 위해 그들에게 차별적으로 제공하는 다양한 종류의 보상을 뜻한다. 긴급구조통제단 운영은 전문성을 가지고 있어야 효과적으로 운영할 수 있다. 따라서 긴급구조통제단 운영 담당자에게 별도의 인센티브를 제공하는 방안도 모색해야 한다.

(2) 협력적 요인

첫째, 유관기관 협력은 재난이 발생했을 때 복잡한 재난 현장에서 유기적인 협력을 통해 재난 대응에 협력하는 것이다. 재난관리는 그 속성상 발생 원인이 복잡·다양하기 때문에 재난관리 정책을 집행하기 위해서는 다수의 조직(multi-organizational)이 복합적이고 총체적인 노력을 기울이는 것이 필요하다(이재은 외, 2006: 42).

둘째, 조정·통제 기능은 긴급구조기관과 긴급구조지원기관을 조정하고 통제하는 것을 말한다. 즉, 재난 현장에서 다수의 기관이 활동하게 되는데, 이를 조정하고 통제하는 재난관리 컨트롤타워 기능을 수행하는 것이다.

셋째, 정보 공유는 재난 대응에 참여하는 유관기관 간의 재난정보가 원활하게 공유되는 것을 의미한다. 재난 대응 과정에서 정확하고 신속한 의사결정을 지원하기 위해서는 다양한 재난정보가 필요하다. 재난정보는 다양한 경로를 통해서 수집되는데, 수집된 재난정보는 분류되고 재가공돼 의사결정에 사용돼야 한다(Lee, et, al, 2015; 320).

넷째, 자원 지원은 평소 재난 대응기관이 보유하고 있는 재난자원보다 더 많은 재난자원이 필요하게 된다. 따라서 부족한 자원은 재난 지원기관이 보유하고 있는 자원이 신속하게 동원돼야 효과적인 재난 대응을 수행할 수 있다.

(3) 인적 요인

첫째, 최고관리자 리더십은 혁신을 통해 조직의 비전을 설명하고 설득력 있게 혁신의 채택 및 혁신 과정에서 부딪힐 수 있는 다양한 문제를 극복할 수 있는 추진력이다. 조직구성원의 새로운 아이디어를 제안하고, 수용하며, 이를 지속적으로 실천할 수 있는 여건을 조성할 수 있다. 따라서 효과적인 재난 대응 체계를 확립하기 위해 재난 현장의 최고관리자는 재난관리 컨트롤타워의 역할을 수행할 수 있어야 한다.

둘째, 교육·훈련은 효과적인 재난 대응 시 필요한 지식과 기술을 습득시키고 그들의 가치관과 태도를 발전적으로 향상시키고자 하는 체계적인 과정이다. 최근 재난의 형태는 복잡하고 다양한 양상을 띠고 있어 재난 대응도 전문적인 교육과 훈련의 필요성이 제고되고 있다(채진, 2009: 171).

셋째, 전문가는 재난 대응에 오랜 기간 동안 연구를 수행하거나 재난 대응 업무에 종사함으로써 상당한 지식과 경험을 가지게 돼 전문성을 갖춘 사람을 의미한다. 이러한 전문가를 꾸준히 양성함으로써 재난 대응에 효과적으로 대응할 수 있는 인적 제도적 장치를 마련해야 할 것이다.

넷째, 개방형 임용은 소방공직의 모든 직급에 외부로부터의 신규채용이 허용되는 인사제도이다. 공직의 개방에 따라 외부 전문가나 경력자에게 공직의 문호를 개방해 새로운 지식과, 기술, 그리고 새롭고 참신한 아이디어를 받아들임으로써 공직의 침체를 막고 새로운 기풍으로 사기를 진작시켜 행정의 효율성을 높이려는 의도에서 설계된 제도다.

III. 연구의 결과분석

1. 인구사회학적 배경

〈표 12-2〉는 설문에 응답한 소방공무원들의 인구사회학적 배경 분포를 보여 주는 것으로 분석에 적절한 응답을 한 소방공무원들은 총 457명이었다. 분석 결과를 해석하기에 앞서 응답자의 개인적 특성을 먼저 검토하고 분석 결과를 해석하고자 한다. 그 이유는 응답자의 개인적 특성을 파악함으로써 설문지의 응답이 어떤 영향을 끼쳤는지를 유추할 수 있기 때문이다.

성별로는 남성 소방공무원 413명(90.4%)이 여성 소방공무원 44명(9.6%)보다 압도적으로 많았다. 이는 소방 업무 특성상 강인한 체력을 요구하는 재난 현장에서 활동하는 주 담당자가 남자 공

<표 12-2> 응답자의 인구사회학적 배경

내용	분류	응답자 수(명)	비율(%)
성별	① 남자	413	90.4
	② 여자	44	9.6
	합계	457	100.0
나이	① 20대	33	7.2
	② 30대	162	35.4
	③ 40대	170	37.2
	④ 50대 이상	82	20.1
재직 기간	① 5년 미만	101	22.1
	② 5~10년 미만	78	17.1
	③ 10~15년 미만	108	23.6
	④ 15~20년 미만	51	11.2
	⑤ 20년 이상	119	26.0
계급	① 소방사	90	19.7
	② 소방교	106	23.2
	③ 소방장	143	31.3
	④ 소방위	97	21.2
	⑤ 소방경	17	3.7
	⑥ 소방령 이상	4	0.9
학력	① 고졸 이하	100	21.9
	② 전문대 졸업	160	35.0
	③ 4년제 졸업	169	37.0
	④ 대학원 졸업 이상	28	6.1
근무 형태	① 소방(화재진압)	240	52.5
	② 구급	98	21.4
	③ 구조	37	8.1
	④ 행정	82	17.9

무원으로 구성됐기 때문이며, 최근에는 여성 진압대원이 꾸준히 증가하고 있는 추세다. 또 구급대에 응급구조사를 의무적으로 배치하려는 국가적 정책이 반영된 것으로 볼 수 있다. 그리고 연령별로는 40대가 170명(37.2%)으로 가장 많았고, 그다음으로 30대가 162명(35.4%), 50대 이상이 82명(20.1%), 20대 이하가 33명(7.2%) 순으로 나타났다.

한편, 재직 기간은 20년 이상이 119명(26.0%)으로 가장 많은 응답 분포를 보였으며, 그다음으로 10~14년이 108명(23.6%), 5년 미만이 101명(22.1%), 5~9년이 78명(17.1%), 15~19년이 51명(11.2%) 순으로 나타났다. 그리고 계급별로는 소방장이 143명(31.3%)으로 가장 많았으며, 그 다음으로는 소방교가 106명(23.2%), 소방위가 97명(21.2%), 소방사가 90명(19.7%), 소방경이 17명(3.7%), 소방령 이상이 4명(.9%) 순으로 나타났다.

학력으로는 4년제 대학 졸업이 169(37.0%)로 가장 많았으며, 그다음으로는 전문대학 졸업이 160명(35.0%), 고등학교 졸업 이하가 100명(21.9%), 대학원 졸업 이상이 28명(6.1%) 순으로 나타났다.

직무별로는 소방(화재진압)이 240명(52.5%)으로 가장 많았으며, 그다음으로는 구급 98명(21.4%), 행정 82명(17.9%), 구조 37명(8.1%)순의 분포를 보이고 있다. 화재 진압이 가장 많은 것은 소방조직은 화재 진압이 주 업무인 것을 나타내 주며, 구급 업무는 1970년대부터 시작됐고, 구조 업무는 1980년대부터 시작했다.

2. 응답 분포 분석

이 연구에서는 응답자들의 긴급구조통제단 운영을 구체적으로 살펴보기 위해 긴급구조통제단 운영자의 특성을 파악하고자 한다. 〈표 12-3〉은 각 변수에 대한 빈도와 평균과 표준편차를 보여주고 있는데, 1은 최저치로 부정적인 인식을 의미하고 5는 최고치로 긍정적인 인식을 의미한다.

첫째, 법·제도적 요인의 변수에 대한 평균을 비교해 보면 긴급구조통제단 운영을 위한 별도 예산 확보(4.04)가 가장 높게 나타났으며, 그다음으로는 재난관리 기금 사용(4.01)으로 나타나 긴급구조통제단 운영 시 법·제도적은 예산의 확보를 강조하고 있음을 알 수 있다.

둘째, 협력적 요인의 변수에 대한 평균을 비교해 보면 재난 대응 자원 지원(4.43)이 가장 높게 나타났으며, 그다음으로는 신속한 재난정보 수집(4.40), 재난 대응 자원 확보(4.34) 순으로 나타나 재난 대응 시 자원의 확보와 지원이 중요한 요소로 인식하고 있는 것을 미뤄 짐작할 수 있다.

셋째, 인적 요인의 변수에 대한 평균을 비교해 보면 전문성 향상(4.17)이 가장 높게 나타났으며, 그다음으로는 전문가 운영 양성(4.09), ICS의 교육·훈련(4.00) 순으로 나타나 긴급구조통제단에 대한 전문성을 향상시켜야 한다는 인식을 하고 있는 것으로 미뤄 짐작할 수 있다.

〈표 12-3〉 응답 분포 분석

평가 영역	측정지표	내용	평균	표준 편차
법·제도적 요인	전담조직	전담기구 신설	3.82	.946
		상설기구 신설	3.75	.968
	운영 예산	별도의 운영 예산 확보	4.04	.868
		재난관리기금 사용	4.01	.899
	인사관리	긴급구조통제단 운영요원 보직관리	3.98	.812
		인사기준 마련	3.93	.860
	인센티브	우수기관 보상	3.85	.944
		우수요원 보상	3.86	.950
협력적 요인	유관기관 협력	긴급구조 지원기관 협력	4.17	.745
		지원기관 자원 동원	4.22	.727
	조정·통제 기능	재난 현장 조정	4.33	.691
		재난 현장 통제	4.33	.696
	정보 공유	재난정보 공유	3.35	.695
		재난정보 신속 수집	4.40	.668
	자원 지원	재난대응 자원 지원	4.43	.701
		재난대응 자원 확보	4.34	.701
인적 요인	최고관리자 리더십	긴급구조통제단장의 관심	3.84	.852
		긴급구조통제단장의 지지	3.87	.798
	교육·훈련	긴급구조통제단 운영 교육	4.00	.835
		긴급구조통제단 운영 훈련	3.99	.827
	전문가 양성	긴급구조통제단 운영 양성	4.09	.788
		긴급구조통제단 전문성 향상	4.17	.783
	개방형 임용	긴급구조통제단 전문가 개방형 임용	3.29	1.153
		외부 전문가위원회 설치	3.37	1.158

3. 다중회귀분석

긴급구조통제단 운영에 대해 영향을 미치는 관계를 알아보기 위해 전담조직, 운영예산, 인사관리, 인센티브, 유관기관 협력, 조정·통제, 재난정보 공유, 재난자원 지원, 최고관리자 리더십, 교육·훈련, 전문가양성, 개방형 임용 등 독립변수들의 영향력을 검토하기 위해 다중회귀분석(multiple regression analysis)을 실시했다. 긴급구조통제단 운영과 관련된 변수에 대한 회귀분석의 결과는 각 독립변수가 긴급구조통제단 운영에 영향을 미치는 정도와 방향을 알 수 있다.

이를 살펴보기 전에 추정된 회귀모형이 적절한 지를 살펴보기 위해 일반적으로 회귀분석의 기본 가정인 오차항의 정규성, 등분산성, 독립성에 대한 검정을 해야 한다. 이는 오차의 추정치인 잔차를 통한 더빈-왓슨(Dubin-Watson) d통계치를 통해 판단할 수 있다. 더빈-왓슨 d통계치에 대한 정확한 임계치(critical value)는 알려져 있지 않으나, 유도 공식에 따르면 d값은 0과 4의 범위를 갖고 있으며, 완전(+)적 상관일 때(r = +10)는 대략 0의 값을 갖고, 완전 (-)적 상관일 때(r = -10)는 대략 4의 값을 갖게 되며, 상관이 없을 때(r=0)에는 2의 값을 갖는다. 그러므로 더빈-왓슨 d통계치가 2에 접근하면 오차항의 자기상관이 없다(잔차의 독립성)라고 말할 수 있다(Dillon & Goldenstein, 1984; Yang, 2002: 67).

회귀분석은 한 독립변수가 다른 변수와 완전한 선형함수가 아니어야 하는데, 이는 다중공선성과 관련된다. 독립변수 간에 다중공선성이 존재하는 경우, 독립변수 간에 상관이 지나치게 높아 종속변수를 설명하는 개별 변수의 변량을 해석하는 것이 모호해지며, 회귀계수(β)를 비교하는 것이 무의미해진다. 그러므로 이에 대한 검토도 필요하나 일반적으로 다중공선성을 진단하는 데는 공선성 진단을 통해 분산팽창인자(VIF)가 10을 넘거나 분산허용치(Tolerance; 혹은 공차)가 .1 이하인 경우에는 다중공선성이 있는 것으로 간주하며((Yang, 2002: 68), 분산허용치가 보통 1에 접근하면 변수 간에 다중공선성이 없는 것으로 판단한다. 이 연구에서는 분산허용치와 분산팽창인자(VIF)를 살펴본 결과, 다중공선성의 문제가 없다고 해석할 수 있다. 그러므로 이 연구의 회귀모형은 회귀분석을 실시하기 적합하다고 할 수 있다. 좀 더 정확한 판단을 위해 회귀모형의 타당성 검정을 할 필요가 있다. 이러한 회귀모형의 타당성 검정은 F값으로 판단해 볼 수 있는데, 이 값이 클수록 모형의 설명력이 크다고 해석한다.

긴급구조통제단 운영에 대해 영향을 미치는 관계를 알아보고, 각 독립변수들의 영향력을 검토하기 위해 다중회귀분석을 실시했다. 〈표 12-4〉는 독립변수와 긴급구조통제단 운영에 대한 회귀분석의 결과로, 각 독립변수가 긴급구조통제단 운영에 직접적인 영향을 미치는 정도와 방향을 알 수 있다.

회귀모형의 결정계수(R^2)는 회귀분석이 종속변수를 얼마나 잘 설명하는지를 나타내 주는데, 〈표 12-4〉에서 R^2=0.675로 전체 분산 중에서 약 67.5%를 설명해 주고 있다. 수정된 R^2값은 조정된 상관관계를 의미하며, 수정된 R^2=0.667로 나타났다.

한편, 표준화된 회귀계수(Beta)를 비교해 볼 때 전문가 양성이 가장 영향력 있는 변수이며, 그 다음으로는 유관기관 협력, 자원 지원, 운영 예산 확보 순으로 긴급구조통제단 운영에 영향력이 있는 변수로 나타났다. 그러나 전담기구, 인사관리, 인센티브, 조정·통제, 정보 공유, 최고관리자 리더십, 교육·훈련, 개방형 임용은 유의도(p)가 0.05보다 크기 때문에 통계적으로 유의미하지 않은 것으로 나타났다(〈표 12-4〉 참조).

〈표 12-4〉 긴급구조통제단 운영에 대한 다중회귀분석

변수	비표준화 계수		표준화계수	t	유의 확률	공선성 통계량	
	B	표준 오차	β			공차 한계	VIF
(상수)	.309	.142		2.176	.030		
전담기구	-.047	.034	-.063	-1.386	.167	.357	2.798
운영 예산	.092	.036	.115	2.535	.012	.357	2.803
인사관리	.054	.038	.063	1.427	.154	.375	2.670
인센티브	.044	.027	.060	1.618	.106	.530	1.888
유관기관 협력	.189	.047	.195	3.992	.000	.307	3.260
조정·통제	.088	.047	.087	1.536	.125	.229	4.367
정보 공유	.093	.057	.090	1.617	.107	.237	4.226
자원 지원	.116	.053	.117	2.188	.029	.254	3.940
최고관리자	.032	.027	.037	1.181	.238	.733	1.365
교육·훈련	.024	.036	.028	.661	.503	.396	2.523
전문가 양성	.285	.044	.309	6.490	.000	.324	3.091
개방형 임용	-.028	.019	-.047	-1.479	.140	.721	1.386

R^2 = 0.675 수정된 R^2 = 0.667 F = 77.003 P = .000 Durbin-Watson = 1.917

a 종속변수: 긴급구조통제단 운영.

긴급구조통제단 운영에 대해 각 독립변수에 대한 다중회귀분석 결과를 구체적으로 살펴보면 다음과 같다.

첫째, 법·제도적 요인의 독립변수에 대한 회귀분석 결과는 운영 예산 확보의 유의도가 0.05보다 작아 긴급구조통제단 운영에 중요한 영향을 준다고 해석할 수 있으며, 이는 긴급구조통제단 운영 예산이 일반사무관리비로 충당하고 있어 별도의 과목으로 편성할 것을 반영된 것으로 판단된다.

둘째, 협력적 요인의 독립변수에 대한 회귀분석 결과는 유관기관 협력, 재난자원 지원의 유의도가 0.05보다 작아 긴급구조통제단 운영에 중요한 영향을 준다고 해석할 수 있으며, 이는 재난현장에서 많은 긴급구조지원기관의 협력이 요구된다는 것이 반영된 것과 재난자원이 원활하게 지원돼야만 효과적인 재난 대응을 수행할 수 있다는 것을 반영된 것으로 판단된다.

셋째, 인적 특성 요인의 독립변수에 대한 회귀분석 결과는 전문가 양성의 유의도가 0.05보다 작아 긴급구조통제단 운영에 중요한 영향을 준다고 해석할 수 있으며, 이는 소방조직 내부에서 긴급구조통제단 운영을 위한 전문가를 양성할 것이 반영된 것으로 판단된다.

IV. 효과적인 긴급구조통제단 운영 방안

1. 법·제도적 요인

1) 전담조직

긴급구조통제단 운영을 위한 전담조직 신설에 대한 설문조사에서 평균이 3.82로 나타나 소방공무원은 긴급구조통제단 운영을 위해 전담조직을 신설해야 한다고 인식하고 있다. 그리고 긴급구조통제단 운영을 위한 상설조직 신설에 대한 설문조사에서 평균이 3.75로 나타나 소방공무원은 긴급구조통제단 운영을 위해 상설조직 신설해야 한다고 인식하고 있다. 긴급구조통제단 운영을 위해 「재난 및 안전관리 기본법」 제49조(중앙긴급구조통제단), 제50조(지역긴급구조통제단), 「같은 법 시행령」 제55조(중앙통제단의 구성 및 운영), 제56조(지역긴급구조통제단의 기능 등)를 개정해 긴급구조통제단 조직을 상설로 운영하거나 전담조직을 신설하는 것도 모색해야 할 것이다.

2) 운영 예산

　긴급구조통제단 운영을 위한 별도의 운영 예산 편성에 대한 설문조사에서 평균이 4.04로 나타나 소방공무원은 긴급구조통제단 운영을 위해 별도의 운영 예산을 편성해야 한다고 인식하고 있다. 그리고 긴급구조통제단 운영을 위한 재난관리기금 사용에 대한 설문조사에서 평균이 4.01로 나타나 소방공무원은 긴급구조통제단 운영을 위해 재난관리기금을 사용해야 한다고 인식하고 있다. 또한, 긴급구조통제단 운영에 대한 영향을 검증해 보기 위해 다중회귀분석을 실시한 결과, 운영 예산($p = .012$, $\beta = .115$)은 유의 수준 5%에서 통계적으로 유의성을 갖는 것으로 나타났다. 따라서 긴급구조통제단의 운영을 위해 별도의 운영 예산을 편성하거나 「재난 및 안전관리 기본법 시행령」 제74조의 재난관리기금을 사용할 수 있도록 제도적 장치의 마련이 시급하다.

3) 인사관리

　긴급구조통제단 운영을 위한 전담요원의 보직관리에 대한 설문조사에서 평균이 3.98로 나타나 소방공무원은 긴급구조통제단 운영을 위해 전담요원의 보직관리를 해야 한다고 인식하고 있다. 그리고 긴급구조통제단 운영을 위한 전담요원의 인사 기준 마련에 대한 설문조사에서 평균이 3.93으로 나타나 소방공무원은 긴급구조통제단 운영을 위해 전담요원의 인사 기준을 마련해야 한다고 인식하고 있다. 긴급구조통제단 운영 개선을 위해 긴급구조통제단 전담요원을 확보할 수 있는 보직관리를 하거나 인사 기준을 마련해 긴급구조통제단의 전문성을 확보해야 할 것이다.

4) 인센티브

　긴급구조통제단 우수 운영기관의 인센티브 부여에 대한 설문조사에서 평균이 3.85로 나타나 소방공무원은 긴급구조통제단 운영을 위해 인센티브를 부여해야 한다고 인식하고 있다. 그리고 긴급구조통제단 우수 운영요원 인센티브 부여에 대한 설문조사에서 평균이 3.86으로 나타나 소방공무원은 긴급구조통제단 우수 운영요원에 대해 인센티브를 부여해야 한다고 인식하고 있다. 효과적인 긴급구조통제단 운영을 위해 차별적으로 제공하는 다양한 종류의 보상이 있어야 할 것이다. 「소방공무원 승진임용 규정 시행규칙」 제15조의 2(가점평정) 규정을 개정해 긴급구조통제단 운영요원에 대한 보상 제도를 마련하는 것도 적극 검토해야 할 것이다.

2. 협력적 요인

1) 유관기관 협력

긴급구조통제단 운영을 위한 유관기관 협력에 대한 설문조사에서 평균이 4.17로 나타나 소방공무원은 긴급구조통제단 운영을 위해 유관기관이 협력해야 한다고 인식하고 있다. 그리고 긴급구조통제단 운영을 위한 유관기관의 자원 동원에 대한 설문조사에서 평균이 4.22로 나타나 소방공무원은 긴급구조통제단 운영을 위해 유관기관의 자원이 동원돼야 한다고 인식하고 있다. 또한, 긴급구조통제단 운영에 대한 영향을 검증해 보기 위해 다중회귀분석을 실시한 결과, 유관기관 협력(p=0.000, β=0.195)은 유의 수준 1%에서 통계적으로 유의성을 갖는 것으로 나타났다. 효과적인 긴급구조통제단 운영을 위해 재난이 발생했을 때 복잡한 재난현장에서 유기적인 협력을 통해 재난 대응에 협력해야 한다. 재난관리는 그 속성상 발생 원인이 복잡·다양하기 때문에 재난관리 정책을 집행하기 위해서는 다수의 조직이 복합적이고 총체적인 노력을 기울여야 한다(Chae, 2015: 501).

2) 조정·통제

긴급구조통제단장이 재난 현장에서 유관기관의 조정에 대한 설문조사에서 평균이 4.30으로 나타나 소방공무원은 긴급구조통제단 운영을 위해 유관기관을 조정해야 한다고 인식하고 있다. 그리고 긴급구조통제단장이 재난현장에서 유관기관의 통제에 대한 설문조사에서 평균이 4.33으로 나타나 소방공무원은 긴급구조통제단장이 유관기관을 통제해야 한다고 인식하고 있다. 따라서 긴급구조통제단장은 재난 현장에서 활동하는 다수의 기관을 조정하고 통제하는 재난관리 컨트롤타워 기능을 수행해야 한다. 재난관리 컨트롤타워 기능을 수행하기 위해서는 긴급구조통제단의 전문성 향상이 뒷받침돼야 할 것이다.

3) 재난정보 공유

긴급구조통제단 운영을 위한 재난정보의 공유에 대한 설문조사에서 평균이 4.35로 나타나 소방공무원은 긴급구조통제단 운영을 위해 재난정보를 공유해야 한다고 인식하고 있다. 그리고 긴급구조통제단 운영을 위한 재난정보의 신속한 수집에 대한 설문조사에서 평균이 4.40으로 나타나 소방공무원은 긴급구조통제단 운영을 위해 재난정보를 신속하게 수집해야 한다고 인식하고 있다. 긴급구조통제단 운영 개선을 위해 재난 현장의 재난정보가 신속하게 수집되고 유관기관 간의 재난정보 공유가 이뤄져야 할 것이다. 재난정보의 공유는 긴급한 재난 상황에서 신속한 의사결정에 결정적인 역할을 할 수 있을 것이다.

4) 재난자원 지원

긴급구조통제단 운영을 위해 긴급구조지원기관의 재난자원 지원에 대한 설문조사에서 평균이 4.43으로 나타나 소방공무원은 긴급구조통제단 운영을 위해 긴급구조 지원 기관의 재난자원을 지원해야 한다고 인식하고 있다. 그리고 긴급구조통제단 운영을 위한 긴급구조지원기관의 재난자원 확보에 대한 설문조사에서 평균이 4.34로 나타나 소방공무원은 긴급구조통제단 운영을 위해 긴급구조지원기관의 재난자원을 확보해야 한다고 인식하고 있다. 또한, 긴급구조통제단 운영에 대한 영향을 검증해 보기 위해 다중회귀분석을 실시한 결과, 재난자원 지원(p = 0.029, β = 0.117)은 유의 수준 5%에서 통계적으로 유의성을 갖는 것으로 나타났다. 따라서 긴급구조통제단 운영 개선을 위해 긴급구조지원기관의 재난자원 확보와 재난자원 지원이 신속하게 이뤄져야 할 것이다. 「재난 및 안전관리 기본법」 제51조에 따르면, 지역통제단장은 긴급구조를 위하여 필요하면 긴급구조지원기관의 장에게 소속 긴급구조 지원요원을 현장에 출동시키거나 긴급구조에 필요한 장비·물자를 제공하는 등 긴급구조활동을 지원할 것을 요청할 수 있다. 이 경우 요청을 받은 기관의 장은 특별한 사유가 없으면 즉시 요청에 따라야 한다.

3. 인적 요인

1) 최고관리자 리더십

최고관리자의 긴급구조통제단 운영 관심에 대한 설문조사에서 평균이 3.84로 나타나 소방공무원은 긴급구조통제단 운영을 위해 최고관리자의 관심이 있어야 한다고 인식하고 있다. 그리고 최고관리자의 긴급구조통제단 운영 지지에 대한 설문조사에서 평균이 3.87로 나타나 소방공무원은 긴급구조통제단 운영을 위해 최고관리자의 지지가 중요하다고 인식하고 있다. 긴급구조통제단 운영 개선을 위해 최고관리자, 즉 긴급구조통제단장의 관심과 지지가 있어야 하고, 최고관리자의 리더십 발휘가 중요하다고 볼 수 있다.

2) 교육·훈련

긴급구조통제단 운영을 위해 긴급구조통제단의 교육에 대한 설문조사에서 평균이 4.00으로 나타나 소방공무원은 긴급구조통제단 운영을 위해 긴급구조통제단의 교육을 꾸준히 실시해야 한다고 인식하고 있다. 그리고 긴급구조통제단 운영을 위한 지속적인 훈련에 대한 설문조사에서 평균이 3.99로 나타나 소방공무원은 긴급구조통제단 운영을 위해 지속적인 훈련을 실시해야 한다고 인식하고 있다. 따라서 긴급구조통제단 운영 개선을 위해 긴급구조지원기관을 포함한 교육과 훈련을 꾸준히 실시해야 할 것이다. 「재난 및 안전관리 기본법 시행규칙」 제6조의 2(재난안전분야 종사자 교육 종류 등)에 따르면, 전문교육의 교육기간은 3일 이내로 하고, 전문교육의 대상자는 해당 업무를 맡은 후 1년 이내에 신규 교육을 받아야 하며, 신규 교육을 받은 후 2년마다 정기 교육을 받아야 한다.

3) 전문가 양성

긴급구조통제단 운영을 위해 전문가 양성에 대한 설문조사에서 평균이 4.09로 나타나 소방공무원은 긴급구조통제단 운영을 위해 전문가를 양성해야 한다고 인식하고 있다. 그리고 긴급구조통제단 운영을 위한 소방조직의 전문성 향상에 대한 설문조사에서 평균이 4.17로 나타나 소방공무원은 긴급구조통제단 운영을 위해 소방조직의 전문성 향상이 있어야 한다고 인식하고 있다. 또한, 긴급구조통제단 운영에 대한 영향을 검증해 보기 위해 다중회귀분석을 실시한 결과, 재난자원 지원($p = 0.000$, $\beta = 0.309$)은 유의 수준 5%에서 통계적으로 유의성을 갖는 것으로 나타났다. 소방공무원들은 소방조직 내 긴급구조통제단에 대해 전문성이 떨어진다고 인식하고 있어 이에 대한 대책으로 조직 내 전문가를 양성하고 소방조직의 긴급구조통제단에 대해 전문성을 향상시켜야 할 것이다. 각 소방학교에서 긴급구조통제단 운영요원을 위한 교육과정을 개설해 운영하는 것도 적극적으로 검토해야 할 것이다.

4) 개방형 임용

긴급구조통제단 운영을 위해 외부 전문가 채용에 대한 설문조사에서 평균이 3.29로 나타나 소방공무원은 긴급구조통제단 운영을 위해 외부 전문가를 채용해야 한다고 인식하고 있다. 그리고 긴급구조통제단 운영을 위한 외부 전문가위원회 설치에 대한 설문조사에서 평균이 3.37로 나타나 소방공무원은 긴급구조통제단 운영을 위해 외부 전문가 위원회가 설치돼야 한다고 인식하고 있다. 소방공무원들은 긴급구조통제단 운영을 위해 외부 전문가 채용 등 개방형 임용에 대해 긍정적인 인식을 하고 있어 이에 대한 대책으로 외부 전문가를 채용하고, 전문가 위원회를 설치해 소방조직 외부의 의견을 수렴해야 할 것이다.

V. 결론

이 연구의 결과, 긴급구조통제단 운영에 영향을 미치는 유의미한 변수는 운영예산 확보, 유관기관 협력, 재난자원 지원, 전문가 양성이 긴급구조통제단 운영에 영향력이 있는 변수로 나타났다. 변수의 상대적 영향력을 보면 전문가 양성, 유관기관 협력, 재난자원 지원, 운영 예산 확보의 순으로 긴급구조통제단 운영에 영향력이 있는 변수로 나타났다. 따라서 좀 더 구체적으로 긴급구조통제단 운영에 영향을 미치는 요인들을 중심으로 어떤 정책적 함의를 가질 수 있는 지에 대해 논해 보도록 한다.

첫째, 긴급구조통제단 운영에 영향을 미치는 가장 강력한 요인은 전문가 양성이 유의미한 것으로 나타났다. 전문가는 재난 대응에 오랜 기간 동안 연구를 수행하거나 재난 대응 업무에 종사함으로써 상당한 지식과 경험을 가지게 되어 전문성을 가진 사람을 의미한다. 이러한 전문가를 꾸준히 양성해 재난 대응에 효과적으로 대응할 수 있는 인적·제도적 장치를 마련해야 할 것이다. 소방공무원들은 소방조직 내 긴급구조통제단 전문가를 양성하고 긴급구조통제단에 대해 전문성을 지속적으로 향상시켜야 할 것이다. 긴급구조통제단 운영 전문가 양성을 위해 각 소방학교에서(가칭)「긴급구조통제단 운영」교육과정을 개설하고 현장에 적용할 수 있는 교육 내용을 중심으로 운영해야 할 것이다.

둘째, 긴급구조통제단 운영에 영향을 미치는 협력적 요인은 유관기관 협력이 유의미한 것으로 나타났다. 유관기관 협력은 재난이 발생했을 때 복잡한 재난 현장에서 유기적인 협력을 통해 재난 대응에 협력하는 것이다. 재난관리는 그 속성상 발생 원인이 복잡·다양하기 때문에 재난관리 정책을 집행하기 위해서는 다수의 조직이 일사불란하게 지휘 체계를 형성하고, 재난 피해를 최소화하는 총체적인 재난 대응이 필요하다. 일사불란하게 재난관리를 수행하기 위해서는 재난 관련 조직 간의 협력을 위한 협력 조정이 이뤄져야 할 것이다. 협력 조정을 위한 부서를 사전에 지정하고 그 결정에 강제성을 부여하는 방안을 적극 검토해야 할 것이다.

셋째, 긴급구조통제단 운영에 영향을 미치는 협력적 요인은 재난자원 지원이 유의미한 것으로 나타났다. 자원지원은 평소 재난 대응기관이 보유하고 있는 재난자원보다 더 많은 재난자원이 필요하게 된다. 따라서 부족한 자원은 긴급구조지원기관이 보유하고 있는 자원이 신속하게 동원돼야 효과적인 재난 대응을 수행할 수 있을 것이다. 따라서 긴급구조통제단 운영 개선을 위해 긴급구조지원기관의 재난자원 확보와 재난자원 지원이 신속하게 이뤄져야 할 것이다. 「재난 및 안전관리 기본법」 제34조(재난관리자원의 비축·관리) 제3항 "행정안전부 장관은 재난관리책임기관의 장이 비축·관리하는 재난관리자원을 체계적으로 관리 및 활용할 수 있도록 재난관리 자원 공동활용 시스템을 구축·운영할 수 있다."에 따르면, 재량 규정을 기속 규정으로 개정해 재난자원을 포괄적으로 관리하기 위한 기속적인 제도적 장치를 마련해야 할 것이다.

넷째, 긴급구조통제단 운영에 영향을 미치는 법·제도적 요인은 운영 예산 확보로 나타났다. 긴급구조통제단 운영 시 예산을 일반사무관리비로 충당하고 있는 것을 별도의 운영 예산을 편성해야 할 것이다. 긴급구조통제단 운영 예산이 별도의 과목으로 편성되지 않아 긴급구조통제단이 소극적으로 운영될 수 있다. 따라서 긴급구조통제단의 운영 개선을 위해 별도의 운영 예산을 편성하거나 재난관리기금을 사용할 수 있도록 제도적 장치의 마련이 시급하다. 예를 들어 「재난 및 안전관리 기본법 시행령」 제43조의 14(재난 대비 훈련 등) 제7항 재난 대비 훈련에 참여하는 데에 필요한 비용은 참여기관이 부담한다고 규정한 것을 훈련 주관기관에서 부담할 수 있도록 개정해야 할 것이다.

다섯째, 재난 현장에서의 유관기관의 조정과 통제에 대해 소방공무원은 매우 긍정적으로 인식하고 있다. 긴급구조통제단장의 재난현장 조정·통제는 긴급구조기관과 긴급구조지원기관을 조정하고 통제하는 것을 말한다. 즉, 재난 현장에서 다수의 기관이 활동하게 되는데 이를 조정하고 통제하는 재난관리 컨트롤타워 기능을 수행하는 것이다. 따라서 「재난 및 안전관리 기본법」 제49조, 제50조에 의거 긴급구조통제단장은 재난 현장에서 활동하는 다수의 유관기관을 조정하고 통제하는 재난관리 컨트롤타워 기능을 수행해야 할 것이다(Chae, 2016: 44-45).

제13장

화재 통계분석을 통한 화재안전지수 개선 방안

- 대전광역시 화재 통계분석을 중심으로 -

개요

최근 대전광역시의 화재안전지수는 지속적으로 낮은 등급을 유지하고 있어 화재안전지수 개선 방안에 대한 연구가 필요하다. 따라서 이 연구는 최근 5년간 대전광역시 화재 발생 통계분석을 바탕으로 대전광역시의 화재안전지수 개선 방안을 제시하는 데 목적이 있다. 화재안전지수 개선 방안으로 주택 화재로 인한 사망자를 줄여야 하고, 주택에서 발생한 화재를 사전에 알아차릴 수 있는 주택용 소방설비가 설치돼야 한다. 공장시설에 대한 폭발사고를 예방해야 하고, 담배꽁초로 인한 화재를 예방해야 한다. 전기 화재에 대한 예방 대책을 추진해야 하고, 체험 형식의 소방안전 교육과 훈련을 지속적으로 수행해야 한다. 효과적인 화재 예방 홍보활동이 필요하다.

I. 서론

예기치 못한 재난으로부터 국민의 생명과 안전, 재산을 보호하기 위해서는 해당 지역의 안전 수준을 진단해 그 지역에서 재난에 취약한 요소들과 보완해야 할 요소를 파악하고, 이에 대한 재난의 대응 능력을 제고해야 한다. 이를 위해서는 지역의 재난관리책임기관인 지방자치단체가 객관적인 기준을 바탕으로 지역의 안전 수준을 확인하고 개선 방안을 수립할 수 있는 도구인 안전지표가 필요하다.

정부는 2014년부터 지역안전지수를 활용해 각 지방자치단체의 안전 수준을 진단해, 2015년에 교통사고, 화재, 범죄, 안전사고, 자연재해, 자살, 감염병 분야에 대한 지역의 안전 수준을 발표했다. 이를 통해 해당 지역 주민들은 자신이 살고 있는 지역의 안전수준을 다른 지역과 비교해 볼 수 있게 됐고, 지방자치단체는 우선적으로 개선해야 하는 재난안전 분야를 확인해 재난예산 및 재난관리계획 수립의 방향을 설정할 수 있게 됐다. 그동안 재난 업무 담당자의 경험적 판단에 따른 계획 수립에서 벗어나 객관적 정보에 의한 과학적인 계획 수립이 가능해졌고, 각 지역별로 지역안전 수준 개선을 위한 선의의 경쟁을 유도해 지방자치단체의 책임성을 강화했다.

정부는 그동안 각 기관별로 분산적으로 관리돼 오던 재난안전 관련 통계정보를 통합해 2014년 지역안전진단 시스템을 구축했다. 그리고 각 기관에서 수집된 통계 중 핵심 지표를 활용해 전국 지방자치단체의 안전 수준을 진단하고 상호 비교할 수 있는 지역안전지수를 개발했다. 사망자 수 및 사고 발생 건수 등의 위해 지표와 위험 가중 요인으로 작용하는 취약 지표, 위험 경감 요인으로 작용하는 경감 지표로 구성된 지역안전지수는 각 지역별로 해당 분야의 재난안전에 대한 안전 수준 정도를 상호 비교할 수 있도록 점수별로 등급화했다.

안전지수에 대한 선행연구는 활발하게 수행됐지만 화재안전지수에 대한 연구는 거의 없는 실정이다. 화재분석을 통한 지역안전지수에 대한 연구는 지역사회의 화재 예방과 화재로 인한 인명 피해를 저감시킬 필요가 있다. 최근 대전광역시의 화재안전지수는 2017년 1등급, 2018년 4등급, 2019년 4등급, 2020년 4등급, 2021년 3등급으로 지속적으로 낮은 등급을 유지하고 있다. 대전광역시의 화재안전지수에 대한 개선방안에 대한 연구가 필요하다.

따라서 이 연구는 최근 5년간 대전광역시 화재발생 통계분석을 바탕으로 대전광역시의 화재안전지수 개선 방안을 제시하는 데 목적이 있다.

II. 이론적 배경

1. 지역안전지수의 의의

지역안전지수는 안전에 관한 주요 통계를 활용해 지방자치단체별 안전 수준을 계량화한 등급이다. 지방자치단체의 안전관리 책임성을 강화하고, 취약 분야에 대한 개선사업 등이 자율적으로 시행될 수 있도록 유도하는 것을 목적으로 하고 있다. 지방자치단체의 안전 수준을 전국 시·도, 시·군·구 단위를 상대적 등급으로 공표함으로써 지역 안전에 대한 지방자치단체장의 관심과 책임성을 강화하고, 자율적인 개선을 유도하고 있다. 지역안전지수를 통해 안전사고 사망자 등의 지속적이고 안정적 감축으로 지방자치단체의 안전 수준을 개선하고, 안전의 역량을 강화할 수 있도록 하는 것이다.

「재난 및 안전관리 기본법」제66조의 10(안전지수의 공표)에 따라 매년 지역 안전 등급을 공개하고 있다. 행정안전부 장관은 지역별 안전 수준과 안전의식을 객관적으로 나타내는 지수를 개발·조사해 그 결과를 공표할 수 있다. 행정안전부 장관은 안전지수의 조사를 위해 관계 행정기관의 장에게 필요한 자료를 요청할 수 있다. 이 경우 요청을 받은 관계 행정기관의 장은 특별한 사유가 없으면 요청에 따라야 한다.

지역안전지수는 사망·사고 발생 통계 등 위해 지표, 위해를 가중시키는 취약 지표 및 감소시키는 경감 지표로 구성돼 있다. 위해 지표는 분야별 사망자 수, 발생 건수 등 결과 지표이며, 취약 지표는 위해 발생의 인적·물적 요인이 되는 지표들이다. 경감 지표는 위해 발생을 사전에 방지하고 사고 발생 시 대응하기 위한 지표들로, 지역안전지수는 위험지수의 역수의 개념으로 아래와 같은 식을 통해 산출된다.

> 지역안전지수 = 100 − (위해 지표 + 취약 지표 − 경감 지표)

가장 안전한 수준인 100을 기준 값으로 '위해 지표 값'과 '취약 지표 값'을 각각 빼고, 경감 지표 값을 더해 지역안전지수를 산출한다. 따라서 위해 지표 값과 취약 지표 값은 낮을수록, 경감

지표 값은 높을수록 지수 산출에 유리하게 작용한다.

2. 화재안전지수의 지표

화재안전지수의 지표는 위해 지표, 취약 지표, 경감 지표로 구성된다. 위해 지표와 취약 지표는 지푯값이 낮을수록, 경감 지표는 지푯값이 높을수록 유리하다. 구체적인 내용은 〈표 13-1〉과 같다.

〈표 13-1〉 화재안전지수의 지표

분야	위해 지표(50%)	취약 지표(10%)	경감 지표(20%)	의식 지표(20%)
산출식	환산사망자(0.500) - 사망자(49.6) - 화재건수(0.4)	① 노후건축물 수(8.47) ② 창고 및 운송 관련 서비스업 업체 수(1.53)	소방정책 예산 비율(20.0)	① 화재 관련 안전 신문고 신고 건수(3.46) ② 소소심 교육 인원(16.54)

첫째, 위해 지표는 인구 만 명당 환산 화재 사망자 수를 말한다. 즉, 화재 사망자 수와 화재 발생 건수를 사망자로 환산한 수의 합계다.

환산 화재 사망자 수 = 화재 사망자 수 + (화재 발생 건수/139.92)×10,000

※ 139.92 : 과거 통계 분석 결과 화재 사망자 1명 발생 시 평균적으로 139.92건의 화재가 발생함.

둘째, 취약 지표는 재난 약자 수, 음식점 및 주점업 종사자 수, 창고 및 운송 관련 서비스업 업체 수를 말한다. 재난 약자 수는 인구 만 명당 고령인구(65세 이상)와 유치원생, 초등학생 수의 합계다. 고령인구는 운전자 및 보행자로서, 교통사고 발생 시 신체적 기능 저하, 상황 판단

능력, 순간 대처 능력이 상대적으로 낮다. 그리고 유치원생 및 초등학생은 성인보다 교통 상황에 대한 판단력이 부족하며, 미완성된 성장 단계의 신체 조건으로 인해 사고 시 사망 위험성이 높다. 창고 및 운송 관련 서비스업 업체 수는 인구 만 명당 보관 및 창고업, 기타 운송 관련, 주차장, 공항, 화물 취급 등으로 등록된 사업체 수를 말한다. 대부분의 물류창고는 인적이 드문 도시 외곽에 위치해 화재 발생 시 발견 및 초기 진압이 어려우며, 인명, 재산 피해 규모가 상대적으로 크다.

셋째, 경감 지표는 소방정책 예산 비율을 말한다. 소방정책 예산액 비율은 지방 소방예산 편성 현황 중 행정운영경비를 제외한 소방 사업비(일반회계+특별회계) 비율을 말한다. 119 구조·구급장비 보강, 화재 취약계층 주택용 시설보급과 같은 예산에 사용되는 경비를 말한다. 이를 통해 화재예방 및 초기 진압이 용이해져 대형화재나 인명 피해로 이어지는 것을 예방할 수 있다.

넷째, 의식 지표는 화재 관련 안전신문고 신고 건수와 소소심 교육 인원이다. 안전신문고는 생활 속 안전 위험 요인을 누구나 휴대폰 등으로 신고하면 행정안전부에서 처리기관을 지정해 해결하는 시스템이다. 화재 관련 안전신문고 신고 건수는 화재와 관련해 행정안전부에서 운영하는 안전신문고에 신고하는 건수를 말한다. 소소심 교육은 소화기, 소화전, 심폐소생술의 앞 글자를 딴 말로서 이 세 가지를 익히면 재난, 위기 상황 시 피해와 사망률을 크게 낮출 수 있기 때문에 국민들이 친숙히 여겨 쉽게 익힐 수 있도록 하기 위해 만든 것이다.

3. 대전광역시 화재안전지수

최근 5년간 대전광역시의 화재안전지수를 살펴보면 2017년 1등급, 2018년 4등급, 2019년 4등급, 2020년 4등급, 2021년 3등급으로 지속적으로 낮은 등급을 유지하고 있다(〈표 13-2〉 참조).

〈표 13-2〉 최근 5년간 대전광역시 화재안전지수

연도별	2017	2018	2019	2020	2021
등급	1	4	4	4	3

최근 5년간 대전광역시의 지역별 화재안전지수를 살펴보면 동구가 평균 4.2로 가장 낮은 것으

로 나타났으며, 다음으로 대덕구(평균 4.0), 중구(평균 3.8), 유성구(평균 3.2), 서구(평균 3.0) 순으로 나타났다(〈표 13-3〉 참조).

〈표 13-3〉 최근 5년간 지역별 화재안전지수

연도별 지역	2017	2018	2019	2020	2021	평균
동구	4	4	5	4	4	4.2
중구	3	5	3	5	3	3.8
서구	3	3	3	2	4	3
유성구	3	3	4	4	2	3.2
대덕구	2	5	4	5	4	4

4. 선행연구 검토

지역안전지수에 대한 선행연구는 기초지방자치단체의 지역안전지수 향상 방안, 지역안전지수 7대 분야를 중심으로 충북도민의 재난안전 인식도 분석, 사례연구를 통한 국내 지역안전지수의 문제점 및 개선 방안, 지역안전지수 등급과 시군구 특징 분석, 국토계획, 울산광역시 울주군 교통사고 안전지수 등급 향상 방안 등이다. 대부분 선행연구는 실태분석을 통한 지역안전지수 개선 방안을 제시하고 있다. 화재와 관련해 지역안전지수에 대한 연구는 종로구 화재 사례를 중심으로 지역안전지수를 활용한 지역안전 개선 방안, 충청남도를 중심으로 화재 발생 현황분석을 통한 지역안전지수를 활용한 지역안전 개선 방안, 충청남도 서천군을 중심으로 화재안전지수 개선 방안(채진, 2022) 등이다.

신현두·여차민(2021)은 지역안전지수를 활용해 서울특별시 종로구의 화재 재난 사례를 분석했다. 분석을 위해 화재 분야 재난관리 실태 파악 및 개선 방안 제시에 필요한 시계열 자료를 구축하고, 기초자치단체 간 등급을 비교·분석했다. 재난 관련 현황의 정성분석 등의 방법을 활용한 분석틀을 구성했다. 구체적으로는 지역안전지수를 통해 확인 가능한 지역안전 등급을 진단하고, 지역안전지수를 구성하는 위해, 취약, 경감 지표에 대한 시계열분석과 다른 지방자치단체와의 비교분석을 진행했으며, 이를 재난 발생 현황 및 관련 요인 등에 대한 관련 정성분석 결과를 종합해 화재 재난 발생 저감을 위한 개선방안을 제시했다. 서울특별시 종로구 화재분야 지역안전 개선을 위한 방안으로 첫째, 화재 발생 원인 중 주된 비중을 차지하는 부주의와 전기 요인에 대응하는 맞춤형 예방정책 설계가 필요하다. 둘째, 주택과 음식점 화재 발생 비중이 높게 나타나고 있어 특히 음식점에 대한 적극적인 화재 예방 관리가 이뤄져야 한다. 셋째, 노후건물이 많은 종로구의 특성상 노후건물 및 무허가 건물 대상 소방시설과 전기시설 점검 및 이에 대한 보수와 지원이 중점적으로 이뤄져야 한다. 넷째, 화재 현장 도착이 지연되는 요인을 면밀히 분석해 더 신속한 화재 대응이 가능하도록 하여 화재 피해를 줄여야 한다는 정책적 방안을 제안했다.

조성(2022)은 지역안전지수 중 화재 분야 등급의 저조한 원인을 파악해 지역안전지수에 활용되는 지표에 따른 대응 방안을 고려한 개선 방안을 제안했다. 최근 5년간 충청남도의 화재 발생 현황을 분석하여 지역별, 계절별, 장소별, 연령별 화재 발생 원인을 파악했으며, 지역안전지수가 저조한 요인으로서 지푯값을 비교·분석했다. 지역안전지수 향상을 위해 취약지역인 충청남도 남부 7개 시·군의 화재 발생 감소를 위한 조치와 소방서 종사자 수 및 화재 현장 인명 구조 실적 간의 상관관계를 반영한 인력 배치의 개선 필요성을 제안했다. 그리고 지역안전지수 지푯값 산정 방식 자체의 불합리한 점을 개선하기 위해 화재 발생 건수당 화재 현장 인명 구조 실적 가중치 평가 방식의 개선 필요성과 위해 지표의 위해성 편향을 제거하기 위해 사망자 중심의 지표를 재산 피해와 부상자를 포함하는 방식으로 개선할 것을 제안했다.

채진(2022)은 충청남도 서천군의 지역안전지수를 개선하기 위해 최근 5년간 화재 통계를 분석해 화재안전지수 개선 방안을 제시했다. 화재안전지수를 개선하기 위해 최근 5년간 화재 발생 현황, 장소별 화재 발생 현황분석, 발화 요인별 화재 발생 현황분석, 발화 열원별 화재 발생 현황분석, 인명 피해 현황분석, 화재안전지수 안전지표 분석, 화재안전지수 여건 분석을 수행했다. 화재안전지수 개선 방안으로 첫째, 화재 발생에 대한 경보를 발할 수 있는 주택용 소방시설 단독경보형 감지기를 설치해야 할 것이다. 둘째, 부주의 화재를 예방하기 위해서는 지역주민을 대상으로 화재 예방 교육이 필요하다. 셋째, 적극적인 화재 예방 홍보활동을 위해 소방공무원을 중심으로 의용소방대원, 산불감시요원, 이장, 반장, 통장 등 찾아가는 화재 예방 홍보활동을 펼쳐야 할 것을 제안했다.

III. 화재 통계분석

대전광역시는 화재분야 지역안전지수가 2017년 1등급, 2018년 4등급, 2019년 4등급, 2020년 4등급, 2021년 3등급으로 지속적으로 낮은 등급을 유지하고 있어 이에 대한 개선 대책이 요구됨에 따라 이 연구에서는 최근 5년간(2017~2021년) 대전광역시에서 발생한 화재 4,692건을 토대로 분석을 실시했다. 분석에 사용된 기초 데이터는 소방청 국가화재정보시스템, 대전광역시 화재통계 내부자료 등 공식 자료를 활용했다[1].

1. 최근 5년간 화재 발생 통계분석

최근 5년간 대전광역시 화재 발생 통계분석을 통해 화재안전지수를 진단하고, 화재안전지수 개선 방안을 제시하는 데 중요한 근거 자료가 될 것이다. 화재 발생 현황분석은 최근 5년간 대전광역시 화재 발생 현황, 장소별 화재 발생 현황, 발화 요인별 화재 발생 현황, 발화 열원별 화재

〈표 13-4〉 최근 5년간 화재 발생 현황

연도별 \ 구분	화재 건수	인명 피해(명)			재산 피해 (백만 원)
		계	사망	부상	
총계	4,692	322	44	278	31,214
2017	1,059	55	9	46	4,932
2018	1,094	85	12	73	6,026
2019	878	71	9	62	4,042
2020	865	65	8	57	7,589
2021	796	46	6	40	8,625

---

1) 대전광역시 소방본부(2022). 2017년, 2018년, 2018년, 2019년, 2021년 대전 화재 발생 현황 분석. 대전광역시 소방본부 내부자료.

발생 현황, 인명 피해(사망) 요인별 화재 발생 현황, 인명 피해(사망) 장소별 화재 발생 현황분석 등이다.

최근 5년간(2017~2021년) 대전광역시 화재발생 통계를 살펴보면, 화재 발생 총건수는 4,692건이며, 2017년 1,059건, 2018년 1,094건, 2019년 878건, 2020년 865건, 2015년 796건으로 나타났다. 최근 5년간 인명 피해는 사망 44명, 부상 278명이다. 재산 피해 312억 1천4백만 원이다. 최근 5년간 화재 통계를 살펴보면 화재 발생 건수는 감소하고 있으나, 재산 피해는 증가하는 추세에 있다(〈표 13-4〉 참조).

2. 장소별 화재 발생 통계분석

최근 5년간 대전광역시의 장소별 화재 발생 통계를 살펴보면, 비주거가 1,610건으로 가장 많았으며, 다음으로 주거 1,513건, 기타 839건, 차량 562건, 임야 166건, 위험물, 가스 등 2건 순으로 발생했다. 대전광역시의 화재 발생 장소는 비주거가 1,610건으로 전체의 34.31%를 차지하고 있으며, 주거가 1,513건으로 전체 화재의 32.24%를 차지하고 있다. 인명 피해 추세는 꾸준하게 지속하고 있는 것으로 나타났다. 따라서 대전광역시의 비주거 화재와 주거 화재에 대한 화재 예방 대책이 필요하다(〈표 13-5〉 참조).

〈표 13-5〉 장소별 화재 발생 통계

구분	계	주거	비주거	차량	위험물, 가스 등	철도, 선박, 항공기 등	임야	기타
총계	4,692	1,513	1,610	562	2	0	166	839
2017	1,059	310	358	111	0	0	55	225
2018	1,094	333	345	134	0	0	64	218
2019	878	290	330	102	0	0	22	134
2020	865	296	305	101	2	0	13	148
2021	796	284	272	114	0	0	12	114

3. 발화 요인별 화재 발생 통계분석

최근 5년간 대전광역시의 발화 요인별 화재 발생 통계를 살펴보면, 부주의 1,631건, 전기적 요인 1,312건, 기타 실화 819건, 기계적 요인 241건, 미상 197건, 방화 의심 119건 순으로 발생했다. 부주의가 1,631건으로 전체 화재의 34.76%로 나타났다. 부주의로 인한 화재를 구체적으로 살펴보면 담배꽁초가 975건으로 부주의 중 59.78%를 차지하고 있다. 그리고 음식물 조리가 456건으로 부주의 중 27.96%를 차지하고 있다. 따라서 부주의로 인한 화재가 발생하지 않도록 대국민 홍보활동 등 화재 예방 교육을 실시할 필요가 있다. 특히 고령화 사회로 진행하면서 가정에서 음식물 조리 중 화재가 발생할 가능성이 높다(〈표 13-6〉 참조).

〈표 13-6〉 발화 요인별 화재 발생 통계

구분	계	전기 요인	기계 요인	가스 누출	화학 요인	교통 사고	부주의	기타 실화	자연 요인	방화	방화 의심	미상
총계	4,692	1,312	241	32	62	43	1,631	819	22	51	119	197
2017	1,059	262	59	5	11	8	597	5	2	15	34	61
2018	1,094	317	52	5	10	13	577	8	3	17	40	52
2019	878	274	42	6	19	7	429	2	1	18	20	60
2020	865	233	50	4	11	7	16	424	5	1	13	15
2021	796	226	38	12	11	8	12	380	11	0	12	9

4. 발화 열원별 화재 발생 통계분석

최근 5년간 대전광역시의 발화 열원별 화재 발생 현황을 살펴보면, 작동기기 2,164건, 담배, 라이터 1,410건, 미상 380건, 불꽃, 불티 366건 순으로 나타났다. 작동기기가 2,164건으로 전체 화재의 46.12%를 차지하고 있다. 담배, 라이터 1,410건으로 30.05%를 차지하고 있다. 작동기기로 인한 화재를 구체적으로 살펴보면 전기적 아크(단락)이 1,266건으로 작동기기의 58.50%를 차지하고 있다. 그리고 담뱃불, 라이터불로 인한 화재를 구체적으로 살펴보면 담뱃불이 974건으로 69.08%를 차지하고 있다(〈표 13-7〉 참조).

〈표 13-7〉 발화 열원별 화재 발생 현황

구분	계	담배, 라이터	마찰, 전도, 복사	불꽃, 불티	자연적 발화원	작동 기기	폭발물 폭죽	화학적 발화열	미상	기타
총계	4,692	1,410	271	366	9	2,164	5	52	380	35
2017	1,059	349	69	110	2	443	0	12	70	4
2018	1,094	383	48	79	3	490	2	8	65	16
2019	878	240	44	63	2	439	1	18	68	3
2020	865	252	47	58	1	405	1	7	92	2
2021	796	186	63	56	1	387	1	7	85	10

5. 시간대별 화재 발생 통계분석

최근 5년간 대전광역시의 시간대별 화재 발생 현황을 살펴보면, 13~15시 608건으로 가장 많았으며, 다음으로 15~17시 570건, 17~19시 539건, 11~13시 508건 순으로 나타났다. 11시~21시 사이에 화재가 집중(57.5%) 발생하고 있으며, 이는 관계자가 내부에 있는 오후 및 초저녁 시간대로, 관계자의 부주의로 인해 화재가 많이 발생하는 것으로 분석된다(〈표 13-8〉 참조).

〈표 13-8〉 시간대별 화재 발생 현황

구분	시간계	23~1	1~3	3~5	5~7	7~9	9~11	11~13	13~15	15~17	17~19	19~21	21~23
총계	4,692	303	246	199	242	215	393	508	608	570	539	473	396
2017	1,059	67	53	40	45	40	78	123	150	148	116	102	97
2018	1,094	61	64	57	52	44	90	106	138	151	120	113	98
2019	878	66	48	43	39	37	89	104	105	96	98	89	64
2020	865	68	37	38	55	45	72	94	117	86	101	85	67
2021	796	41	44	21	51	49	64	81	98	89	104	84	70

6. 장소별 인명 피해 통계분석

최근 5년간 대전광역시의 장소별 인명 피해 현황을 살펴보면, 단독주택이 89명(사망 15명, 부상 74명)으로 가장 많이 나타났다. 단독주택의 구체적인 인명 피해 현황은 다가구주택이 46명(사망 6명, 부상 40명), 단독주택이 32명(사망 7명, 부상 25명), 상가주택이 5명(사망 1명, 부상 4명), 다중주택이 3명(부상 3명), 기타 단독주택이 3명(사망 1명, 부상 2명)으로 나타났다.

공동주택이 55명(사망 13명, 부상 42명)으로 나타났으며, 구체적인 인명 피해 현황은 아파트가 35명(사망 9명, 부상 26명), 다세대주택이 12명(사망 2명, 부상 10명), 연립주택이 6명(사망 2명, 부상 4명)으로 나타났다.

음식점의 인명 피해는 34명(부상 34명)으로 나타났으며, 구체적인 인명 피해 현황은 한식이 17명(부상 17명), 중식이 5명(부상 5명), 일반주점이 5명(부상 5명), 분식(휴게)이 3명(부상 3명)으로 나타났다.

공장시설의 인명 피해는 26명(사망 7명, 부상 19명)으로 나타났으며, 구체적인 인명 피해 현황은 그 밖의 공업이 16명(사망 3명, 부상 13명), 금속기계 및 기구공업이 5명(사망 1명 부상 4명), 화학공업이 3명(사망 3명)으로 나타났다(〈표 13-9〉 참조).

〈표 13-9〉 장소별 인명 피해 현황

구분	화재 건수	인명 피해			재산 피해(천 원)
		계	사망	부상	
단독주택	833	89	15	74	2,982,522
야외	819	21	2	19	290,143
공동주택	663	55	13	42	1,953,978
자동차	549	19	1	18	3,041,322
음식점	438	34		34	1,594,261
일반서비스	255	12	1	11	1,816,574
공장시설	133	26	7	19	6,089,418
기타 건축물	110	6		6	287,534
들불	103	1		1	34,680
판매시설	96	4		4	1,224,450
창고시설	82	2		2	1,479,126
일반업무	66	6		6	445,517
산불	63	2		2	37,368
자동차시설	45	1		1	712,681
작업장	45	1		1	494,126
숙박시설	40	7	3	4	175,728
의료시설	35	2	1	1	120,096
종교시설	33	1		1	315,251
연구, 학원	32	11	1	10	1,097,053
운동시설	18	11		11	1,821,215
기타주택	17	1		1	278,972
위락시설	15	4		4	157,263
공공기관	11	4		4	65,725
건강시설	4	1		1	14,045
발전시설	1	1		1	3,621,626

7. 발화 요인별 인명 피해 통계분석

인명 피해 현황을 살펴보면, 부주의가 117명(36.34%)으로 가장 많았으며, 다음으로 원인 미상이 66명(20.50%), 전기적 요인이 43명(13.35%) 가스 누출이 29명(9.00%), 방화가 26명(8.07%) 순으로 나타났다. 부주의로 인한 사망자는 6명이고, 부상자는 112명이다. 구체적으로 담배꽁초로 인한 사망자는 4명이고, 부상자는 21명이다. 음식물 조리 중 부상자는 30명이며, 기타(부주의)로 인한 부상자는 19명이다. 전기적 요인으로 인한 사망자는 미확인 단락과 압착, 손상에 의한 단락이 각각 3건, 절연열화에 의한 단락이 1건이다(〈표 13-10〉 참조).

〈표 13-10〉 발화 요인별 인명 피해 현황

구분	계	전기요인	기계요인	가스누출	화학요인	교통사고	부주의	기타실화	방화	방화의심	미상
총계	322	43	7	29	23	1	117	2	26	8	66
2017	55	4	0	10	0	1	20	1	7	0	12
2018	85	10	0	3	10	0	28	0	7	6	21
2019	71	13	3	5	10	0	26	0	4	0	10
2020	65	12	2	9	2	0	22	0	4	0	14
2021	46	4	2	2	1	0	21	1	4	2	9

IV. 화재안전지수 개선 방안

이 연구는 최근 5년간 대전광역시 화재 발생 통계분석을 바탕으로 대전광역시의 화재안전지수 향상 방안을 제시하는 데 목적이 있다. 대전광역시 화재 발생 통계분석 결과를 바탕으로 대전광역시 화재안전지수 개선 방안은 주택화재 예방대책, 공장시설 폭발사고 예방대책, 담배꽁초 화재 예방대책, 전기화재 예방대책, 소방안전 교육과 훈련 대책, 화재예방 홍보대책 등이 요구된다.

1. 주택화재 인명 피해 경감

최근 5년간 대전광역시의 장소별 사망자는 단독주택에서 15명이 사망하고, 공동주택에서 13명이 사망했다. 전체 사망자(44명) 중 63.63%를 차지하고 있어, 이에 대한 개선대책이 요구된다. 단독주택은 다가구주택, 다중주택, 단독주택, 상가주택, 기타 단독주택으로 분류할 수 있다. 단독주택과 공동주택의 다가구주택, 다중주택, 단독주택, 상가주택, 기타 단독주택, 다세대주택, 연립주택 등은 대부분 소방시설이 설치되지 않은 경우가 대부분이다.

도시의 형성이 오래된 구도심의 경우 주거환경은 노후되고 소방시설이 없는 경우가 대부분이다. 이러한 구도심에 도시재생사업으로 소방시설을 설치해 화재 등 재난으로부터 안전한 도심을 형성해야 할 것이다.

일반적으로 주택화재는 화재 발생 이후 5분 이내에 대피하지 못하면 심각한 부상을 입거나 사망하는 등 인명 피해가 발생할 가능성이 높다. 따라서 주택에서 발생한 화재를 사전에 알아차릴 수 있는 소방설비를 설치해야 한다. 그러나 오래된 주택은 화재 발생 사실을 인지할 수 있는 소방시설이 없는 경우가 대부분이다.

주택용 소방시설은 2012년 2월 5일「화재예방, 소방시설 설치·유지 및 안전관리에 관한 법률」제8조, 같은 법 시행령 제13조를 개정해 근거법령을 마련했으나 5년간 유예 기간을 두어 2016년 1월 25일부터 시행됐다. 현재 주택용 소방시설은「소방시설 설치 및 관리에 관한 법률」제10조에 따라「건축법」제2조제2항 제1호의 단독주택과「건축법」제2조 제2항 제2호의 공동주택(아파트 및 기숙사는 제외한다)의 주택 소유자는 소화기 및 단독경보형 감지기 등의 소방시설을 의무적으로 설치해야 한다. 그리고 국가 및 지방자치단체는 주택용 소방시설의 설치 및 국민의 자율적인 안전관리를 촉진하기 위해 필요한 시책을 마련해야 한다. 주택용 소방시설의 설치 방법은 그 밖의 소방시설의 설치에 필요한 사항은 법 제10조에 의해 행정안전부 장관이 정하여 고시하는 화재안전 기준에 의한다.

각 시·도는 주택의 소방시설 설치에 대한 조례를 제정해 주택화재에 대한 정책을 추진하고 있다. 대전광역시도 주택용 소방시설 설치 조례를 제정해 주택용 소방시설을 설치함으로써 주택화재로 인한 인명 피해 및 재산 피해를 저감하기 위한 정책을 추진하고 있다.

주택의 신축·개축 등의 소방시설 설치 확인은 시장 및 구청장이「소방시설 설치 및 관리에 관한 법률」제6조 제1항의 어느 하나에 해당하는 주택에 대한 신축, 증축, 개축, 재축, 이전, 대수선의 허가 또는 신고의 수리를 할 때에는 그 주택의 규모와 형태에 맞는 소방시설의 설치 여부를 지도·안내해야 한다.

2. 공장시설 폭발사고 예방

2018년 5월 29일 16시 17분경 대전광역시 유성구 외삼동 유도무기 등을 생산하는 공장에서 화학적 폭발에 의한 사고로 3명이 사망하는 사고가 발생했다. 그리고 2019년 2월 14일 08시 42분경 대전광역시 유성구 외삼동 같은 공장에서 화학적 폭발에 의한 사고로 3명이 또 사망하는 사고가 발생했다. 또한 2019년 11월 13일 16시 15분경 대전광역시 유성구 수남동 소재 연구소에서 젤 상태의 연료 유량조절 측정 실험 중 실린더 내의 실험물질(연료)이 폭발해 1명이 사망하고, 6명이 부상을 당하는 사고가 발생했다. 이 공장과 연구소는 무기를 생산하는 군산업체와 연구소는 보안시설이란 이유로 안전관리 사각지대에 놓였다. 방산업체라 하더라도 안전관리 사각지대가 돼서는 안 된다.

산업 현장에서 발생하는 폭발사고의 주요 원인은 작업자 즉, 개인의 과실에 의해 발생하는 것으로 보고되고 있으나 실제로 사고의 피해를 당한 작업자들은 구체적인 위험을 알지 못하는 상황에서 발생하고 있다. 이는 작업 현장의 위험정보나 준수해야 되는 안전수칙이 사업장 특성에 맞게 세부적으로 마련돼 있지 않으며, 개인의 주의의무만을 강조하고 있기 때문으로 산업 현장 내 폭발사고 예방을 위해서는 사업장의 환경, 작업 공정, 유지·보수 등 모든 상황에 대한 안전수칙을 마련해야 할 것이다.

폭발사고 예방을 위한 안전수칙은 첫째, 부주의는 개인의 과실에 국한해서는 안 되며 개인의 작업 오류를 발생시킨 모든 공정을 부주의 범주에 포함시켜 예방대책 수립에 반영해야 할 것이다. 둘째, 부주의에 의한 사고 발생 원인이 무엇에 기인된 것인지를 명확하게 규명하고 그에 따른 예방대책을 마련하기 위해서는 다양한 유형의 사고 분석으로 도출된 문제점을 개선하거나 보완함으로써 구체적인 안전대책이 마련될 수 있을 것이며, 산업현장 특성에 맞은 안전 대책 수립 시 반영할 수 있도록 사고 사례 분석 결과나 이와 관련된 실험 결과 등 안전 관련 정보를 쉽게 제공받을 수 있도록 산업안전 주관 부처에 정보 공유 프로그램을 마련해야 할 것이다(최민석·신평식, 2014).

3. 담배꽁초로 인한 화재 예방

최근 5년간 대전광역시의 발화 요인별 화재 발생 통계를 살펴보면, 부주의로 인한 화재가 1,631건으로 전체 화재의 34.76%로 나타났다. 특히 부주의로 인한 화재 중 가장 큰 원인으로 담배꽁초가 975건으로 부주의 중 59.78%를 차지하고 있다. 이는 전체 화재의 20.78%를 차지하고 있다. 담배 화재에 대한 적절한 대책을 마련해야 할 것이다.

담배꽁초, 톱밥 부스러기는 무염연소에서 발염연소에 이르나 기타 부스러기류는 무염연소만 한다. 톱밥의 경우 0.5m/sec 전후 미풍에서는 발화가 잘 일어나지만 무풍(無風) 조건에서는 발염연소가 잘 일어나지 않는다. 고무 부스러기의 경우 부스러기 표면에 담뱃불을 접촉했을 때 10분 정도 경과 후 독립 무염연소를 하고 연소 범위가 확대되며, 연기의 발생량이 많아진다. 이때 어떤 가연물이 접촉돼 있다면 연소 확대될 수 있다. 담뱃불을 고무 부스러기 속에 넣었을 때는 무염연소나 발염도 없이 꺼진다. 가죽의 경우에는 표면에 놓았을 경우와 부스러기 속에 넣었을 경우 모두 10~12분 경과 후 발연과 무염연소가 확대된다. 이때 가연물이 접촉돼 있으면 발염착화될 수 있다(오재경, 2014).

담배꽁초는 바람이 있는 조건에서의 연소실험에서는 톱밥과 같은 가연물은 2.5m/s 이상의 바람이 부는 조건에는 약 8분과 12분이 경과했을 때 훈소 과정에서 유염착화로 발전했고, 세단된 신문과 같은 가연물에서는 풍속 1.5m/s에서는 10분 이내에 유염 착화했다. 또한, 풍속 2.0m/s에서는 6분이 경과하자 유염연소로 발전했으며, 풍속 2.5m/s에서는 담뱃불이 가연물에 넣어진 후 4분이 경과하면서 유염 착화된다(박성천, 2011).

담뱃불로 인한 산불 발생 위험성은 낙엽 착화 실험에서 전체 실험 결과 약 8.6% 정도가 발화돼 담뱃불에 의한 발화율이 높지는 않지만 가연물의 종류, 수분 함유량, 풍속, 담배의 유형에 따라 조건이 형성되면 훈소 과정을 거쳐 발화된다. 그 밖에도 가솔린 증기, 도시가스, 카페트, 화학섬유 및 혼합섬유는 담뱃불에 의해 착화되지 않거나 접촉 부위만 약간 탄화되는 반면, 방석, 이불, 의류 등 면제품과 종이류, 톱밥, 고무, 스폰지, 가죽 등 부스러기류는 무염 연소 과정을 거쳐 발염 착화된다(오재경, 2014).

담뱃불 화재 예방대책으로 휘발유, 가스, 화학약품 등 인화성 물질이 있는 장소나 실내에서는 금연을 하고, 이러한 장소에 "금연구역" 표시판을 붙인다. 잠자리에서는 담배를 피우지 않도록 하고, 보행 중에는 흡연을 하지 않고 꽁초는 아무 곳에 버리지 않는다. 흡연은 지정된 장소에서 하도록 하고 담배꽁초는 반드시 재떨이에 버리고, 담배를 피우다가 잠시 자리를 비울 경우 반드시 담뱃불을 끄고 나가야 한다.

4. 전기화재 예방대책 추진

최근 5년간 대전광역시의 발화 요인별 화재 발생 통계를 살펴보면, 전기적 요인이 1,312건으로 전체 화재의 27.96%를 차지하고 있다. 전기적 요인을 구체적으로 살펴보면 절연 열화에 의한 단락이 585건(44.59%), 트래킹에 의한 단락이 137건(10.44%), 미확인 단락이 117건(8.92%), 과부하/과전류가 111건(8.46%), 압착, 손상에 의한 단락이 43건(3.28%)으로 나타났다. 대체로 단락에 의한 전기적 요인의 화재가 많이 발생하고 있는 것으로 조사됐다.

단락은 전원이 인가된 선간에 절연이 파괴되면서 도체가 직접 접촉되거나, 공기의 절연 파괴에 의해 발생하는 현상으로 저항이 0에 가까워지면서 도체에 흐를 수 있는 최대 전류가 흐르고 접촉부에 아크에 의한 용융흔이 생긴다. 이렇게 전류의 흐름이 최종 부하측을 거치지 않고 전로 중단이 이어짐으로 해서 결국 단락(short circuit) 현상이 생긴다. 단락의 주된 요인인 절연 파괴 현상은 도체의 이격 거리와 절연유 등에 의한 절연도 있지만 대부분은 배선에서 절연 피복이 손상되는 경우다. 단락 발생 요인은 전선에 외력이 가해져 절연 피복의 손상, 접촉 불량 등 부분 발열에 의한 단락, 화재 등 외부 열에 의한 단락 등이 있다.

트래킹(tracking)은 전력 케이블의 말단 부분, 배전선의 스페이서(spacer), 차단기나 전자접촉기, 유압변압기의 접속 부분의 충전 전극 간 사이의 절연물 표면뿐만 아니라 수용가 내에서 사용하는 콘센트, 플러그 스위치 등의 접점극간 절연물에서도 자주 발생하고 있으며, 화재 원인의 주요 원인으로 작용하고 있다. 트래킹의 원인인 이물질이나 오염물은 수분, 습기, 먼지, 오존 등 기타 도전성 이물질들이 다양하게 존재하며, 특히, 공사장에서 발생하는 도전성 분진이나 이물질, 밀폐된 공간에 장시간 축적되는 먼지 및 외부 환경에 따라 발생할 수 있는 수분 등이 있다(이상준, 2019).

단락에 대한 전기화재 예방대책으로 전선 코드는 규격품을 사용해야 하며, 배선이 손상되면 단락되거나 심선의 일부가 부러져 과열의 위험이 있으므로 배선에는 못이나 테이프 사용을 금하고, 비닐코드는 열에 약하므로 백열등이나 전열기기에는 사용하지 않아야 한다. 전기기구의 전선 인출부분에 보강과 규격 전선을 사용해야 한다.

과전류에 대한 전기화재 예방대책으로 허용 전류를 초과한 전류가 가해지지 않도록 해야 한다. 과전류에 대비한 적정 용량의 퓨즈 또는 배선용 차단기를 설치하며, 그 밖에 한 개의 콘센트에 여러 개의 전기기구를 사용하는 배선 방법은 과전류의 원인이 되므로 금지한다.

　누전으로 인한 전기화재 예방대책으로 물기, 습기가 있는 장소의 전기시설은 방습 조치를 하고, 전선의 접속 부분은 충분한 절연 효력이 있도록 소정의 접속기기를 사용하거나 테이프를 단단히 감아 전기배선이 손상되지 않도록 하며, 금속관 내에는 전선의 접속점이 없도록 공사하고 금속관 끝부분에는 반드시 부싱을 사용한다.

　접촉 불량으로 인한 전기화재 예방대책으로 전선을 접속할 때에는 소정의 접속기구를 사용한다. 전기설비는 나사 조임부 근처를 손으로 만져봐 열이 있는지를 자주 확인하고, 육안으로 접속부의 변색 여부와 절연물의 탄화 여부를 확인해야 한다.

5. 체험식 소방안전 교육과 훈련 수행

　2022년 9월 26일 07시 39분경 발생한 00프리미엄 아울렛 대전점 화재 현장에서 화재가 발생할 때에 엘리베이터를 이용해 대피하면 안 된다는 사실을 모르고 엘리베이터를 이용해 대피하다가 화재로 인한 정전으로 엘리베이터가 작동을 멈추자 엘리베이터 안에서 인명 피해가 발생했다.

　최근 5년간 대전광역시의 발화 요인별 화재 발생 중 부주의가 1,631건으로 전체 화재의 34.76%를 차지하고 있다. 부주의 화재는 인간의 실수, 관리 소홀 등으로 발생하며, 그 구체적인 원인으로는 담배꽁초, 음식물 조리 중, 불장난, 용접·절단·연마, 불씨 불꽃 화원(火源) 방치, 쓰레기 소각, 빨래삶기, 가연물 근접 방치, 폭죽놀이 등에 의해 발생한다. 따라서 부주의 화재 예방을 위한 교육훈련 대책이 요구된다. 부주의로 인한 화재가 발생하지 않도록 대국민 홍보활동 등 화재 예방 교육을 실시할 필요가 있다. 「소방기본법」제17조 제2항에 따라 소방청장, 소방본부장 또는 소방서장은 소방안전에 관한 교육과 훈련을 실시할 수 있다.

　화재가 발생하면 안전한 장소로 대피와 초기 소화가 중요하다. 화재에 대한 골든타임[2]은 5분이다. 화재 발생 이후 5분 이내에 대피하거나 화재를 진압하면 피해를 최소화할 수 있다.

　소방교육훈련은 소방안전에 대한 이론적 교육과 기능적 교육을 바탕으로 소방안전을 행동으로 옮겨 소중한 생명을 보존하는 학습 과정이다. 소방교육훈련은 이론적 교육과 행동으로 수행

---
2) 골든타임은 위기상황에서 생명을 구조할 수 있는 매우 짧은 시간을 말한다.

하는 훈련을 함께 포함해야 소중한 생명을 보존할 수 있다. 이러한 소방안전에 대한 교육과 훈련을 통하여 안전행동을 실천할 수 있는 행동의 변화가 반드시 수반돼야 할 것이다.

「소방기본법」과 소방 관계 법령은 소방 안전교육에 관한 많은 규정이 있다. 이 많은 규정을 집행할 수 있는 전담부서도 없고, 교육 콘텐츠도 일원화가 돼 있지 않다. 따라서 소방서에서는 표준화된 교안을 만들고, 인원 부족으로 인한 화재 예방 교육은 의용소방대원을 안전강사로 양성해 교육을 진행하는 방안도 검토해야 할 것이다(채진, 2022).

6. 효과적인 화재 예방 홍보활동

최근 5년간 대전광역시의 발화 요인별 화재 발생 중 부주의가 1,631건으로 전체 화재의 34.76%를 차지하고 있으며, 전기적 요인이 1,312건으로 전체 화재의 27.96%를 차지하고 있다. 그리고 담배꽁초로 인한 화재가 975건으로 부주의 중 59.78%를 차지하고 있다. 그리고 음식물 조리가 456건으로 부주의 중 27.96%를 차지하고 있다. 부주의, 전기적 요인, 담배꽁초, 음식물 조리는 화재 예방에 대한 인식 부족으로 볼 수 있다.

화재 예방 홍보활동은 왜 화재를 예방해야 하는지에 대한 당위성과 필요성, 효과성의 검증을 할 수 있는 홍보활동을 펼쳐야 한다. 효과적인 홍보활동은 화재예방 덕분에 화재를 초기에 발견해 소중한 생명과 재산을 보호할 수 있는 홍보활동을 수행해야 한다. 일본과 미국의 경우도 성공 사례를 발굴해 화재 예방에 대한 홍보를 수행하고 있다.

2021년 2월 4일 연합뉴스의 기사를 살펴보면, 주택용 소방시설인 단독경보형 감지기에 대한 성공 사례를 검색할 수 있다. 이러한 사례를 소방기관에서 화재 발생을 재구성해 홍보용 자료를 제작해 홍보하고, 화재 예방 교육에도 활용해야 한다.

V. 결론

이 연구는 대전광역시의 화재안전지수를 개선하기 위해 최근 5년간 대전광역시 화재 발생을 통계분석했다. 개선 방안을 제시하기 위해 화재 발생 현황, 장소별 화재 발생 현황, 발화 요인별 화재 발생 현황, 발화 열원별 화재 발생 현황, 인명 피해 요인별 화재 발생 현황, 인명 피해 장소별 화재 발생 현황분석 등을 통계분석을 했다.

현재 화재 여건 및 분석 결과는 다음과 같다. 화재안전지수는 2017년 1등급, 2018년 4등급, 2019년 4등급, 2020년 4등급, 2021년 3등급으로 지속적으로 낮은 등급을 유지하고 있다.

최근 5년간 화재 통계를 살펴보면 화재 발생 건수는 감소하고 있으나, 재산 피해는 증가하는 추세에 있다. 부주의가 1,631건으로 전체 화재의 34.76%를 차지하고 있으며, 전기적 요인 1,312건으로 전체 화재의 27.96%를 차지하고 있다. 부주의 중 담배꽁초가 975건으로 부주의 중 59.78%를 차지하고 있다.

인명 피해 현황을 살펴보면 단독주택이 89명(사망 15명, 부상 74명)으로 가장 많이 나타났으며, 공동주택이 55명(사망 13명, 부상 42명)으로 나타났다. 음식점의 인명 피해는 34명(부상 34명)으로 나타났으며, 공장시설의 인명 피해는 26명(사망 7명, 부상 19명)으로 나타났다.

대전광역시의 화재안전지수를 개선하기 위해 다음과 같은 소방안전 정책을 지속적으로 추진해야 할 것이다.

첫째, 대전광역시의 화재 발생 장소와 사망자 발생 장소는 주택으로 나타났다. 따라서 주택화재에 대한 특별한 대책이 요구된다. 주택에서 발생한 화재를 사전에 인지할 수 있는 소방시설을 주택에 설치해야 한다. 주택용 소방시설 설치 지원사업을 위해 안정적인 재정이 확보되고, 그 계속성을 보장할 수 있어야 한다.

둘째, 대전광역시는 대덕연구단지가 있으며, 방위산업체, 방위산업 관련 연구소 등이 소재한다. 이러한 곳에서 지속적으로 폭발사고가 발생하고 있다. 따라서 폭발사고에 대한 대책이 요구된다. 정부기관에서는 연구단지, 연구소, 방위산업체 등에 대한 폭발사고의 예방을 위해 지속적인 계도활동을 수행해야 할 것이다.

셋째, 부주의로 인한 화재 중 가장 큰 원인으로 담배꽁초 화재가 975건으로 부주의 중 59.78%를 차지하고 있다. 이는 전체 화재의 20.78%를 차지하고 있다. 담배꽁초 화재에 대한 적절한 대책을 마련해야 할 것이다. 대전광역시는 「대전광역시 금연구역 지정 등 흡연피해 방지 조례」를 엄격하게 적용해 담배꽁초 화재를 저감할 수 있는 정책을 추진해야 할 것이다.

넷째, 00프리미엄 아울렛 대전점 화재 현장에서 화재가 발생할 때에 엘리베이터를 이용해 대피하면 안 된다는 사실을 모르고 대피하다가 엘리베이터가 작동을 멈춰 엘리베이터 안에서 사망하는 인명 피해가 발생했으며, 부주의로 인한 화재가 전체 화재의 34.76%를 차지하고 있어 이에 대한 대책으로 시민 소방안전 교육훈련이 요구된다. 조속히 시민소방안전체험관을 건립해 화재로부터 안전한 삶을 영위할 수 있는 안전권을 보장해야 할 것이다.

다섯째, 화재 예방을 위한 홍보활동은 언론사 기고, 플래카드 게시, 전광판 활용 등 다양한 홍보를 수행하고 있다. 이러한 화재 예방을 위한 홍보활동도 중요하지만 왜 화재 예방을 해야 하는지에 대한 당위성과 필요성, 효과성의 검증을 할 수 있는 적극적인 홍보활동을 펼쳐야 한다. 소방공무원을 중심으로 의용소방대원, 산불감시요원 등 찾아가는 화재 예방 홍보활동을 적극적으로 펼쳐야 할 것이다.

끝으로 이 연구는 대전광역시 지역안전지수와 화재안전지수를 탐색적으로 살펴보고, 최근 5년간 화재 통계분석을 활용해 화재안전지수 개선 방안을 제시했다. 따라서 실태분석에서 오는 한계점을 보완하고, 향후 연구에서는 다양한 실증적인 분석을 통한 연구가 수행돼야 할 것이다.

참고 문헌

국내 문헌

강미진(2008). 화학물질에 의한 중대사고 예방제도 효율화 방안. 서울산업대학교 에너지환경대학원 박사학위 논문, 110-151.
강여진(2005). 경찰공무원의 교육훈련 학습 및 전이 성과에 미치는 영향 요인에 관한 실증적 연구. 한국행정연구, 14(2): 159-197.
강용석(2007). 지방자치단체 재난관리의 영향요인 분석, 동의대학교 대학원 박사학위 논문.
강인성(2008). 지방자치단체 민간위탁경영의 효과성 제고방안에 관한 연구.「한국지방행정 연구원 연구보고서」, 417.
경기도소방학교(2014). 소방전술I. 우리사.
고기봉 외(2012). 소방의 재난대응 체계 개선방안에 관한 연구: 춘천시 신북읍 산사태 대응사례를 중심으로. 한국화재소방학회논문지, 26(2): 17-31.
고기순·김인호(2002). 교육훈련의 실무전이에 관한 연구. 한국인사관리학회, 26(3): 25-54.
권건주(2003). 한국 지방정부 재난관리행정체제의 개선 방안에 관한 연구. 강원대학교 대학원 박사학위 논문.
_____(2009). 지역 재난현장 대응조직의 역할에 관한 연구. 한국방재학회논문집, 9(5): 39-46.
권성환(2010). 우리나라 긴급재난대응체계 개선 방안에 관한 연구, 강원대학교 산업과학대학원 석사학위 논문.
김경호(2010). 우리나라 재난관리체계의 효율적 운영방안에 관한 연구. 영남대학교 대학원 박사학위 논문.
김국래·유병욱(2013). 재난관리론. 정훈사.
김근영 외(2012). 선진 안전문화 정착을 위한 제도 개선 연구, 행정안전부.
김도형(2017). 사례연구를 통한 국내 지역안전지수의 문제점 및 개선방안, 중앙대학교 건설대학원 석사학위 논문.
김동영 외(2013). 경기도 유해화학물질 관리체계 개선방안. 경기개발연구원, 47-63.
김동환·김병완·윤견수·이하형·홍민기(1995). 분산된 행정 기능이 정책집행에 미치는 영향: 시뮬레이션을 통한 환경관리체계의 평가. 한국행정학보, 29(1): 143-166.
김미경 외(2004). 유비쿼터스 위치기반 재난 구조 시스템 설계. 한국인터넷정보학회, 학술발표대회 논문집.
김민주·임효창(2000). 관광산업의 교육훈련 전이에 관한 연구. 호텔경영학연구, 9(2): 327-344.
김상돈(2003). 도시형 인위재난의 위기관리학습에 관한 연구. 한국도시행정학회보, 16(3): 23-44.
김석곤(2006). 지방자치단체 재난관리의 자원보유 인식과 협력에 관한 연구. 광운대학교 대학원 석사학위 논문.
김석곤·최영훈(2008). 지방자치단체 재난관리의 자원보유 인식과 협력에 관한 연구: 소방공무원의 인식을 중심으로. 지방정부연구, 12(1): 131-150.
김석준(2002). 거버넌스의 이해, 대영문화사.

한국의 재난관리시스템 분석
Analysis of Korean Disaster Management System

김선경·원준영(2003). 방재분야의 유비쿼터스 정보기술 활용방안에 관한 연구: 서울시 방재정보시스템을 중심으로, 한국지역개발학회지, 15(4): 97-118.

김선호(2006). 유비쿼터스 컴퓨팅 환경에서의 건물 화재안전에 대한 개념적 접근, 화재소방학회, 2006년 춘계 논문발표회, 310.

김용문·강성경·이영재(2017). 교통사고 안전지수 등급 향상 방안 연구: 울산광역시 울주군 중심으로, 한국방재안전학회 논문집, 10(2): 7-19.

김인범 외(2014). 재난관리론, 대영문화사.

김인석(2015). 긴급구조통제단의 운영 개선에 관한 연구, 경기대학교 건설·산업대학원 석사학위 논문.

김종인·박성준(2001). 업무환경이 교육훈련의 전이에 미치는 영향. 인사조직연구, 9(1): 23-41.

김종환(2005). 한국 재난관리 행정기구의 조직학습에 관한 연구. 조선대학교 대학원 박사학위 논문.

김종회(2007). 재난관리를 위한 거버넌스 접근에 관한 연구, 인천대학교 행정대학원 석사학위 논문.

김창섭(2002). 재난에 대비한 화학물질 사고처리체계에 관한 연구: 소방의 화학 물질 사고대응능력 향상방안. 경희대학교 경영대학원 석사학위 논문, 33-43.

김태환(1998). 도시안전관리시스템 구축 방안, 도시의 안전, 한울아카데미.

김현성(2004). 유비쿼터스 시대의 공공행정 서비스 발전방안 연구. 한국전산원.

나채준(2013). 안전문화 정착을 위한 법제개선방안 연구. 한국법제연구원.

남궁근(1999). 행정조사방법론, 법문사.

노삼규 외(2008). 유비쿼터스(Ubiquitous) 건물 화재안전관리 표준시스템 구축. 소방기술연구, 1(1): 80-89.

노형진(2007). SPSS에 의한 다변량 데이터의 통계분석. 도서출판 효산.

대전광역시 소방본부(2022). 2017년, 2018년, 2018년, 2019년, 2021년 대전 화재발생 현황 분석. 대전광역시 소방본부 내부자료.

도시방재안전연구소(2005). 긴급재난대응체계 개선. 서울시립대학교 도시방재안전연구소.

라영재(2009). 공공부문 책무성의 변천과 통제방안. 한국정책연구, 9(1).

류상일(2007). 한국의 지방자치단체 재난대응 체계: 정책네트워크 이론의 호혜성과 확장성을 중심으로. 충북대학교 대학원 박사학위 논문, 17-20.

_____(2008). 네트워크 관점에서 지방정부 재난대응과정 분석: 미국의 허리케인과 한국의 태풍 대응사례를 중심으로. 한국행정학보, 41(4): 287-313.

류숙원(2013). 지방자치단체 민간위탁 관리실태. 감사원 연구보고서, 2013-008.

문성호(2005). 유비쿼터스 공간의 소방대상물 관리모델에 관한 연구. 서울시립대학교 도시과학대학원 석사학위 논문.

문현철(2008). 국가재난관리체제에 있어서 중앙정부와 지방자치단체의 역할에 대한 법적 고찰, Crisisonomy, 4(1): 73-101.

박경규·임효창(2000). OJT의 도입 효과: Off-JT와의 비교를 중심으로. 산업관계연구, 10(2): 95-125.

박경원(1997). 지방공공 기능의 민영화 전략. 한국지방행정연구원. 지방행정정보, 61.
박경효·정윤수·최근희(1998). 다조직적 구조하에서의 핵심적 집행문제: 국가 GIS정책의 사례. 한국행정학보, 32(2): 1-17.
박광국(1997). 재난관리체계의 효과성 평가에 관한 연구. 한국행정논집, 9(3): 581-602.
박기찬·박재홍·조정래(2015). 안전문화의 역량평가 모형개발, 창조와 혁신, 8(2): 197-235.
박대우(2010). 소방조직 재난대응 활동에서의 사회적 자본 분석. 한국위기관리논집, 6(4): 47-66.
_____(2010). 한국의 재난관리에 있어 사회적 자본 확충방안. 충북대학교 대학원 박사학위 논문.
박상만·이관재(2015). 안전문화평가를 위한 정량적 지표 개발에 관한 연구, 한국엔터테인먼트산업학회논문지, 9(3): 401-408.
박석희·노화준·안대승(2004). 재난관리 행정에 대한 네트워크적 분석, 행정논총, 42(1), 서울대학교 행정대학원.
박성수(2005). 유비쿼터스와 치안서비스, 한국행정학회, 하계학술대회.
박성천(2011). 담뱃불 화재의 특성에 관한 사례연구. 경원대학교 환경대학원 석사학위 논문.
박정식(2002). 현대통계학, 다산출판사.
박종철(2014). 긴급신고제도의 효율적인 대응체제 구축에 관한 연구. 자치경찰연구, 7(1): 178-206.
박홍윤(1997). 위기관리정보시스템 구축에 관한 연구, 충주산업대학교 논문집, 32(1): 369-404.
봉태호·전소영·권재우(2020). 경기도 지역안전지수 분석 및 개선 방안, 경기개발연구원.
성기환(2005). 재난관리를 위한 민관산학네트워크 구축에 관한 연구, 한국안전학회지, 20(4): 154-161.
성기환·한승환(2007). 재난대응시스템에의 사회적 자본이론 적용. 정책개발연구, 7(1): 1-18.
소방방재청(2012). 긴급구조통제단 운영 개선 방안 연구, 소방방재청 용역보고서.
_____(2012). 휴브글로벌 사고 관련 소방활동 조사 보고. 내부자료.
_____(2013). 청주 [주]지디공장 안전관리 부주의 사고 보고. 내부자료.
_____(2013). 화성 삼성 전자(주) 불산사고 상황조치 보고. 내부자료.
송근원·강대창(2002). 위탁 여건에 따른 공공 서비스의 유형. 한국사회와행정연구, 12(4).
송운석·이성세(2001). 지방정부의 성공적인 민간위탁 집행. 한국지방자치학보, 13(3).
송창영(2020). 기초지방자치단체의 지역안전지수 향상방안 연구, 한국재난정보학회 논문집, 16(2): 211-222.
신진동·원진영·김미선·김현주·이범준·이종설(2016). 지역안전지수 등급과 시군구 특징 분석, 국토계획, 51(5): 215-231.
신현두·여차민(2021). 지역안전지수를 활용한 지역안전 개선방안 연구: 종로구 화재 사례를 중심으로, 한국정책과학학회보, 25(4): 59-88.
심재강(2002). 통합방재상황관리와 방재정보시스템에 관한 연구, 서울시립대학교 석사학위 논문.
안혜원·류상일(2007). 행정학에서 재난관리 분야의 학문적 연구 경향. 한국콘텐츠학회논문지, 7(10): 183-190.
양기근(2008). 효율적 재난대응을 위한 재난현장지휘체계의 개선 방안. 사회과학연구, 34(3): 81-105.
양기근·류상일(2013). 긴급구조통제단 운영의 문제점과 개선 방안: 긴급구조통제단과 재난안전대책본부의 조직문화 비교를 중심으로, Crisisonomy, 9(9): 67-84.
양병화(2002). 다변량 자료 분석의 이해와 활용, 지학사.
연합뉴스. www.yonhapnews.co.kr.
오영민·장근탁(2014). 산업별 안전문화 평가지표 비교 연구, 정책개발연구, 14(2): 61-84.
오재경(2014). 담뱃불 화재피해 저감을 위한 담배회사의 법적책임에 관한 연구, 서울시립대학교 도시과학대학원 석사학위 논문.
오택섭·최현철(2004). 사회과학 데이터 분석법3. 나남출판.
오후·조진희·김보은·최수민·배민기(2018). 충북도민의 재난안전 인식도 분석: 지역안전지수 7대 분야를 중심으로, 지역정책연구, 29(1): 45-69.
우성천(2007). 소방행정학. 동화기술.
우수명(2002). SPSS10.0, 인간과 복지.
_____(2002). 마우스로 잡는 SPSS. 인간과 복지.
우윤석·성시연(2006). 동북아 물류중심 정책의 다(多)조직구조적 특성에 관한 탐색적 연구. 물류학회지, 16(3): 5-29.
위금숙 외(2009). 한국의 재난현장 대응체계. 대영문화사.
유병훈(1992). 행정사무의 민간위탁법제에 관한 고찰.「월간 법제」, 389.
윤명오·송철호(2003). 재해·재난관리에 있어 NGO의 역할과 기능, 월간국토, 통권 258호, 국토연구원.
윤이 외(2007). 환경부의 화학사고 대응 현황 및 주요 정책. 한국위기관리논집, 3(2): 18-29.
윤종현(2015). 안전문화 형성을 위한 제도적 개선 방안 연구, 한국정책연구, 15(4): 1-22.
이관형·오지영(2005). 안전문화와 효율적 안전경영 방안 연구, 대한안전경영과학지, 7(3): 1-15.
이도형(1995). 조직내 교육훈련의 학습 및 전이효과, 성균관대학교 대학원 박사학위 논문.
이상준(2019). 화재조사를 위한 전기기기 내부배선의 전기적인 용융흔과 화재원인 판단에 대한 실험적 연구, 서울과학기술대학교 에너지환경대학원 박사학위 논문.
이성국(2003), 유비쿼터스 IT 전략의 비교론적 고찰, 디지털행정, 25(1): 14-34.
이성호 외(2006). 모바일 콘텐츠의 유비쿼터스 속성이 소비자 수용에 미치는 영향에 관한 연구. 대한경영학회지, 19(2): 651-678.
이영재·남상훈·김윤희·윤동근·정종수·최상옥(2015). 재난관리론, 생능출판.
이영철(2007). 자연재해의 원인과 관리전략에 관한 연구. 인천대학교 대학원 박사학위 논문.
이윤식(2003). 행정정보체제론, 법문사.
이재은(1998). 우리나라 위기관리 대응기능 개선방안에 관한 연구. 한국정책학보, 7(2): 231.
_____(2000). 한국의 위기관리정책에 관한 연구: 집행구조의 다조직적 관계 분석을 중심으로. 연세대학교 대학원 박사학위 논문.
_____(2002). 지방자치단체의 자연재해관리정책과 인위재난관리정책 비교 연구. 한국행정학보, 36(2): 165-185.
_____(2002). 지방자치단체의 자연재해관리정책과 인위재난관리정책 비교연구: AHP기법을 이용한 상대적 중요도 및 우선순위 측정을 중심으로, 한국위기관리논집, 1(2): 25-43.

_____(2003). 로컬 위기관리 거버넌스, 법문사.
_____(2007). 재난관리에서의 민·관·군 협력체계 구축 방안: Jennings 접근법을 중심으로, Crisisonomy, 3(1): 62-74.
_____(2012). 위기관리학, 대명문화사.
이재은·김겸훈·류상일(2005). 미래사회의 환경변화와 재난관리시스템 발전전략, 한국국정관리학회, 현대사회와 행정, 15(3).
이재은·양기근(2004). 재난관리의 효과성 제고 방안 연구, 한국행정학회, 2004년도 추계학술대회 발표논문집.
이재은 외(2006). 재난관리론. 대영문화사.
이점동(2005). 한국의용소방대 운영체계 개선 방안에 관한 연구, 서울시립대학교 도시과학대학원 석사학위 논문.
이정일(2010). 재난신고 종합상황관리체계 발전방안. 2010년도 대한안전경영과학회 추계학술대회 발표논문집, 559-580.
이창균·서정섭(2000). 지방자치단체 민간위탁의 개선방안. 한국지방행정연구원.
이채순(2007). 위기현장 대응조직의 위기대응 활동에 관한 연구. 소방논집. 제17호. 한국화재소방학회.
이현조(2006). 재난관리체제의 효율적 대응방안에 관한 연구, 광주대학교 산업대학원 석사학위 논문.
이혜미(2008). 재난관리에 있어 자원봉사활동 참여요인에 관한 연구, 서울대학교 행정대학원 박사학위 논문.
이호준(2003). 국가재해관리 통합정보시스템 구축을 위한 세미나를 마치고, 방재연구, 63.
임현진 외(2003). 한국사회의 위험과 안전. 서울대학교출판부.
장진복(2006). 방재 분야의 유비쿼터스 컴퓨팅 기술 응용을 위한 기술적 고찰, 방재연구, 8(1): 119-120.
전미라(2004). 국가위기관리체계의 한계와 민간부분의 활용. KIPA 행정 포커스(2004, 1/2).
정군식·김한수(2010). 소방차전용출동경로의 계획기법 및 적합성 검토에 관한 연구: 대구광역시 북구를 대상으로, 83-90.
정윤수(1994). 긴급구조와 위기관리. 한국행정연구, 3(4): 70.
정재희(2009). 안전문화운동 추진 실태와 활성화를 위한 제언. 화재안전 점검, 129: 19-23.
정준금·이채순(2007). 위기현장 대응조직의 위기대응 활동에 관한 연구: 대구 지하철 화재 사례 분석. 한국사회와 행정연구, 18(1): 119-144.
정헌(2005). 유비쿼터스환경에 적합한 소방시설에 대한 연구. 소방논집. 15호.
조기영 외(2006). 유비쿼터스 시대의 중소기업 사업 및 기술 수요 조사. 중소기업기술정보진흥원.
조성(2022). 화재발생 현황분석을 통한 지역안전지수 등급개선 방안: 충청남도를 중심으로. 한국민간경비학회보, 21(1): 119-140.
조종묵·류상일(2010). 재난관리 참여기관별 협력요인과 재난관리 효과성 간의 관계. 국가위기관리학보, 2(1): 1-13.
주영종(2013). 재난현장 위험의 결정요인 분석 연구. 경기대학교 석사학위 논문.
주효진(1999). 인위재난관리의 효과성 제고에 관한 연구. 영남대학교 대학원 석사학위 논문.

채경석(2004). 지방정부의 재난관리체계에 대한 국가 간 비교: 바람직한 재난관리 체계의 모색. 지방정부 연구, 8(4): 132-133.
채진(2009). 소방행정에 있어 재난관리 효과성에 관한 연구: 유비쿼터스 정보기술을 중심으로, 서울시립대학교 박사학위 논문.
_____(2009). 재난관리 효과성의 영향요인 분석: 소방행정 조직□관리 요인을 중심으로. Crisisonomy, 5(2): 40-51.
_____(2012). 다조직의 재난관리 협력체계 분석: 구제역 방역활동을 중심으로, 한국행정학보, 9(2): 57-79.
_____(2013). 위험물질 사고 대응능력 향상 방안에 관한 연구. 정책개발연구, 13(1): 85.
_____(2015). 유해화학물질 사고의 재난대응체계 개선방안, 한국행정학보, 49(2): 473-506.
_____(2016). 한국의 소방사와 발전방향. Crisisonomy, 12(7): 37-52.
_____(2022). 화재안전지수 개선 방안에 관한 연구: 충청남도 서천군을 중심으로. 법률실무연구, 10(2): 329-349.
채진·우성천(2006). 재난관리 정보시스템의 실태분석을 통한 활용 방안에 관한 연구: 소방분야를 중심으로. 한국화재소방학회논문지, 20(3): 71-84.
_____(2009). 재난관리 거버넌스의 효과성 영향요인 분석. 한국화재소방학회논문지, 23(4): 79-90.
최민기 외(2013). 화학물질 누출사고 사례 및 대응방안. 2013년 한국화재조사학회 학술대회 발표논문집, 121-127.
최민석·신평식(2014). 산업현장 폭발사고 주요원인 분석 및 예방 대책에 관한 연구. 한국방재학회 논문집, 14(2), 209-216.
최영균(2006). 소방행정에 RFID 도입 및 기대효과. 아주대학교 공공정책대학원 석사학위 논문.
최용호(2005). 지방정부의 사전대비 재난관리체제 효율성 영향 요인에 관한 연구. 조선대학교 대학원 박사학위 논문.
최호진·오윤경(2015). 안전의식 제고를 위한 안전문화운동의 현황분석 및 개선방안 연구, 한국행정연구원.
한겨레21. 2014.05.19. 자본주의, 참사의 문고리를 잡고 웃다. 제1011호.
한국전산원(2004). 2004국가정보화백서. 한국전산원.
_____(2004). 유비쿼터스 시대의 공공행정 서비스 발전방안 연구, 한국전산원, 43-44.
_____(2005). 2005국가정보화백서. 한국전산원.
_____(2005). IT를 활용한 SAFEKOREA 실태. 한국전산원.
_____(2005). 유비쿼터스 서비스 이용현황 및 수요조사. 한국전산원.
_____(2006). 2006 국가정보화백서. 한국전산원.
한국정보사회진흥원(2007). 2007국가정보화백서. 한국정보사회 진흥원.
한세억(1999). 국가기간전산망정책의 집행맥락과 설명모형: Elmore 모형의 적용과 한계 그리고 네트워크 모형의 가능성. 한국정책학회보, 8(1): 67-89.
한승현 외(2009). 지방정부의 재난대응 체계에 관한 비교 연구: 한국과 일본의 해양오염사고 사례를 중심으로. 한국행정학보, 43(3): 273-306.

한은정(2007). 유비쿼터스 미디어의 상호작용성이 서비스 수용 의도에 미치는 영향. 숙명여대 테크노경영대학원 석사학위 논문.
행정자치부(2000). 국가안전관리정보시스템 구축 설계.
_____(2004). 지방자치단체 사무의 민간위탁 실무편람. 행정안전부.
홍성태 옮김(2006). 위험사회(새로운 근대(성)를 향하여). 울리히 벡 지음. 새물결.
홍성태(2007). 대한민국 위험사회. 당대.
황윤원(1989). 돌발사고에 대한 위험대비 행정의 분석. 한국행정학보, 23(1): 162-168.

인터넷 사이트

경기도소방재난본부(http://www.fire.gyeonggi.kr).
국가법령정보센터(http://www.law.go.kr/)
법제처(http://www.klaw.go.kr).
소방방재청(http://www.nema.go.kr).
통계청(http://www.nso.go.kr/)
한국정보사회진흥원(http://www.nia.or.kr/)

국외 문헌

Antonsen, Stian(2009). *Safety Culture: Theory, Method and Improvement*, ARL-02-3/FAA-02-2, Aviation Research Lab Institute Of Aviation, University Of Illinois.
Baker, L. B., Dougherty, K. A., Chow, M., & Kenny, W. L.(2007). Progressive Dehydration Causes a Progressive Decline in Basketball Skill Performance, *Medicine & Science in Sports & Exercise*, 29(7): 1114-1123.
Baldwin, T. T. & Ford, J. F.(1988). Transfer of Training: A Review and Directions for Future Research, *Personnel Psychology*, 41: 63-105.
Baumgatel, H. & Jeanpierre, F.(1972). Applying New Knowledge in the Back – Home Setting: A Study of Indian Managers' Adoptive Effort, *Journal of Applied Behavioral Science*, 8(6): 674-694.
Beck, Urlich(1992). *Risk Society: Towards a New Modernity*(translated by Mark Ritter). London: Sage Publications.
Binkley, H. N., Beckett, J., Casa, D. J., Kleiner, D. M., & Plummer, P. E.(2002). National Athletic Trainers' Association Position Statement: Exertional heat Illness, *Journal of Athletic Training*, 37(3): 329-343.
Choudry, R. M., Fang, D., & Mohamed, S.(2007). The nature of safety culture: a survey of the state-of-the-art. *Safety Science*, 45(10): 997-1012.
Clary, Bruce B.(1985). The Evolution and Structure of Natural Hazard Policies. *Public*

Administration Review, 45(Special Issue, Jan.).

Cox, S. & Cox, T.(1991) The Structure of Employee Attitudes to Safety: A European Example. *Work & Stress*, 5: 93-106.

David McLoughlin(1985). A Framework for Integrated Emergency Management. *Public Administration Review*, 45(Special Issue, Jan.).

Dehoog, Rugh H.(1990). Competition, Negotiation, or Cooperation: Three Models for Service Contracting. *Administration and Society*, 22.

Dillon, William R. & Goldstein, Matthew(1984). *Multivariate Analysis, Methods and Applications*. New York, Chichester, Toronto, Brisbane, Singapore.

Drabek, Thomas E.(1985). Managing the Emergency Response. *Public Administration Review*, 45(Special Issue, Jan.).

Edwards III, George C.(1980). *Implementing Public Policy*. Washington, D. C.: Congressional Quarterly Press.

Elgin & Tipton, M.(2003). Firefighter Training: Determination of the Physical Capabilities of Instructors as the End of Hot Fire Training Exercises, Office of the Deputy Prime Minister, *Fire Research Technical Report* 5/2003, London.

Fang, D. P., Chen Y., & Louisa, W.(2006). Safety climate in construction industry: A case study in Hong Kong, *Journal of Construction Engineering and Management*, 132(6): 573-584.

FEMA(2019). Fire-Related Firefighter Injuries Reported to the National Fire Incident Reporting System(2015-2017).

Franklin, David S. & White, Monika(1975). *Contracting for Purchase of Service: A Procedural Manual*. Los Angeles: University of California, Regional Research Institute in Social Welfare.

Glendon, A. I. & Stanton, N. A.(2000). Perspectives on safety culture. *Safety Science*, 34: 193-214.

Goldstein, I. L. & Ford, J. K.(2002). Training in Work Organizations, *Needs assessment development and evaluation*. Monterey, CA: Brooks Cole.

Goode, William J. & Hatt, Paul K.(1981). *Methods in Social Research*. Singapore: McGraw Hill.

Guldenmund, F. W.(2000). The Nature of Safety Culture, Stations, *Safety Science*, 34: 215-257.

Hjern, Benny & Porter, David O.(1981). Implementation Structures: A New unit of Administrative Analysis. *Organization Studies*, 2(3).

IAEA(International Atomic Energy Agency)(1998), Developing Safety Culture In Nuclear Activities: Practical Suggestions To Assist Progress. Safety Reports Series No 11: Vienna.

Jennings, Edward T. Jr.(1994). Building Bridges in the Intergovernmental Arena: Coordination

Employment and Training Programs in the American States. *Public Administration Review*, 54(1).

Kales, S. N., Soteriades, E. S., Christophi, C. A., & Christiani, D. C.(2007). Emergency Duties and Deaths from Heart Disease Among Firefighters in the United States, *The New England Journal of Medicine*, 356(12): 1207-1215.

KBS. http://www.kbs.co.kr/.

Kirkpatrick, D. L.(1998). *Evaluating Training Programs: The Four Levels*, San Francisco: Berrett-Koehle.

Mathieu, J. E., Tannenbaum, S. I., & Salas, E.(1992). Influences of Individual and Situational Characteristics on Measures of Training Effectiveness, *Academy of Management Journal*, 35: 828-847.

McAfee, R. Preston & McMillan, John(1988). *Incentives in Government Contracting*. Toronto: University of Toronto Press.

McLoughlin, David(1985). A Framework for Integrated Emergency Management, *Public Administration Review*, Vol. 45(Special Issue, Jan.)

Mileti, Dennis S. & Sorensen, John H.(1987). Determinants of Organizational Effectiveness in Responding to Low Probability Catastrophic Events. *The Columbia Journal of World Business*, 22(1).

Milheim, W. D.(1994). A Comprehensive Model for the Trans- fer of Training, *Perfomance Improvement Quarterly*, 7(2): 95-104.

Mushkatel, Alvin H. & Weschler, Louis F.(1985). Emergency System. *Public Administration Review*, 45: 50.

National Emergency Management Agency(2012). A Study on Improvement plan of Emergency Rescue Control unit Operation. National Emergency Management Agency Service Report.

NFPA 1584(2013). Recommended Practice on the Rehabilitation of Members Operating at Incident Scene Operations and Training Exercises.

NFPA 297. Guide on Principles and Practices for Communications Systems.

NFPA 471. Recommended Practice for Responding to Hazardous Materials Incidents. NFPA 1500. Standard on Fire Department Occupational Safety and Health Program. English Translations of the Korean References

Noe, R. A.(1986). Trainees' Attributes and Attitudes: Neglected Influences on Training Effectiveness, *Academy of Man-agement Review*, 11(7): 36-749.

Noe, R. A. & Schmitt, N.(1986). The Influence on Trainee's Attitudes on Training Effectiveness: Test of a Model, *Personnel Psychology*, 39: 497-523.

Office of the Deputy Prime Minister(2005). Physiological Assessment of Firefighting, Search and Rescue in the Built Environment, *Fire Research Technical Report* 2/2005, London, pp. 18–50.

Ostrom, L., Wilhelmsen, C., & Kaplan, B.(1993). Assessing safety culture. *Nuclear Safety*, 34(2): 163–172.

O'Tool, Jr. Laurence J., & Montjoy, Robert S.(1984). Intergovernmental Policy Implementation: A Thoeretical Perspectives. *Public Administration Review*, 44(6).

Pack, Janet Rothenberg.(1989). Privatization and Cost Reduction. *Policy Sciences*, 22: 1–25.

Perry Ronald W.(1991). *Managing Disaster Response Operations*, International City Management Association. Washington, DC.

Petak William J.(1985). Emergency Management: A Challenge for Public Administration. *Public Administration Review*, 45(Special Issue, Jan.).

Prager, Jonas(1994). Contracting out Government Services: Lessons from the Private Sector. *Public Administration Review*, 54: 176–184.

Pressman, Jeffrey L. & Aron Wildavsky(1973). *Implementation*. Berkeley: University of California Press.

Rehfuss, John A.(1989). *Contracting out in Government: A Guide to Working with Outside Contractors to Supply Public Services*. San Francisco, CA: Jossey-Bass Publishers.

Reiser, R. A. & Dempsey, J. V.(2007). Trends and Issues in Instructional Design and Technology. In W. Dick & R. B. Johnson(eds.). *Evaluation in instructional design:the impact of Kirkpatrick's four-level mode*. NJ: Merrill Prentice Hall.

Robinson, D. G. & Robinson, J. C.(1989). Training for impact, Jessey-Bass.

Rosenstock, L. & Olsen, J.(2007). Firefighting and Death from Cardiovascular Causes, *The New England Journal of Medicine*, 356(12): 1261–1263.

Rouiller, J. Z. & Goldstein, I. L.(1993). The Relationship between Organizational Transfer Climate and Positive Transfer of Training, *Human Resource Development Quarterly*, 4: 377–390.

Rubin, Claire B. & Barbee, Daniel G.(1985). Disaster Recovery and Hazard Mitigation: Bridging the Intergovernmental Gap. *Public Administration Review*, 45(Special Issue, Jan.).

Savas, Emanuel S.(1987). *Privatization: The Key to Better Government*. Chatham, NJ: Chatham House.

Sawka, M. N., Burke, L. M., Eichner, R., Maughan, R. J., Montain, SJ., & Stachenfeld, N. S.(2007). American College of Sports Medicine Position Stand: Exercise and Fluid Replacemen, *Medicine and Science in Sports and Exercise*, 39(2): 377–390.

Scharpf, Fritz W.(1978). *Interorganisational policy studies: issues, concepts and perspectives*. London and Beverly Hill: SAGE.

Schein, Edgar H.(2004). *Organizational culture and leadership*. The Jossey-Bass business & management series, New York: John Wiley & Sons.

Siegel, Gilbert B. (1985). Human Resource Development for Emergency Management, *Public Administration Review*, 45(Special Issue, Jan.): 107-117.

Sugrue, B. & Rivera, R. J.(2005). *State of the Industry Report: ASTD's Annual Review of Trends in Workplace Learning and Performance*, Alexandria, VA: American Society of Training & Development.

Sylves, Richard T., & Waugh Jr., William L.,(1996). *Disaster Management in the U.S. and Canada: The Politics, Policymaking, and Administration, and Analysis of Emergency Management*. Charles C. Thomas Publisher, LTD.

Tannenbaum, Scott I. & Yukl, Gray(1992). Training and Development in Work Organizations, *Annual Review of Psychology*, 43: 399-441.

Tierney, Kathleen J.(1985). Emergency Medical Preparedness and Response in Disasters: The Need for Interorganizational Coordination. *Public Administration Review*, 45(Special Issue, Jan.).

Tylor, Edward B.(1871). *Primitive culture : Researches into the development of mythology, philosophy, religion, art and custom* (2 vols.). Londres: Murray [trad. fr. 1876-78 La civilisation primitive, 2 vols. Paris : Reinwald].

U.S. Fire Administration(2008). Emergency Incident Rehabilitation, NFPA, pp. 15-19.

Waugh, William I. & Sylves, Richard T.(1996). *The Intergovernmental Relations of Emergence Management*. edited, Charles C. Thomas Publisher, Ltd.: p.56.

Wexley, K. N. & Latham, G. P.(1991). *Development and Training Human Resources in Organizations*, Glenview. IL: scott. Foersman.

Wiegmann, D. A., Zhang, H., von Thaden, T. L., Sharma, G., & Mitchell, A. A.(2002). A Synthesis of Safety Culture and Safety Climate Research. University of Illinois Aviation Research Lab Technical Report ARL-02-03/FAA-02-2.

Wilpert, B.(2000). Organizational factors in nuclear safety. Paper presented at the Fifth International Association for Probabilistic Safety Assessment and Management, Osaka, Japan.

Zimmerman, Rae(1985). The Relationship of Emergency Management to Governmental Policies on ManMade Technological Disasters. *Public Administration Review*, 45(Special Issue, Jan.).

찾아보기

ㄱ

가외성	3
거버넌스	33, 34
결과성	13
공공선택론	187
교육훈련	22
교육훈련 전이	216, 217, 218
구미시 불산누출사고	164
규제성	13
긴급구조통제단	250-268
긴급성	13

ㄷ

다조직의 재난관리	82-106
대비	112
대응	113
대응 단계	156
대응성	13
돌발성	13

ㅁ

민간위탁	186, 187, 191

ㅂ

법적 제도	24
복구	113
비용 절감	192

ㅅ

세월호 침몰	228-249
소방공무원	197
소방방재청	14
소방본부	14
소방서	15
소방정대	15
소방조직의 목적	154
소방행정	12, 13, 14
소방활동검토회의(AAR)	157
신공공관리론	187
신뢰성	58
신속성	58

ㅇ

안전문화	229-249
예방	112
예산	24
위탁 가능 사무	193
위험성	13
유비쿼터스 119신고시스템	114, 115, 117
유비쿼터스 안심콜 시스템	115
유비쿼터스 정보기술	107-148
유해화학물질 사고	149-181
의사소통	23
의용소방대	38

ㅈ

재난 대비 단계	140
재난 대응 단계	142
재난 대응의 내용	152
재난 대응의 의의	152
재난 대응의 특성	152
재난 복구 단계	144
재난 예방 단계	139
재난관리 거버넌스	32-37, 44, 53
재난관리 교육훈련	214-227
재난관리 정보시스템	55-81
재난관리 정책	87
재난관리 행정 체계	110
재난관리 효과성	12, 15, 19, 26, 30
재난관리의 과정	112
재난관리의 의의	109, 230
재난관리의 이해	184
재난관리의 패러다임 변화	111
재난관리의 협력	87
재난안전 사무	182
전문성	13, 192
접근성	59
정확성	58
중앙재난안전대책본부	91
중앙정부의 소방조직	14
지역안전지수	270, 271
지역재난안전대책본부	92

ㅊ

책임성	192
철수 단계	157
청주시 불산누출사고	164
최고관리자	21, 31
출동 단계	155

ㅌ

텔레매틱스 연계 시스템	116
통합성	59
투명성	192

ㅎ

현장 도착 단계	155
화성시 불산누출사고	165
화재안전지수	269-290
화학물질 재난 대응 선행연구	159
화학물질 중대사고 예방	160
회복실	196-213

119구조대	15
119안전센터	15
119자동신고시스템	116
HelpMe 119시스템	116
NFPA 1584	199
NIMS	251

Disaster Management

Analysis of Korean
Disaster Management System

한국의 재난관리 시스템 분석